Die stereotype Gesellschaft

Angewandte Genderforschung
Gender Research Applied

Herausgegeben von/Edited by Ingelore Welpe

Bd./Vol. 9

PETER LANG
Lausanne - Berlin - Bruxelles - Chennai - New York - Oxford

Ingelore Welpe / Britta Thege (Hrsg.)

Die stereotype Gesellschaft

Praxen der sozialen Kategorisierung von Menschen

PETER LANG

Lausanne - Berlin - Bruxelles - Chennai - New York - Oxford

Bibliografische Information der Deutschen Nationalbibliothek
Die Deutsche Nationalbibliothek verzeichnet diese Publikation in der Deutschen Nationalbibliografie; detaillierte bibliografische Daten sind im Internet über http://dnb.d-nb.de abrufbar.

ISSN 1861-1915
ISBN 978-3-631-88315-0 (Print)
E-ISBN 978-3-631-88316-7 (E-PDF)
E-ISBN 978-3-631-88317-4 (EPUB)
DOI 10.3726/b21226

Verlegt durch:
Peter Lang GmbH, Berlin, Deutschland

info@peterlang.com http://www.peterlang.com/

Inhalt

Ingelore Welpe & Britta Thege

Einleitung

The introduction highlights the basic features and effects of stereotypes and stereotyping and gives a brief overview of the contents of the individual articles.

Keywords: Stereotype, Stereotypenforschung, Diskriminierung, Unconscious Bias, faire Gesellschaften

Wie prägen stereotypes Denken und Handeln eine Gesellschaft? In welchen Formen und Phänomenen praktiziert und hält eine Gesellschaft ihre stereotypen Überzeugungen aufrecht? Welche sozialen Diskriminierungspotentiale haben Vorurteile? Welche stereotypen Bilder von Individuen und Gruppen erscheinen legitim zur Bevorzugung, Benachteiligung, Aufwertung und Abwertung? Verstärken neue Technologien die gängigen Diskriminierungen und erzeugen sie gänzlich neue? Ist eine vorurteilsfreie Gesellschaft wünschenswert oder überhaupt möglich?

Solche Fragen stellen sich bei Auseinandersetzungen mit einer stereotyp denkenden Gesellschaft und mit der Idee, wie ihre Wahrnehmung präziser, ihre Kommunikation und Interaktionen vorurteilsfreier und so rationaler zu führen wären zum Wohl ihrer Mitglieder.

Stereotype diskriminieren Menschen individuell und Gruppen mit binären sozial-ethischen Kategorien wie weiß/schwarz, europäisch/nichteuropäisch, gläubig/ungläubig, Oberschicht/Unterschicht oder inländisch/ausländisch.

Falsche Annahmen über Kulturen, Ethnien, Nationen, Gruppen und Individuen werden seit jeher über Generationen weitergegeben. Stereotype werden als Beurteilungskriterien verbal, nonverbal, in Verhaltensnormen und sozialen Ritualen vererbt. Mit Machtzuschreibung werden Gleichheit und Ungleichheit begründet, mit Geschlechternormen Maskulinität, Femininität und Geschlechtsidentität; der kulturelle Kontext liefert unterschiedliche Bewertungen von Kommunikation und Interaktion; Logikmuster, Realitätswahrnehmung und Problemlösungsprozesse dienen für kulturell stereotyp aufwertende und abwertende Zuschreibungen. So wird eine Gesellschaft immer wieder stereotyp neu programmiert. Die Ergebnisse sind unsichtbare und unbewusste „basic assumptions", die sich als Emotionen, Kognitionen, Werteorientierungen und Einstellungen zeigen und erklären, wie Menschen stereotyp sehen, fühlen, denken, sprechen, handeln und kulturell geprägt sind.

Die Entwicklungsgeschichten von Gesellschaften zeigen die vielfältigen Spuren von stereotypem Denken und Handeln. Europäische hegemoniale Kolonialkulturen, Religionskriege, kultureller Sexismus, rassistische Ideologien und Alltagsattitüden, Fremdenfeindlichkeit, strukturelle Ungleichheit, diskriminierte physiognomische Körpermerkmale, soziale Distanzierung und unreflektierte Wissensdefizite wirken als stereotypes Geflecht kollektiv weiter.

Die sozialpsychologische Stereotypenforschung rechnet Stereotype zur Klasse der Meinungen „beliefs" (Gardener, 1994). Es sind Wahrscheinlichkeitsurteile sowie subjektive Wissensstrukturen über die Attribute von Personen. Solche Wissensstrukturen sind „implizite Persönlichkeitstheorien" (Hilton & Hippel, 1996), die aus subjektiven Hypothesen und Erwartungen über Merkmale und Potenziale von Personen, Gruppen und Kulturen bestehen. Die kognitionstheoretische Stereotypenforschung liefert Erkenntnisse, wie die Wahrnehmung und Verarbeitung von personenbezogenen Informationen zur Herausbildung von kognitiven unbewussten Schemata führen.

Jeder Mensch ist anfällig für eigene sachlich inkorrekte und verallgemeinernde schematische Urteile und für kulturell geteilte Stereotype. Typisch dafür sind die Annahmen zu einem Standardgeschlecht, Vorurteile über Frauen, Männer und trans* Menschen oder geschlechtstypische Potenziale. Jungen seien besser begabt für Mathematik als Mädchen. Nicht nur in Europa hält sich dieses Vorurteil. Eble & Hu (2022) analysierten dazu die Überzeugungen der Eltern und peer groups von mehr als 8.000 Schüler*innen aus China. 40 Prozent der Bevölkerung, Eltern und Peers, glauben, dass männliche Menschen weiblichen in der Rechenfähigkeit überlegen sind. Das positive männliche Nerd-Stereotyp dient der Brain-Technikelite als Gatekeeper. Das Bild technischer Überlegenheit und die damit gekoppelte ökonomische Erfolgsorientierung hält Frauen signifikant auf Distanz gegenüber Mathematik, Technik, Computer Science oder Informatik.

Junge Frauen, die in die Nerdkultur eindringen wollen, kombinieren mit Smart Girl und Playboy Bunny gleich zwei Stereotype.

Die Meinung, dass Frauen emotionaler seien als Männer, ist ein in westlichen Kulturen veränderungsresistentes Stereotyp im Machtfeld Wirtschaft (Shields, 2002), das die Eignung von Frauen für Führungspositionen generell infrage stellt und zu unfairen Beurteilungen von Frauen in Führungsverantwortung führt. Das tausendjährige Bild der guten selbstlosen Mutter, der weiblichen Treue und der genetisch bedingten Ursache männlicher Untreue (Angier, 2000) beherrscht die gesellschaftlichen Vorstellungen für Moral und definiert durch Vorgaben für Weiblichkeit und Männlichkeit, für Lebensstile und Entwicklungschancen. Vorwiegend weibliche Geschlechterstereotype, Frauen als Sexobjekt oder Multitaskingwunder, Männer als familiärer oder sachlicher Karrieremann dominieren im Technikmarketing und sprechen Kund*innen stereotypkonform an (Petzold et al., 2011).

Stereotype erzeugen eigene Bruchlinien in einer Gesellschaft und halten soziale Ungleichheit aufrecht, die selbst im 21. Jahrhundert noch als natürliche Struktur gilt. Die Erkenntnisse der Ungleichheitsforschung belegen die soziale Exklusionsmacht von Stereotypen zu Herkunft, Alter, geschlechtlicher Identität oder Handicap. Der Zugang zu demokratischen Rechten und liberalen Freiheiten, zu Bildung, zu ökonomischen Ressourcen, zu sozialer Sicherheit oder zu hohen Positionen in der Arbeitswelt wird stereotyp ermöglicht oder behindert. Stereotype legitimieren Bevorzugung und Benachteiligung, Wohlstands- und Klassenunterschiede, verstärken soziales Konkurrenzstreben und definieren die gesellschaftlichen Barrieren für soziale Apartheid.

Die Erforschung von Stereotypen hat sich seit der Entwicklung von Eigenschaftslisten (Katz & Braly, 1933) zur Erhebung von Nationalitäten- oder Geschlechterstereotypen methodisch nur unzulänglich weiterentwickelt. Traditionelle Merkmallisten-Verfahren (Thiele, 2015), bei denen Versuchspersonen fünf bis zehn Eigenschaften auswählen sollen, die ihrer Meinung nach den Mitgliedern einer Zielgrupe, z.B. eine ethnische Gruppe, angemessen charakterisieren, entsprechen den heutigen empirischen Anforderungen nicht. Aktuelle Studien arbeiten daher weiter an einer Stereotypenerhebung im interkulturellen Kontext und unter Berücksichtigung von Autostereotyp und Fremdstereotyp. Piketty (2022) fordert normativ ein universalistisches Modell, das stereotype Diskriminierung im Kontext Rassismus bekämpft. Weiterführender ist zunächst eine valide und prognostisch reliable Messung für das Ausmaß und die Richtung von stereotypem Denken und beobachtbaren Verhaltensweisen. Dazu ist begriffliche Präzision mit der Operationalisierung von Merkmalen, Einstellungen und Verhaltensweisen erforderlich.

Es mangelt weiterhin an experimentellen Studien darüber, wie stereotypes Verhalten vom inneren individuellen und vom äußeren gesellschaftlichen Kontext beeinflusst wird. Diskriminierende Stereotype, die Rechte und Bedürfnisse auf gleichen Respekt, gleichen Schutz, gleiche Ressourcen oder selbstbestimmte Identität behindern, verursachen sozial konfliktreiche Brisanz. Die gesellschaftliche Sensibilität, wie ungerechtfertigte und falsche Urteile das gesellschaftliche Gegeneinander auslösen, wird nur gestärkt durch valides Wissen, Reflexion und dialogische Weiterentwicklung von Ideen für Strukturen und Kommunikationsprozesse, die biasfreie Kulturen ermöglichen.

Zehn Einzelbeiträge in diesem Band thematisieren sowohl Ergebnisse der Grundlagenforschung zur sozialen Informationsverarbeitung, zur Bildung von kognitiven Schemata und deren Funktionen in der sozialen Wahrnehmung als auch die Ausprägung und Variabilität der klassischen Stereotype und ihrer Substereotype, die zu Geschlecht und Gender, zu Alter, Handicap, Technikinteresse, zu Rassismus, für kulturelle Minderheiten oder für sexuelle Orientierung existieren. Innovative Denkansätze für die Stereotypenforschung und für gesellschaftspolitische Maßnahmen liefern High-Endtechnologien und Künstliche Intelligenz. Sie könnten unsere soziale Urteils- und Argumentationsfähigkeit unterstützen und zu einer respektvollen, egalitär handelnden Gesellschaft führen. Sie könnten aber auch die Vision einer gerechten Gesellschaft für immer obsolet werden lassen. Wenn Gesellschaften fair werden sollen, dann muss menschliches und maschinelles Lernen schwierige kognitive und ethische Aufgaben und die Gratwanderung zwischen notwendigen Differenzierungen in der Gesellschaft und benachteiligenden Diskriminierungen bewältigen.

Der Beitrag von *Ingelore Welpe „Unconscious Bias. Wie verbreiten sich stereotype Ideen und lässt sich stereotypes Denken kontrollieren?* beschreibt Aktivierung und Hemmung als die zentralen psychophysiologischen Prozesse der stereotypen Personenwahrnehmung und die Rolle der

Alltagskommunikation und von Gruppeninteraktionen als Determinanten der Langlebigkeit, Zugänglichkeit und Verbreitung stereotyper Ideen in der Gesellschaft. Die Motivations- und Volitionsforschung bestätigt, dass der Vorsatz, vorurteilsfrei fair zu sein, stereotypes Denken hemmen kann. Die mentale und rationale Kontrolle stereotyper Gedanken hat allerdings unerwünschte Wirkungen, den Rebound Effekt, der diskriminierende Wahrnehmungen verstärkt aktiviert. An solchen Ergebnissen zeigen sich die Limitierungen der gegenwärtigen Stereotypenforschung und aktuelle Herausforderungen.

Rassismus und Sexismus sind keine Meinungen, sondern stereotype irrationale Zuschreibungen von negativer „ins Auge springender Andersartigkeit" des Geschlechts, des Aussehens, der Verhaltensweisen, der Herkunft oder der Sprache, die Individuen und ganze Gruppen mit der Annahme, dass sie nicht dazugehören, aus der Gesellschaft ausschließen. Das Zusammenspiel von Sexismus mit rassistisch strukturierten Gesellschaften als Aspekt des „Otherings", beschreiben *Laurel Chougourou und Ayca Polat*. Die *soziale und ökonomische Macht von sexistischen und rassistischen Stereotypen* hat kommunikative und historisch koloniale Wurzeln in den Eroberungsgesellschaften. Hierarchieorientierter Sexismus im Arbeitsmarkt, im Bildungswesen und bei der sexuellen Selbstbestimmung trifft signifikant stärker Frauen und erschwert überfällige Fortschritte für ihre Gleichstellung. Anstelle von Abgrenzungen gegenüber „Fremden" und der „Migrationsgesellschaft" ist Offenheit für Diversität und Diskriminierungs- und Rassismuskritik an allen stereotypen Gesellschaftsstrukturen gefordert.

Die Rolle, die das *Frau-Mann-Standardgeschlecht für die Veränderungsresistenz von Geschlechterrollen und Berufskarrieren* unter Aspekten der weiter bestehenden Ungleichheit und der heutigen Geschlechtervielfalt spielt, reflektiert *Britta Thege* in ihrem Artikel. Sie stellt einige wegweisende Ideen zur Überwindung der Normen und der Inhalte der binären Geschlechterstereotype dar, wie den doing gender Ansatz, den Gender Shift, Transgenderidentität und das Konzept der Performativität. Die wechselseitige Bedingung von Geschlechterrollen und Geschlechterstereotypen konsolidiert trotz des gesellschaftlichen Mainstreams Individualisierung und Flexibilisierung von Identitäten, die Persistenz der traditionellen Arbeitsteilung und geschlechtstypischen Bevorzugungen und Benachteiligungen im Familienleben und in der Arbeitswelt. Ob die Kategorie Geschlecht zukünftig an Bedeutung verliert, scheint ungewiss. Eine offene Gesellschaft, die die Botschaft verbreitet, stellt *euch darauf ein, dass ihr euch auf nichts einstellen könnt,* provoziert bei ihren Mitgliedern paradoxe Reaktionen. Auch junge Menschen orientieren sich verstärkt am Standardgeschlecht. Frauen machen weiter Care, die familiäre Sorgearbeit und Männer Karriere im Beruf.

Wie sehr die Vielfalt der Mutterbilder zum *Mythos der guten Mutter* geworden ist und damit die Chancen für Gleichheit für Frauen behindert bleiben, zeigt *Helga Krüger-Kirn* in zeithistorischen, gleichheits- und berufspolitischen sowie in religiösen und biologischen Perspektiven. Das gesellschaftliche Ideal Mutterschaft mit der Fixierung auf das Weiblichkeitsstereotyp kollidiert nicht nur mit dem Recht auf reproduktive und sexuelle Selbstbestimmung, sondern auch mit dem ambivalenten Gefühlserleben von Müttern und dem, was sie zu dieser Rolle zu sagen haben. Solange die Mutter-Kind-Beziehung als hormonell-biologisch, symbiotisch und emotional determiniert betrachtet wird, gibt es für Frauen in der Gesellschaft explizit keine Erlaubnis, Thesen zur Mutter-Kind Bindung und Mutterschaft zu kritisieren und zu bereuen oder Mütterlichkeit unabhängig von Mutterschaft zu sehen. Mütterlichkeit braucht kein Geschlecht, ist eine wesentliche Erkenntnis dieses Beitrags. Stattdessen definiert das Konzept *Doing Mothering* Mütterlichkeit als Tätigkeit, löst sie aus dem stereotypen- und Familienkontext heraus und führt hin zu emanzipatorischen Eltern- und Familienkonstellationen.

Ist Weiblichkeit mit technologischer Kompetenz unvereinbar? Für diese oft wiederholte Frage, warum Frauen bei einer geschlechterstereotypen Studien- und Berufswahl bleiben, untersucht *Marike Schmeck* das *Zusammenspiel von stereotypen Geschlechterbildern und beruflich-geschlechtlichen Identitäten im Kontext von beruflichen Orientierungsmustern junger Frauen.* Gruppendiskussionen mit gymnasialen Schüler*innen belegen, mit welchen widersprüchlichen Anforderungen sich Mädchen in der Adoleszenz bei ihrer beruflich-geschlechtlichen Identitätsarbeit auseinandersetzen müssen. Der Berufsfindungsprozess geht einher mit der Reflektion von Wissen, Selbst- und Fremdbildern, kulturellen Normen und Wahrnehmungen und damit, wie Geschlechtsidentität, weiblich oder männlich zu sein, und Berufe stimmig zueinander passen. Das Ergebnis ist die Überzeugung, dass die Wahlmöglichkeiten begrenzt sind, die Berufswahl ambivalent ist und die "irrationale" Logik, dass sich Weiblichkeit und Technik gegenseitig ausschließen, durchaus plausibel ist. Als Lösungsansätze bieten sich die kreative Arbeit an Selbstkonzepten und die Neudefinition von Berufsbildern an.

In technischen Fachkulturen bewirkt das Stereotyp *„Homo Technikus"* eine androzentrische Monokultur, die insbesondere für Frauen zu Einstiegs- und Karrierehindernissen führt. *Ingelore Welpe* beschreibt Facetten des Stereotyps und erste Ansätze feministischer Technikforschung und Masculinity Studies, darunter digitales Experimentieren, interdisziplinäre Methodik oder anti-identity zur Überwindung des Stereotyps. Eine der Forderungen dafür ist es, zunächst die Kategorien Weiblichkeit und Männlichkeit, wenn diese nicht leere Begriffe und ohne reformatorische Wirkungen bleiben sollen, empirisch zu fassen. Dafür sind sie radikal zu zerlegen. Technikkulturen nehmen feministische Technikkritik nicht an, weil Gleichheitsziele den für Technik wichtigen Qualitätskriterien wie Anwendungstauglichkeit oder Akzeptanz der Zielgruppen nicht genügen. Der Beitrag diskutiert, ob Artificial Intelligence (AI), das zukünftig mächtigste technologische Werkzeug, das bereits für das Assessment und die Beurteilung von Personen eingesetzt wird, selbstlernend diskriminierende Stereotypen erkennen und auflösen wird oder gar zu neuen Diskriminierungsformen und algorithmischer Ungleichbehandlung führt. Wenn Technikkulturen und Feminismus ihr Wissen und ihre Kompetenzen kooperativ zusammenbringen, wäre mehr soziale Fairness zu gewinnen.

„Es ist normal, verschieden zu sein." Diese augenöffnende Forderung der radikalen Krüppelbewegung der 1970er Jahre befeuerte eine weitreichende Kritik an der Zuschreibung von negativen Körperattributen. Ein hohes Körpergewicht mit Dickleibigkeit bedeutet heute ein *schweres Leben.* Die Studie von *Eva Tolasch und Lotte Rose* zu Berichten von Menschen, die gegen ihr Dicksein kämpfen, liefert aufschlussreiche Einblicke, welchen Stigmatisierungen, Stereotypisierungen, Deklassierungen, therapeutischen Sanktionen und Fitnessforderungen Menschen mit hohem Körpergewicht in einer dickenfeindlichen Gesellschaft ausgesetzt sind. Der eigene Körper muss zur Gewichtsreduktion in einem Wettkampf und aller Härte gegen sich selbst bearbeitet werden. Normen geben die akzeptablen Standards für das perfekte Gewicht, makellose Schönheit,

Leistungsfähigkeit und Gesundheit vor. Alternativlos zwingen sie dicke Menschen mit Willenskraft und mit *informierter und reflektierter Entscheidung* mittels Expert*innenberatung zum umfangreichen Selbstmanagement zur Reduktion des Körpergewichts und für die Optimierung ihrer Körperlichkeit. Unter gesellschaftlichem Druck, ästhetisch ansprechende Körperproportionen und fitte, gesund erscheinende Frauen- und Männerkörper zu präsentieren, betreffen fatistische Stereotype in vieler Hinsicht alle Menschen. Die Social Media Debatten darüber verschärfen sich. Weltweit spielt das Aussehen zunehmend eine wichtige Rolle. Die Nachfrage nach Schlankheitsmitteln und aufhellender Kosmetik für weiße Haut steigt stetig. Schlanke, hellhäutige Menschen sollen glücklicher und erfolgreicher sein. Fatismus und Rassismus verstärken wechselseitig ihre Stereotype.

Lesen und Schreiben sind Kernkompetenzen und in schriftbasierten Wissensgesellschaften wesentliche Voraussetzungen für erfolgreiche Bildung und leichten Zugang zu sozialen und ökonomischen Ressourcen. Wer beides nicht beherrscht, ist nicht „normal gebildet“ und wird der Kategorie „geringe Literalität“ und „kann sich im Leben nicht zurechtfinden“ zugeordnet. *Merle Heyrock* erörtert in ihrem Beitrag, *wie Bildungs- und Literalitätsnormen stereotypische Vorstellungen über Menschen mit Lese- und Schreibschwäche begünstigen* und inwiefern die 6,2 Millionen Menschen in Deutschland mit Lese- Rechtschreibschwäche anhand der Bruchlinie *„alphabetisiert/nicht alphabetisiert“* stereotyp als Gruppe der „Analphabet*innen“ und als defizitär bewertet werden, insbesondere von gesundheitsrelevanten Informationen ausgeschlossen und im Gesundheitssystem benachteiligt bleiben. Wie der Health Literacy Survey zur Gesundheitskompetenz zeigt, erschweren es geringe Lese- und Schreibkompetenzen, Auskünfte, die für die Erstellung von Diagnosen und Behandlungen von Betroffenen abgefordert werden, zu bewältigen. Die Datenlage über die impliziten und expliziten Inhalte und benachteiligenden Folgen des Stereotyps „Analphabet*innen“ muss weiter verbessert werden, um die Entstehung von fehlender Lese- und Schreibkompetenz sowie damit einhergehende Benachteiligungsstrukturen und Stigmatisierungen sichtbarer zu machen.

Gesellschaft kann auf Beurteilungen nicht grundsätzlich verzichten. Sie braucht plausible begründete Differenzierungen zwischen Individuen und

Gruppen ohne benachteiligende und abwertende Diskriminierungen. Körperliche Merkmale haben sozial erhebliche, drastische Diskriminierungspotentiale, die *Annette Schlatholt* mit dem Erfahrungsbericht *Klischees über Menschen mit Behinderungen* darlegt. „Behinderte", das sind immer die anderen und um Abstand zu halten von denen, sind Klischees beides, praktisch und daneben. Niemand will behindert sein. Eindrückliche Beispiele aus krassen Alltagserfahrungen und von typischen Bemerkungen zeigen, wie weitreichendes Unwissen, bewusste Kontaktvermeidung und irrationale Berührungsängste von „Nichtbehinderten" stereotype, degradierende Wahrnehmungen und verletzende soziale Distanz aufrechterhalten und so gegen das Gebot der Menschenwürde und die Idee der inklusiven Gesellschaft verstoßen. Zur Überwindung der Klischees haben sich Menschen mit Handicap die Selbsthilfebewegung geschaffen. Sie konfrontiert die Öffentlichkeit mit ihren Klischees, erwirkt eine Vielzahl gesetzlicher Neuerungen in der Behandlung und barrierefreien Teilhabe von Menschen mit Behinderung. Um Stereotype zurückzuweisen, gibt es noch genügend Hausaufgaben zu erledigen. Die Kontrolle darüber hat das „Deutsche Institut für Menschenrechte", ein Erfolg, den die Selbsthilfe gegen die stereotype Gesellschaft erreicht hat.

„Wie alt sind Sie?" Antworten darauf hängen davon ab, wie Menschen ihr Älterwerden gestalten und sich mit Alter als natürlichem Sachverhalt auseinandersetzen können. Ist es wissenschaftlich legitim, von den *„Älteren"* zu sprechen? Diese Frage zur *Legitimität der Alterskategorisierung* untersucht *Florian Bödecker* mit einer umfangreichen Inspektion der theoretischen Literatur zu Altersnormen und den Inhalten, Nutzen und Risiken von Altersstereotypen. Wissenschaftlich legitim sind Begriffe und Kategorisierungen dann, so die Analyse, wenn sie valide schlussfolgernde Verallgemeinerungen und Erklärungen liefern und normativ-pragmatische Interventionen begründen. Das Älterwerden ist ein multidimensionaler Prozess, bei dem biologische, psychische, soziale und gesellschaftliche Aspekte zusammenwirken und der mit einem Eigenschaftscluster „ältere Menschen" beschrieben wird. Gleichwohl zeigt die Gruppe der älteren Menschen die größte Heterogenität unter allen Altersgruppen. Ein Fazit des Beitrags ist, dass es wissenschaftstheoretisch nicht eindeutig ist, woran das Alter eines Menschen festgemacht werden kann, weil es kein spezifisches „Wesen" älterer Menschen gibt und weil es von wissenschaftlichen, gesellschaftlichen oder praktischen Zielen abhängt, welches „Alter“ für Untersuchungen oder Gesetze oder für soziale Maßnahmen herangezogen wird. Das Dilemma jeder Kategorisierung mit Nutzen und Risiken gilt auch für das Altersstereotyp.

Für diesen Band in der Reihe *Angewandte Genderforschung/Gender Research Applied* haben die Autor*innen aus unterschiedlichen Fachdisziplinen mit ihren Beiträgen beispielhaft zentrale Facetten wichtiger Bereiche einer stereotypen Gesellschaft, ihren Diskurs und Begrifflichkeiten beschrieben und das Diskriminierungspotential von Stereotypen kritisch analysiert. Der Band möchte damit über empirische Befunde, methodische Herausforderungen sowie erste innovative Ansätze im Forschungsfeld informieren und über negative Alltagserfahrungen, die aus stereotypem Denken und Handeln für Gruppen und Individuen resultieren.

Trotz einer mehr als hundertjährigen Stereotypenforschung mit inzwischen verbesserten modernisierten Analyseverfahren zur Erfassung stereotyper Einstellungen und mit experimentell basierten Modellen zum Automatismus und zur mentalen Kontrollmöglichkeit von Stereotypen, stehen der Gesellschaft bisher nur unzureichende Mittel zur Überwindung von ungerechtfertigter Diskriminierung zur Verfügung. Diese Limitierungen der bisherigen Stereotypenforschung sind unter der Entwicklung der Künstlichen Intelligenz mit Deep Mining zur Wissensgenerierung und digitalen Erfassung, Diagnostik und Kategorisierung von Individuen und Gruppen besonders folgenreich. Die Gesellschaft hat nicht nur weiterhin mit ihren „alten“ Stereotypen zu tun, sondern sieht sich ohne genügend ethische Richtlinien und datenschutzrechtliche Schutzmechanismen mit völlig neuen von Maschinenintelligenz erzeugten Stereotypen konfrontiert. Neue interdisziplinäre Theoriebildung und Praxis als eine größere wissenschaftliche und anwendungsorientierte Bewegung sind die nächsten Bausteine für den Weg zu einer differenzierten fairen Gesellschaft.

Wir Herausgeber*innen danken den Autor*innen und wünschen den Leser*innen, dass das Buch nützlich und persönlich hilfreich sein möge.

Literatur

Angier, N. (2000) *Frau. Eine intime Geographie des weiblichen Körpers*, München, Bertelsmann.

Eble A. & Hu F. (2022) „Gendered beliefs about mathematics ability transmit across generations through children's peers", *Nature Human Behaviour,* June, Vol. 6, Issue 6, S. 868–879 [Online]. Verfügbar unter DOI: 10.1038/s41562-022-01331-9.

Gardner, R. C. (1994) „Stereotypes as consensual beliefs", in Zanna M. P. & Olson, J. M. (eds.) *The psychology of prejudice: The Ontario symposium,* Vol. 7, Hillsdale N. J., Erlbaum Associates, S. 1–31.

Hilton, J. L. & von Hippel, W. (1996) „Stereotypes", *Annual Review of Psychology,* Vol. 47, S. 237–271.

Katz, D. & Braly, K. W. (1933) „Racial stereotypes of 100 college students", *The Journal of Abnormal and Social Psychology,* Vol. 28, No. 3, S. 280–290 [Online]. Verfügbar unter DOI: 10.1037/H0074049.

Petzold, K., Schliewe, J. & Lotze, V. (2011) „Geschlechterstereotype im Technikmarketing – Analyse der häufigsten Stereotype und deren Nutzung im Marketing", *Ilmenauer Schriften zur Betriebswirtschaftlehre,* 4, Technische Universität Ilmenau, Institut für Betriebswirtschaftslehre, Ilmenau, [Online]. Verfügbar unter https://www.econstor.eu/bitstream/10419/55693/1/662518381.pdf; [Zugriff am 05.06.2023].

Piketty, T. (2022) *Rassismus messen. Diskriminierung bekämpfen.* München, C. H. Beck.

Shields, S.A. (2002) *Speaking from the heart. Gender and the social meaning of emotion.* New York, Cambridge University Press.

Thiele, M. (2015) *Medien und Stereotype. Konturen eines Forschungsfeldes*, Bielefeld, transcript.

Ingelore Welpe

Unconscious Bias. Wie verbreiten sich stereotype Ideen und lässt sich stereotypes Denken kontrollieren?

Thinking is easier to create than to control.
(Dennet, 1991, S. 301)

Information about the social and psychophysical variability of persons and situations is complex, ambiguous and salient. It requires efficient cognitive strategies for processing and evaluation. For this purpose, information sets are structured, categorised, filtered and stereotypes are formed. Research models stereotypes differently either as social or cognitive representations or as memes. The longevity of dysfunctional stereotypical ideas in cultural norms, social media, everyday communication and group interactions ensure their attractiveness, their efficiency and the abandonment of evidence and truth. As experiments show, the psychophysiological process of stereotypical person and group perception cannot be controlled, but can be temporarily corrected and inhibited by motivational, goal-related resolutions for fairness and will formation. However, mental control to avoid stereotypes leads to a rebound-effect that can unconsciously trigger discriminatory behaviour. Stereotype research raises more questions than it can currently answer.

Keywords: Unconscious Bias, Stereotypenforschung, Kategorien, selektive Aufmerksamkeit, Rebound-Effekt

1 Einleitung

Wenn stereotypes Denken unvermeidlich ist, dann kann man für soziale Diskriminierungen auch nicht verantwortlich gemacht werden. Kann man nicht immer denken, was man möchte? Diese Frage sucht nach weiteren Antworten.

Zum Verständnis von unbewussten und bewussten Vorurteilen setzen sich die Sozialwissenschaften und Kognitionswissenschaften mit vier Schlüsselfragen auseinander. Was ist ein Stereotyp? Wie entwickeln sich stereotypes Denken und Handeln? Wie verbreiten sich Stereotype veränderungsresistent? Was macht sie beeinflussbar?

Soziale Informationen über Personen und Sachverhalte sind salient, komplex und mehrdeutig, sodass die Wahrnehmung, Verarbeitung und Beurteilung sozialer Informationen effiziente kognitive Strategien erfordert.

Eine universell verbreitete kognitive Strategie zur Strukturierung, Konsolidierung und zum Abruf von komplexen und mehrdeutigen sozialen Informationsmengen ist die Bildung von Kategorien und Stereotypen, deren Grundlagen die wahrgenommene psychophysische und soziale Diversität von Menschen sind.

Wie sich Stereotypen replizieren und verbreiten und weshalb sie so veränderungsresistent erscheinen, wird mit kulturellen Normen, dem Einfluss sozialer Institutionen und Kommunikationsmedien, mit der Alltagskommunikation und mit der Interaktion mit Gruppenmitgliedern, mit denen sich Personen als zugehörig identifizieren oder aber mit kognitiven Prozessen erklärt.

2 Modellierung von Stereotypen

2.1 Stereotype sind soziale Repräsentationen

Die Stereotypenforschung modelliert Stereotyp verschiedentlich. Nach Farr & Moscovici (1984) sind Stereotype durch Interaktionen in und zwischen Gruppen konstruiert. Sie sind soziale Repräsentationen von kollektiven und gruppenspezifischen Überzeugungen und Wissen und Bezugsysteme für die Kategorisierung von Informationen. In diesem Modell sind kollektive Vorstellungen unabhängig von individuellen Vorstellungen und gelten als nicht hinterfragbar. Das Unabhängigkeitsargument im Sinne von Durkheim (1976) gilt, weil die kollektive Vorstellung, bspw. die von der Beschaffenheit des Universums, das Ergebnis der umfassenden Synthese individueller Vorstellungen ist.

Stereotype als soziale Repräsentationen durchlaufen einen Übertragungsprozess. Wissenschaft, Religion, Massenmedien oder heute Informationstechnologien – aktuell wächst die Bedeutung der Künstlichen Intelligenz – sind die Überträger für Wissen und Erklärungen. Durch die Alltagskommunikation zwischen Menschen entstehen Vorstellungen, die fest verankert in Systemen und Stereotypen der sozialen Interpretation und der Klassifikation von Personen und Ereignissen dienen.

Die Elemente einer sozialen Repräsentation sind Vorstellungsfelder mit Inhalten und Geltungsbereich, bspw. zu Geschlechterrollen. Zu einem Vorstellungsfeld wird das differenzierte kollektive und gruppenspezifische Wissen, bspw. zu typisch männlichen und weiblichen Rollen generiert und verbreitet. Ein generalisiertes „objektives" Stereotyp für Männlichkeit und Weiblichkeit mit positiven und negativen Aspekten wird in der Alltagspraxis verankert. Die diskursiv entstehenden Stereotype müssen nicht auf Richtigkeit getestet werden. In der Gesellschaft gelten sie als kulturell selbstverständliche Verhaltensstandards und Denkschemata für die Gruppe der Männer und Frauen.

2.2 Ein Stereotyp entsteht im Kopf und ist eine kognitive Repräsentation

Die Annahme, dass ein Stereotyp eine kognitive Repräsentation ist und als Ergebnis von psychologischen und physiologischen Wahrnehmungs- und Verarbeitungsgsprozessen entsteht, vertreten u.a. Hamilton & Sherman (1994 S. 3). Bestandteile der Kognition sind Wahrnehmung, Erkennen, Vorstellen, Urteilen, Gedächtnis, Lernen, Denken und Sprache. Soziale Kognitionen sind bewusst und unbewusst wahrgenommene Informationen aus der Umwelt. Sie werden „gefiltert" wahrgenommen, mit Vorwissen kategorisiert und gespeichert. Soziale Urteile werden aus Vorwissen und aktuellen Informationen erzeugt (Werth et al., 2020). Zu kognitiven Wissensstrukturen gehören u.a. Kategorien, Prototypen und Stereotype (Fiske & Taylor, 1991).

Im kognitiven Modell kann ein Stereotyp als eine kognitive Wissens- und Glaubens- und generalisierte Erwartungsstruktur über Gruppen oder Individuen betrachtet werden, die der effizienten Verarbeitung von komplexen Informationsflüssen dient. Stereotype können erst dann entstehen, wenn bei Personenbeobachtung physische und soziale Merkmale wahrgenommen, Unterschiedlichkeit festgestellt und bewertet wird (Schneider & Shiffrin, 1977).

Die kognitiven Wissensstrukturen sind über assoziative neuronale Netzwerke (Smith & Queller, 2001) und deren Knotenpunkte verknüpft und werden über unterschiedliche neuronale Informationskanäle aktiviert. Wird eine Person beobachtet, werden einzelne Merkmale, wie Körperform, Geschlecht oder Alter fokussiert. Zur Bewertung der Beobachtung werden dann Knotenpunkte mit optischer, gedanklicher oder sprachlicher Information aktiviert. Die Häufigkeit solcher Aktivierungen nach Beobachtung verstärkt die Verknüpfung von Wahrnehmung und Bewertung, in diesem Fall zwischen Körperform, Geschlecht und Alter.

Informationen über Personen können kognitiv analytisch aufwendig, kapazitätsreduziert sparsam oder heuristisch einfach nach Faustregeln verarbeitet werden. Stereotype nutzen Informationen gefiltert, sparsam und heuristisch. Das macht sie attraktiv, jedoch falsch.

Wie Stereotype auf neuronalen Ebenen und in deren assoziativen Netzwerken kognitiv aktiviert werden, welche Rolle dabei psychodynamische Zustände einer Person für die sensorische Aufmerksamkeit und selektive Merkmalsauswahl spielen und welche neuronalen Strukturen stereotypes Denken hemmen können, steht derzeitig im Fokus der interdisziplinären Kognitionsforschung.

2.3 Ein Stereotyp ist ein Mem und ein neuer Replikator

Außerhalb der sozial- und kognitionswissenschaftlichen Stereotypenforschung bietet sich aus der Biologie ein kreativer und spekulativer Denkansatz zur kulturellen Evolution an, wonach sich auch Stereotype als Meme interpretieren lassen (Dawkins, 1989). Meme sind sich in kulturellen Kontexten schnell verbreitende Formen, Ideen und Gestalten, Gedanken, Meinungen, Glauben, Ideen, aber auch Moden, Sitten oder religiöse Praktiken.

In der Natur sind Gene Meme, die durch Replikation die biologische Evolution bestimmen. Replikation ist das biologisch fundamentale Prinzip für die Vervielfältigung und Kopie von Erb- und Genmaterial zur Speicherung und Übertragung von Informationen. Stereotype können wie Gene als Meme und Replikatoren ihrer selbst betrachtet werden. Sie sind fähig, als lebendige Strukturen sozial und technisch menschliche Kulturen und Gruppenidentitäten zu formen, sich universell zu übertragen und sich stabil zu halten.

Am Beispiel der universell verbreiteten Gottesidee, die ein Mem ist (ebd.), wird deutlich, wie die Replikation eines sozialen Mems geschieht und warum ein Mem wie die Idee von Gott stabil in allen Kulturen ist. Dieses Mem ist psychologisch hoch attraktiv, weil es eine überwältigend gute Antwort auf tiefgründige und existenzielle Fragen verspricht, bspw., dass Ungerechtigkeit und Schwächen im diesseitigen Leben im jenseitigen aufgehoben werden. Die kognitive Forschung würde für die behauptete Attraktivität der Gott-Idee nach den neuronalen Strukturen der Gott-Idee fragen, wo im Kopf sitzt Gott?

Die Gottesidee und das Stereotyp über Gott existieren seit Jahrtausenden. Was macht sie so extrem langlebig? Außer seiner Attraktivität sind soziale Imitation und Kopie Gründe. Durch mündliche und schriftliche Kommunikation in Gottesdiensten, heiligen und profanen Schriften, in den Künsten und Kirchenarchitekturen wird das Stereotyp in vielfältigen religiösen Formen praktiziert und in seinen Teilen kopiert.

Ebenso wird die Langlebigkeit von bspw. Geschlechter- oder Altersstereotypen oder zu Ethnien gesichert durch ihre Attraktivität, durch fortwährende soziale Imitation, durch variable Kopien der Standardstereotype und Vielfalt ihrer Substereotype. Stereotyp entwickelte Kulturen verzichten auf oder verhindern außerdem Belege von Evidenz und Wahrheitsgehalt ihrer Stereotype. Der Verzicht auf analytische Kritik und die blinde Praxis eines sozialen Stereotyps sichern zusätzlich seine fortdauernde soziale Replikation und seinen Fortbestand.

Wie auf lange Sicht genetische Information spontan oder durch gezielte menschliche Eingriffe mittels Genscheren, das CRISPR-System (Belfort & Bonocora, 2014), das Geninformation ausschneidet oder einfügt, so mutiert, dass in Zukunft andere Menschen entstehen könnten, so mutieren auch alte soziale Meme durch soziale Zurückweisung mit gesellschaftlichem Paradigmenwechsel und müssen mit neuen konkurrieren. In der Folge kann auch so ein altes Stereotyp Gott oder Geschlecht dann überschrieben oder ersetzt werden. Aktuelle Beispiele dafür sind die derzeit virulenten Transgenderdebatten, die Geschlecht und Gender neu definieren, um das alte Stereotyp zu verdrängen. Solche Verdrängungsprozesse sind erste Wegweiser zu stereotypfreierem Denken und Handeln in zukünftigen Kulturen.

Am männlichen Nerd-Stereotyp zeigt sich prototypisch die Veränderung eines alten zu einem neuen Stereotyp. Bis über die 1980er Jahre hinaus wurde der Prototyp des computeraffinen Studenten als unattraktiver

Streber, Loser und Einzelgänger wahrgenommen, ungepflegt, langweilig, ohne Liebesleben, altmodisch gekleidet bewertet (Turkle, 1995). Heute kursieren im Internet Kurzfilme zum Thema Nerds und kommentierte Bilder zu Nerds. Mit der Digitalisierung und den KI-Technologien verbreiten sich neue Meme. Das alte Loser Mem, der Nerd als sozial inkompetenter Besserwisser, ist abgelöst vom Superior-Mem. Der Nerd hat ein Superbrain, ist technisch überlegen, elitär arrogant, finanziell sehr erfolgreich, cool, aber unbeliebt bei Gleichaltrigen. Und es scheint sich ein Substereotyp herauszubilden. Die Nerdine ist ein weiblicher Nerdstereotyp, dem der männliche Nerdstereotyp jedoch gleichwertige Kompetenz abspricht, um als Gatekeeper den Zugang von Frauen zur Technikcommunity zu erschweren oder zu versperren. Nerdgirls müssen zudem gleich zwei Stereotypen entsprechen, dem männlichen Nerdstereotyp und dem traditionellen Weiblichkeitsstereotyp. Deshalb arbeiten vor allem junge Frauen in High-Tech Laboren geschminkt, mit unbequemen High heels und kurzen Röcken.

3 Ohne Kategorien gibt es keine Stereotypen

Eine Kategorie ist eine basale Wissensstruktur zur Bildung von Gruppen, hier zu Personen, die gemeinsame Merkmale teilen. Bei der Kategorisierung werden Personen nicht mehr individuell betrachtet, sondern mit gruppenspezifischen Attributen zu Leistungen, Aussehen, Eigenschaften oder kulturellen Werten zum repräsentativen Prototyp einer abstrakten Gruppenkategorie (Barsalou, 1985). Der Prototyp ist der typische Vertreter einer Gruppe und Bezugspunkt für stereotype Urteile über Individuen. Je mehr eine reale Person dem Prototyp einer Kategorie entspricht, umso wahrscheinlicher wird über sie stereotyp geurteilt.

Werden bei der Eindrucksbildung zusätzliche Informationen, wie Beruf, Status, familiäre Rollen, Ethnie oder Alter benutzt, dann wird ein generalisierter Stereotyp um Substereotypen erweitert. Beim Standardstereotyp „Mann“ heißen Substereotypen dann bspw. „Karrieremann, Hausmann, Ernährer, Weißer Mann oder Single-Mann“ (Eckes, 1997) mit spezifischen Zuschreibungen, wie diese Person ist oder sein müsste. Die Substereotypen differenzieren die Personenwahrnehmung häufig mit unterschiedlichen affektiv gefärbten Zuschreibungen, wie warm – kalt, kompetent – inkompetent, schön – hässlich. So wird der Karrieremann dann kalt und kompetent, der Hausmann warm und inkompetent beurteilt (ebd.).

Wie differenziert Gruppenstereotype und Substereotype in der Wirtschaft als Konsumanreize zum Kauf von Gütern und Akzeptanz von Dienstleistungen genutzt werden, zeigen Beispiele aus dem Technikmarketing (Petzold et al., 2011) für männliche und weibliche Zielgruppen. Wie etliche Studien zeigen (u.a. Vennemann & Holz-Bacha, 2008), setzen Unternehmen auf die verhaltenssteuernde Wirkung von Geschlechterstereotypen, deren Vorbildsignale, auf die Bedürfnisse von Frauen und Männern, sich ihrer Gruppe zugehörig zu sehen und ihre soziale Identität zu bekräftigen. Männermärkte und Haushaltstechnik werden folgerichtig und hauptsächlich mit zwei wirkungsvollen Substereotypen, nämlich „Frau, das Sexobjekt“ und „Frau, das Multitasking Wunder“ beworben (Buschmann, 2005). Zur Stimulierung der Aufmerksamkeit und Kaufaktivierung beiderlei Geschlechter zeigen Spots, Anzeigen oder Clips von Produkten häufig auf dem Boden liegende schöne, junge, nackte oder leichtbekleidete und perfekt proportionierte Frauen in sexy Posen. Für technische Haushaltsgeräte werden die Substereotype Hausfrau und Karrierefrau zur Superfrau zusammengefügt, die alle Anforderungen in Beruf und Familie perfekt erfüllt. Das Signal für Kundinnen ist, dass Frauen mit dieser Haushaltstechnik zugleich „Beauty and Brain“ gewinnen.

Männer werden ausgiebig mit dem Substereotyp „sachlicher Karrieremann mit Familiensinn“ und mit „sunny boy“ beworben. So ein Mann ist gebildet, erfolgreich, sportlich, kurzhaarig, Anzugträger und hat Technikkompetenz. Mit dem Kauf und der Nutzung der richtigen Technik, so signalisiert es das Stereotyp, ist er ein männlicher Mann und ein Mann, der seinen Traum von Spaß und Freiheit realisiert (ebd.).

Sowohl bei Frauen als auch bei Männern befördern solche Stereotype unbewusst den Werbe- und Verkaufserfolg (Kroeber-Riel & Esch, 2004). Wenn allerdings die verwendeten Stereotype unzeitgemäß und nicht mehr repräsentativ sind oder als diskriminierend empfundene Inhalte präsentieren, dann sind sie wirkungslos, werden abgelehnt und öffentlich zurückgewiesen (Zimmermann & Dahlberg, 2008). So lehnen es emanzipierte Frauen ab, als Sexobjekt oder Superfrau dargestellt zu werden, fordern

Verzicht auf traditionelle Rollenzuschreibungen oder führen Klagen auf Unterlassung sexistischer Bilder.

4 Stereotype und selektive Aufmerksamkeit

Die Verarbeitung von sensorischen Informationen erfolgt zunächst mit basalen kognitiven Operationen zur Einprägung, zur Speicherung und Erinnerung. Die Sinnesdaten werden blitzschnell (120-140 millisec) aufgenommen (Dehaene, 2014, S. 140), unterschwellig gespeichert, in neuronalen Schaltkreisen abgelagert und sodann in Gedanken und Gefühlen konsolidiert für den späteren Abruf. Das Bewusstsein bemerkt diese basalen Prozesse nicht. Im Langzeitgedächtnis werden Informationen für dauerhaft mentale Repräsentationen, z.B. als Stereotype gespeichert. Das geschieht durch Kopplung der Information an Ereignisse, Erfahrungen, an semantische Hinweisreize und Kontextmerkmale, mit bildhaften Vorstellungen, mit Bündelung und Bekräftigung von Vorwissen und mit Verknüpfung mit der affektiven Verfassung der Person.

Sich über ein Stereotyp bewusst zu sein, erfordert Aufmerksamkeit. Die Funktion der Aufmerksamkeit ist es nach William James (1890) „aus mehreren möglichen Gegenständen des Denkens einen Gegenstand auszuwählen.“ Selektive Aufmerksamkeit ist die Fähigkeit, Reize bewusst wahrzunehmen und unter konkurrierenden Reizen die situativ relevanten auszuwählen. Relevante Gegenstände oder Merkmale einer Person unter hunderten möglichen bewusst auszuwählen, wäre allerdings ein enorm zeitaufwändiger und unproduktiver Prozess. Daher ist, wie Experimente es zeigen, selektive Aufmerksamkeit auch ohne Bewusstsein aktiv.

Kurze Geräusche, unerwartete Lichtreize, plötzliche Gefahrensignale oder ins Auge springende Personenmerkmale erregen kurzfristig unbewusst selektive Aufmerksamkeit als Alarmreaktion, der man sich nicht entziehen kann. Sie bewirkt, dass unbewusste Reize, z.B. die Gesichtsmerkmale einer Person, kurz verstärkt gesehen werden und dennoch weiter unbewusst bleiben. Die alarmierende Aufmerksamkeit steuert die Wahrnehmung verstärkt und unterschwellig weiter in die „richtige“ Richtung, z.B. hin auf ein Stereotyp.

Nur wenig des mentalen Gedankenvorrats ist bewusst. Das Gehirn arbeitet der Effizienz halber vielmehr mit einer Sammlung unbewusster

Prozesse (Dahaene, 2014, S. 115). Diese überwachen die Wahrnehmung der Außen- und Innenwelt einer Person, lenken Denken, markieren psychosoziale Urteile, bewerten Entscheidungen und gewichten Erfahrungen. So betrachtet ist stereotypes Denken ein Resultat der selektiven unterschwelligen Aufmerksamkeit ohne Beteiligung des Bewusstseins und daher langlebig erfolgreich.

So nützlich Kategorisierung und Stereotype für schnelle Informationsverarbeitung sind, so dysfunktional sind sie auch. Informationsverluste und fehlende kritische Analysen führen zu Wahrnehmungs- und Denkfehlern. Falsche Zusammenhänge und Scheinkorrelationen, hier sind es Stereotype, werden konstruiert und als richtig betrachtet. Falsche Annahmen über Eigenschaften und Potenziale von Individuen und Gruppen, bspw. wie Männer, Frauen, Mütter, Manager*innen, Beamt*innen, Migrant*innen, Politiker*innen, Ingenieur*innen oder Wissenschaftler*innen sind, was sie tun, sollen, nicht können oder dürfen, verfestigen sich. Falsche Urteile führen zu erheblichen Gruppenkonflikten, sozialen Diskriminierungen mit weitreichenden Abwertungen und Aufwertungen, erzeugen gesellschaftlich Bruchlinien und festigen die Ungleichbehandlung von Personen und Gruppen.

5 Lässt sich stereotypes Denken kontrollieren?

Seit Lippmann (1922) den Begriff Stereotyp als „Bilder in unseren Köpfen", die sich zwischen unsere Außenwelt und unser Bewusstsein schieben in die Literatur der Sozialwissenschaften einführte und die Eigenschaftsliste von Katz & Braly (1933) ein weit verbreitetes Standardverfahren empirisch fundierter Untersuchungen zu Vorurteilen über die Merkmale sozialer Gruppen wurde, ist die Theorie der sozialen Urteilsbildung mit drei Modellen weiterentwickelt worden.

Die automatische, unbewusste Aktivierung eines Stereotyps ist zahlreich belegt worden (Pratto & Bargh, 1991; Banjai & Hardin, 1996). Die Annahme lautet, dass der Kontrolle des stereotypen Denkens enge Grenzen gesetzt sind.

Für Erkenntnisse, wie sich Stereotypisierungen als Unconscious Bias verbreiten, wie sie aufrechterhalten werden, soziale Beziehungen strukturieren und soziale Diskriminierungen befördern, bieten Brewer (1988),

Devine (1989) und Fiske und Neuberg (1990) notwendige verbesserte begriffliche Operationalisierung, validere Messmethoden und differenzierte Modellierungen, die weitere Ergebnisse zur Aktivierung und Hemmung von stereotypen Denken und Handeln liefern.

Neuere Ansätze zur subtilen Messung von Stereotypen jenseits von Merkmalslisten werden in der „kognitionstheoretischen" Stereotypenforschung mit experimentellen Versuchen erprobt. Zentral ist dabei die Annahme, dass Prototypen als soziale Repräsentationen im Langzeitgedächtnis von Personen gespeichert sind und unter bestimmten Bedingungen dort abgerufen werden können. Wenn Stereotype aus Überzeugungen und Meinungen mit bspw. der Kategorie „Männer" assoziiert sind, dann können, so ist die Grundüberlegung, auch die konkreten Inhalte des Stereotyps, die kognitiv stark mit dem Kategorie-Label verknüpft sind, analytisch ermittelt werden (Hamilton & Trolier, 1986, S. 141). Als Ergebnis ist eine gute inhaltliche Operationalisierung, hier für „sexistisches" Stereotyp und Sexismus zu erwarten. Sind Inhalte kognitiv nur schwach verknüpft, dann sind sie weniger brauchbar für die Messung von Sexismus und des Stereotyps „sexistisch".

Für die Analyse, wie stark die kognitive Verbindung „associative strength" zwischen Attributen und Kategorie sind, steht u.a. exemplarisch das Priming-Verfahren (Dovidio et al., 1986) zur Verfügung. Beim Priming wird den Versuchspersonen zunächst eine lexikalische Benennung „prime" für eine Kategorie präsentiert, bspw. „Europäer" und „Amerikaner". Durch die Präsentation, das „priming", soll die entsprechende Kategorie kognitiv aktiviert und die Aufmerksamkeit der Versuchspersonen auf nachfolgende Stimuli, es sind positive und negative Attribute zu dieser Kategorie, gelenkt werden. Die Versuchspersonen sollen schnell reagieren und angeben, wie stark das Attribut zur Kategorie passt. Das Maß der Stärke des Zusammenhangs ist die Reaktionsgeschwindigkeit „response latency". Je kürzer die Reaktionszeit für eine Kategorie-Attribut Kombination ist, umso stärker soll diese Kombination im Langzeitgedächtnis verbunden sein. Reaktionszeitmessungen bringen als indirekte Maße die Stereotypenanalyse methodisch zwar weiter voran, dennoch gibt es für solche Befunde eine Reihe von Interpretationsproblemen. Unklar ist es, ob bei der Priming Methode bei den Versuchspersonen individuelle oder konsensuelle Stereotype erfasst werden.

Mit gesellschaftlichen Megatrends wie Emanzipation, Chancengleichheit, Antirassismus oder interethische Beziehungen ändern sich auch die soziale Wahrnehmung, die Einstellungen gegenüber Gruppen, die Inhalte von Stereotypen und damit auch die Diskriminierungsformen. So haben die heutigen modernen Rassismusskalen in den USA andere Itemformulierungen, wie z.B. „Verteidigung von Bevorzugungen" als die alten, die eher Wesensunterschiede formulierten (Ganter, 1997).

5.1 Hemmung und Korrektur

Das Kontinuum-Modell von Fiske und Neuberg (1990), eine Weiterentwicklung der Annahmen von Brewer (1988), nimmt an, dass die Eindrucksbildung in zwei Schritten auf einem Kontinuum verläuft, bei dem neben der unkontrollierbaren Kategorie-Reaktion, die das Wissen zur Gesamtmenge der Personen, die für Kategorisierung repräsentativ sind, abruft, auch bewusst kontrollierbare Prozesse beteiligt sind (Devine, 1989).

Dass soziale Stereotypen bewusst korrigiert und überlernt werden können, ist empirisch gut belegt (Pratto & Bargh, 1991; Blair & Banjai, 1995). Zielpersonenbezogene Wahrnehmungen und eigene persönliche Überzeugungen können die primäre Stereotypenaktivierung korrigieren, insbesondere dann, wenn sich eine Person nicht einfach einer Kategorie zuordnen lässt. Dann entscheiden Faktoren wie der Grad der Aufmerksamkeit oder die motivationale Situation der beobachtenden Person darüber, ob Stereotypen ihre Eindrucksbildung weiter bestimmen oder individualisierte personenbezogene Informationen aufgenommen werden und das Stereotyp unterdrückt wird.

Die Frage, ob stark stereotyporientierte und schwach stereotyporientierte Personen einen stereotypen Ersteindruck signifikant unterschiedlich korrigieren und revidieren, beantworten die Experimente und das Dissoziationsmodell von Devine (1989). Bei stark stereotyporientierten Personen decken sich, anders als bei schwach stereotyporientierten Personen, die kulturell erworbenen Stereotype mit eigenen Überzeugungen und eigenem Wissen. Je häufiger bei einer Person kulturell erworbene Stereotypen bekräftigt und konditioniert wurden, desto solider sind ihre Vorurteile. Diese verfestigten kognitiven sozialen Wissenstrukturen kommen in sozialen Interaktionen dann auch leicht zur Anwendung und reduzieren die

Korrekturmöglichkeit von stereotypen Ersteindrücken nachhaltig. Auch bei schwach stereotyporientierten Personen, deren eigene Überzeugungen vom kulturellen Stereotyp abweichen, ist die primäre Aktivierung von Stereotypen nicht beeinflussbar, allerdings gelingt diesen Personen die Korrektur von Ersteindrücken leichter.

Eine bedeutende Rolle bei der Korrektur von unkontrollierbaren Erstreaktionen spielen aktuelle motivationale zielbezogene Zustände der beobachtenden Person, ihre Aufmerksamkeitstiefe, ihre kognitive Kapazität, die aktuelle Situation sowie die persönliche Bedeutung der wahrgenommenen „Zielperson". Erscheint die Gruppenzugehörigkeit einer Zielperson aufgrund ihrer Merkmale oder ihres Verhaltens nicht eindeutig und die Kategorisierung schwierig, weil die stereotypassoziierten Merkmale nicht mit den Merkmalen der Zielperson kompatibel sind, dann entstehen neurophysiologisch Hemmungsprozesse (Houghton & Tipper, 1994), die die unbewusste Reaktion antagonistisch unterbindet.

Hemmungszellen können unbewusste Reaktionen über Synapsen, das sind die elementaren Verbindungen zwischen Nervenzellen zur Übertragung von jeder Information über Handeln, Denken, Fühlen, durch chemische und elektrische Impulse kontrollieren und unterdrücken. Hemmungsvorgänge sind grundlegend für Lernen und Vergessen und das „Stop und Go" im Wahrnehmungs- und Denkprozess (Müllner et al., 2015). Das bedeutet „rotes Licht" für die Aufrechtrechterhaltung eines Stereotyps und „grünes Licht" für die bewusste Überprüfung, Hemmung oder Korrektur des Stereotyps oder, wenn für eine Zielperson zwei oder mehrere gleichzeitig aktivierte Kategorien zur Auswahl stehen, wird eine gewählt und die anderen unterdrückt. Macrea et al. (1995) illustrieren das an einem Beispiel, in dem sich ein Mann für ein erstes Treffen mit einer Frau verabredet. Es erscheint eine chinesische Frau. Wenn er sie sieht, werden zwei konkurrierende Kategorien automatisch aktiviert „Chinesin" und „Frau". Was passiert? Der Mann beobachtet die Merkmalskongruenz der Zielperson mit der Kategorie „Chinesin", z.B. „sie isst mit Stäbchen". Das verstärkt dieses Stereotyp während die weniger passende Kategorie „Frau" für diese Person „neurophysiologisch" deutlich gehemmt wird. Ob der Mann die Kategorie „Frau" einfach passiv ignoriert hat oder sie nur weniger stark aktiviert ist als die Kategorie „Chinesin" oder er „Frau" aktiv gehemmt hat, bleibt unklar. Zum Prozess, wie Aktivierung und Hemmung, die fundamentalen kognitiven Prozesse, bei konkurrierenden Stereotypen die selektive Aufmerksamkeit bei der Personenwahrnehmung steuern, besteht weiterer Forschungsbedarf.

5.2 Fairness, Vorsatz und Willensbildung

Können fairnessorientierte Zielsetzungen und willensmäßige Vorsätze helfen, eine Person vorurteilsfrei zu beurteilen und die unbewusste Stereotypenaktivierung hemmen? Kann die Unterdrückung von Stereotypenaktivierung geübt werden?

Welchen Einfluss haben bewusst gesetzte Vorsätze und Ziele für stereotypes Urteilen? Schaal & Gollwitzer (1997) untersuchten mit Annahmen der Motivations- und Volitionsforschung zur Wirkung von Zielsetzungen und Vorsätzen (Gollwitzer, 1996) die Beeinflussbarkeit automatisierter sozialer *Urteilsbildung*. Das experimentell gewonnene Hauptergebnis aus subliminalen Primingverfahren und mit lexikalischen Entscheidungsaufgaben am Beispiel des Altersstereotyp bestätigte, dass Willensbildung für Fairness stereotypes Denken kontrolliert und stereotypes Handeln kontrolliert und gehemmt werden kann.

Bereits der ausgesprochene Vorsatz, eine Zielperson fair beurteilen zu wollen, führte in der ersten Phase der Urteilsbildung sowohl bei schwach als auch stark vorurteilsbelasteten Versuchspersonen innerhalb von 200 Millisekunden zur Hemmung der automatisierten Stereotypenaktivierung und innerhalb von 1500 Millisekunden zur Kontrolle des bewussten Denkens. Selbst wenn nicht der vorsätzliche Wille, sondern lediglich die Absicht und das Ziel für Fairness formuliert wurden, entstanden Hemmungseffekte und Korrekturen (Schaal, 1997, S. 167). Erschwert wurde die effektive Kontrolle von Stereotypen dann, wenn die Versuchspersonen dabei unter Bearbeitungsdruck von Aufgaben standen. Nicht immer gelingt die Kontrolle; sie hat Voraussetzungen. Ein stereotypaktivierender Reiz muss bewusst sein, die Person braucht kognitive freie Kapazität zur rationalen Auseinandersetzung mit Stereotypen und Motivation für Fairness.

5.3 Mentale Kontrolle mit Rebound-Effekt

Stereotypes Urteilen über Andere verletzt die sozialen Normen für Chancengleichheit und Gerechtigkeit. Selbst bei bewusst toleranten Personen, die Diskriminierungen ablehnen und sich kontrollieren, treten in Interaktionen mit Anderen unvermittelt und unerwünscht stereotype Gedanken und Verhaltensweisen auf. Vielfach ist formuliert worden, dass der Schlüssel für stereotypfreies Denken die mentale Gedankenkontrolle ist (Devine, 1989). Aber funktioniert diese Strategie tatsächlich? Wie es im experimentellen Kontext gezeigt wurde (Macrea et al., 1995), kann mentale Gedankenkontrolle Stereotype nur zeitweilig unterdrücken, dann, wenn für ein Stereotyp keine Auslösereize zugegen sind. Ein erworbenes Stereotyp bleibt jedoch zugänglich im Gedächtnis. Die Gedankenkontrolle verhindert so nicht nur nicht die Wiederkehr von unterdrückten stereotypen Urteilen, sondern die diskriminierenden Gedanken gegenüber Zielpersonen kommen unbeabsichtigt und sogar mit größerer Intensität als vor der Kontrolle zurück bei vorgestellten oder situationsbezogen bei tatsächlichen Begegnungen mit Zielpersonen. Eine paradoxe Wirkung tritt auf, der Rebound-Effekt. Die experimentellen Befunde werden auch von alltäglichen Erfahrungen von Personen, die Fairness und Toleranz gegenüber diskriminierten Gruppen in ihrer Werteorientierung verankert haben und abwertende Gedanken verdrängen, bestätigt.

Warum kommen unterdrückte stereotype Gedanken zurück und lösen möglicherweise sogar diskriminierendes Verhalten gegenüber Zielpersonen aus? Zum Prozess des Rebound-Effekts gibt es sind viele offene Fragen.

Die Absicht, stereotype Gedanken zu unterdrücken, könnte unbewusst entstehen oder außerhalb der direkten willensmäßigen Kontrolle „vor dem Denken" sein, wie das für andere zielbezogene mentale Aktivitäten beschrieben ist (Bargh, 1990). Der Versuch, ein Stereotyp willentlich zu unterdrücken, verlangt es, das Stereotyp wiederholt zu denken und damit zu aktivieren. Der Preis für die Unterdrückung ist die Verstärkung. In Situationen, in denen an Zielpersonen stereotype Reize wahrgenommen werden oder in Situationen, die mit stereotypen Erfahrungen verknüpft sind, entsteht dann automatisch ein Rebound-Effekt. Wenn ein Stereotyp häufig vorsätzlich unterdrückt wird, z.B. „keine Stereotype gegenüber Zielpersonen in der Öffentlichkeit", dann kommt es beim Wegfall der

Auslösereize – Öffentlichkeit und Zielpersonen sind nicht mehr vorhanden – im privaten Raum leicht zu Rebound. Wenn mentale Hemmungsprozesse die Funktion eines gatekeepers haben (Tipper, 1985), dann sollten informationsverarbeitende Ressourcen schonend, das meint, für die Person unbewusst und situationsabhängig flexibel funktionieren. Es ist eine plausible Erklärung, weshalb sich Personen privat anders äußern als öffentlich.

6 Zurück zu den Anfangsfragen

Wie verbreiten sich stereotype Ideen und lässt sich stereotypes Denken kontrollieren?

Personen sind in ihrer Unterschiedlichkeit die komplexesten sozialen Reize, die in der Wahrnehmung eine Informationsflut auslösen. Die einschlägige Literatur ist sich einig, dass zur Bewältigung von Informationsüberflutung die Reduktion der Information effizient erfolgen muss. Bei der Beobachtung und zur Beurteilung von Personen und/oder Gruppen geschieht dies durch differenzierte soziale Kategorienbildung, die zur Klassifizierung von Personen und Gruppen mit Stereotypen führt. Mit den zwei basalen neuronalen Prozessen der Informationsverarbeitung, Aktivierung und Hemmung, verbreiten sich Stereotype sozial und kognitiv und persistieren langlebig im individuellen und kulturellen Gedächtnis. Verschiedene Faktoren entscheiden, ob und welche Stereotype die soziale Wahrnehmung dominieren. Die Faktorenliste nennt u.a. die Leichtigkeit der Zugänglichkeit des Stereotyps, die aktuelle Zielorientierung der Beobachter und die Stärke des Vorurteils gegenüber spezifischen Gruppen (Stangor & Lange, 1993). Unklar ist, wie solche Faktoren sozial und mental die Kategorisierung, Stereotypauslösung und die Auswahl bei konkurrierenden Stereotypen steuern. In der kognitiven Stereotypenforschung steht die selektive Aufmerksamkeit (Zacks & Hasher, 1994) und ihre Rolle bei der sozialen und neuronalen Aktivierung und Hemmung von Stereotypen im Fokus. Der paradoxe Rebound-Effekt, der nach Unterdrückung von stereotypen Gedanken auftritt und Stereotype verstärkt, verlangt zum besseren Verständnis der bewussten und unbewussten Prozesse bei stereotypem Denken und Handeln Aufklärung, damit bestehende theoretische Modellierungen präziser werden. Das ist wünschenswert, weil auch mentale Kontrolle bisher keine erfolgsversprechende Strategie zu sein scheint, um soziale Kategorisierung und damit einhergehende weit verbreitetet Diskriminierungen in unseren Gesellschaften zu reduzieren.

Weiterhin sind Längsschnittstudien zu Determinanten notwendig, die die soziale Prägung und Entwicklung von Stereotypen vom Kindesalter bis zum Erwachsenenalter verfolgen, wie Saarinnen et al. (2022) sie für Finnland präsentiert haben. Weder das Familieneinkommen in der Kindheitsphase noch der Bildungslevel im Erwachsenenalter noch die kognitive Kapazität oder Leistungsfähigkeit korrelieren mit sozialer Intoleranz. Soziale Intoleranz zeigt in dieser Studie einen positiven Zusammenhang mit kognitiven Stilen darunter mentale Flexibilität, sowie Konzentrations- und Ausdauervermögen. Die Studie legt nahe, dass die Art und Weise der Informationsverarbeitung zu mehr oder weniger stereotyper Intoleranz führen kann. Die Studie lässt vermuten, dass Investitionen in Bildung und Schulung nicht die effektivsten Maßnahmen zur Reduktion sozialer Intoleranz sind, sondern die Art und Weise, wie individuell Wissen erworben wird.

Wie es scheint, wirft auch die Stereotypenforschung mehr Fragen auf, als sie beantworten kann.

„And the trouble with brains, ..., is that when you look in them, you discover that there's nobody home." (Dennet, 1991, S. 29)

Auch in diesem Zweig der Wissenschaft ist der Stand der Wissenschaft der gegenwärtige Stand unseres Irrtums.

Literatur

Banaji, M. R. & Hardin, C. D. (1996) „Automatic Stereotyping", *Psychological Science*, Vol. 7, Issue 3, S. 136–141.

Bargh, J. A. (1990) „Auto-motives: Preconscious determinants of social interaction", in Higgins, E. T. & Sorrentino, R. M. (eds.) *Handbook of motivation and cognition, Vol. 2*, New York, Guilford, S. 93–130.

Barsalou, L. W. (1985) „Ideals, central tendency, and frequency of instantiation as determinants of graded structure in categories", *Journal of Experimental Psychology: Learning, Memory, and Cognition,* Vol. 11, No. 4, S. 629–654 [Online]. Verfügbar unter https://doi.org/10.1037/0278-7393.11.1-4.629.

Belfort, M. & Bonocora, R. P. (2014) „Homing endonucleases: from genetic anomalies to programmable genomic clippers", in Edgell, D. R.

(ed.), *Homing Endonucleases. Methods and Protocols*, Methods in Molecular Biology, Vol. 1123, Totowa N. J., Humana Press, S. 1–26.

Blair I. V. & Banaji M. R. (1995) *Automatic and controlled processes in gender stereotyping,* unpublished manuscript, Yale University New Haven, CT.

Brewer, M. B. (1988) „A dual process model of impression information“, in Srull, T. K. & Weyer, R. S. (eds.) *Advances in Social Cognition*, Vol. 1, Hillsdale New Jersey, Erlbaum, S. 1–36.

Buschmann, G. (2005) „Das Menschenbild (in) der Werbung. Theologische Anmerkungen zu einem Kapitel Medienanthropologie“, *Medienimpulse. Beiträge zur Medienpädagogik*, Nr. 53, S. 56–68 [Online]. Verfügbar unter https://www.mediamanual.at/mediamanual/themen/pdf/werbung/53_Buschmann_Das_Menschenbild_in_der_Werbung.pdf; [Zugriff am 06.06.2023].

Dawkins, R. (1989) *The Selfish Gene*, 2nd edition, Oxford, Oxford University.

Dehaene, S. (2014) *Consciousness and the brain: Deciphering how the brain codes our thoughts*, New York, Viking Penguin.

Dennet, D. C. (1991) *Consciousness explained*, London, Penguin Books.

Devine, P. G. (1989) „Stereotype and Prejudice: Their Automatic and Controlled Components“, *Journal of Personality and Social Psychology*, Vol. 56, Issue 1, S. 5–18 [Online]. Verfügbar unter https://doi.org/10.1037/0022-3514.56.1.5.

Dovidio, J. F., Evans, N. & Tyler, R. (1986) „Racial Stereotypes: The Contents of Their Cognitive Representations“, *Journal of Experimental Psychology*, Vol. 22, Issue 1, S. 22–37 [Online]. Verfügbar unter https://doi.org/10.1016/0022-1031(86)90039-9.

Durkheim, E. (1976) *Soziologie und Philosophie*, Frankfurt am Main, Suhrkamp.

Dweck, C. S. & Yeager, D. S. (2019) „Mindsets: A View From Two Eras“, *Perspectives on Psychological Science*, Vol. 14, Issue 3, S. 481–496.

Eckes, T. (1997) *Geschlechterstereotype: Frau und Mann in sozialpsychologischer Sicht,* Pfaffenweiler, Centaurus.

Farr, R. M. & Moscovici, S. (eds.) (1984) *Social Representations*, Cambridge, Cambridge University.

Fiske, S. T. & Neuberg S. L. (1990) „A continuum of impression formation, from category-based to individuating processes“, in Zanna, M. P. (ed.) *Advances in experimental social psychology*, New York, Academic Press, S. 1-74.

Fiske, S. & Taylor. S. E. (1991) *Social Cognition*, 2nd edition, New York, MacGraw Hill.

Ganter, S. (1997) *Stereotype und Vorurteile: Konzeptualisierung, Operationalisierung und Messung*, Mannheimer Zentrum für Europäische Sozialforschung, Working Paper Arbeitsbereich III/Nr. 22.

Gollwitzer, P. M. (1996) „The volitional benefits of planning“, in Gollwitzer, P. M. & Bargh, J. A. (eds.) *The psychology of action: Linking cognition and motivation to behavior*, New York, Guilford Press, S. 287–312.

Hamilton, D. L. & Sherman, J. W. (1994) „Stereotypes“, in Wyer, R. S. & Srull, T. K. (eds.) *Handbook of social cognition, Vol. 2, Applications*, 2. Aufl., New York, Psychology Press.

Hamilton, D. L. & Trolier, T. K. (1986) „Stereotypes and Stereotyping: An overview of the cognitive approach“, in Dovidio, J. F. & Gaertner, S. L. (eds.) *Prejudice, Discrimination and Racism*, San Diego, CA, Academic Press.

Hasher, L. & Zacks, R. T. (1988) „Working memory, comprehension, and aging: A review and a new review“, in Bower, G. H. (eds.) *Psychology of Learning and Motivation*, Vol. 22, San Diego, CA, Academic Press, S. 193–225.

Houghton, G. & Tipper, S. P. (1994) „A model of inhibitory mechanisms in selective attention“, in Dagenbach, D. & Carr, T. H. (eds.) *Inhibitory processes in attention, memory, and language*, San Diego, CA, Academic Press, S. 53–112.

James, W. (1890) *The Principles of Psychology*, Vol. 1, New York, Holt. [Online]. Verfügbar unter https://doi.org/10.1037/10538-000.

Katz, D. & Braly, K. W. (1933) *Racial Stereotypes and Social Cognition*, London, Sage.

Kroeber-Riel, W. & Esch, F. R. (2004) *Konsumentenverhalten*, 8. Auflage, München, Verlag Vahlen.

Lippmann, W. (1922) *Public Opinion*, New York, Harcourt Brace and Company.

Macrea, C. N., Bodenhausen, G. V. & Milne, A. (1995) „The Dissection of Selection in Person Perception: Inhibitory Processes in Social Stereotyping“, *Journal of Personality and Social Psychology*, Vol. 69, No. 3, S. 397–407 [Online]. Verfügbar unter DOI: 10.1037// 0022-3514.69.3.397.

Marschik, M. & Dorer, J. (2002) „Sexismus (in) der Werbung: Geschlecht Reklame Konsum“, *Medien und Werbung*, Heft Dezember, S. 37–44.

Müllner, F. E., Wierenga, C. J. & Bonhoeffer, T. (2015) „Precision of Inhibition: Dendritic Inhibition by Individual GABAergic Synapses on Hippocampal Pyramidal Cells Is Confined in Space and Time“, *Neuron*, Vol. 87, Issue 3, S. 576–589.

Petzold, K., Schliewe, J. & Lotze, V. (2011) *Geschlechterstereotype im Technikmarketing – Analyse der häufigsten Stereotype und deren Nutzung im Marketing*, TU Ilmenau, Ilmenauer Schriften zur Betriebswirtschaftslehre 4.

Pratto, F. & Bargh, J. A. (1991) „Stereotyping based on apparently individuating information: Trait and global components of sex stereotypes under attention overload“, *Journal of Experimental Social Psychology*, Vol. 27, Issue 1, S. 26–47 [Online]. Verfügbar unter https://doi.org/10.1016/0022-1031(91)90009-U.

Saarinen, A., Keltigangas-Järvinen, L., Dobewall, H., Cloninger R., Ahola-Olli, A., Lethimäki, T., Hutri-Kahönen, N., Raitakari, O., Rovio, S., & Rvaja, N. (2022) „Does social intolerance vary according to cognitive styles, genetic cognitive capacity, or education?“, *Brain and Behavior*, Vol. 12, Issue 2 [Online]. Verfügbar unter DOI: 10.1002/brb3.2704.

Schaal, B. (1997) *Willentliche Kontrolle stereotypen Denkens: Intentionseffekte auf die Aktivierung von Stereotypen*, Dissertation Universität Konstanz [Online]. Verfügbar unter https://kops.uni-konstanz.de/server/api/core/bitstreams/05728ef5-dd39-4729-9653-20ed2ad0fe82/content; [Zugriff am 06.06.2023].

Schaal, B. & Gollwitzer, P. M. (1997) *Impulskontrolle – Intentionseffekte bei der Handlungssteuerung*, Vortrag gehalten auf der 39. Tagung experimentell arbeitender Psychologen, Humboldt Universität zu Berlin, März.

Schneider, W. & Shiffrin R. M. (1977) „Controlled and automatic human information processing: I. Detection, search and attention“,

Psychological Review, Vol. 84, Issue 1, S. 1–66 [Online]. Verfügbar unter http://dx.doi.org/10.1037/0033-295X.84.1.1.

Smith, E. R., & Queller, S. (2001) „Memory representations“, in Tesser, A. & Schwarz, N. (eds.), *Blackwell Handbook in Social Psychology, Vol. I: Intraindividual processes*, Oxford, Blackwell Publishing, S. 111–133.

Smith, E. R. & Zárate, M. A. (1992) „Exemplar-based model of social judgement“, *Psychological Review*, Vol. 99, Issue 1, S. 3–21 [Online]. Verfügbar unter https://doi.org/10.1037/0033-295X.99.1.3.

Stangor, C., & Lange, J. E. (1994) „Mental representations of social groups: Advances in understanding stereotypes and stereotyping“, in Zanna, M. P. (ed.), *Advances in Experimental Social Psychology*, Vol. 26, San Diego, CA, Academic Press, S. 357–409.

Tipper, S. P. (1985) „The negative priming effect: inhibitory priming by ignored objects“, *The Quarterly Journal of Experimental Psychology Section A*, Vol. 37, Issue 4, S. 571–590.

Turkle, S. (1995) *Life on the Screen: Identity in the Age of the Internet*, New York, Simon & Schuster.

Vennemann, A. & Holtz-Bacha, C. (2008) „Mehr als Frühjahrsputz und Südseezauber? Frauenbilder in der Fernsehwerbung und ihre Rezeption“, in Holtz-Bacha, C. (Hg.) *Stereotype? Frauen und Männer in der Werbung*, 1. Auflage, Wiesbaden, VS Verlag für Sozialwissenschaften, S. 76–106 [Online]. Verfügbar unter https://doi.org/10.1007/978-3-531-90994-3_5.

Werth, L., Denzler, M. & Mayer, J. (2020) *Sozialpsychologie – Das Individuum im sozialen Kontext. Wahrnehmen – Denken – Fühlen*, 2., vollständig überarbeitete Auflage, Berlin, Springer [Online]. Verfügbar unter DOI: https://doi.org/10.1007/978-3-662-53897-5_2.

Zacks, R. T. & Hasher, L. (1994) „Directed ignoring. Inhibitory regulation of working memory“, in Dagenbach, D. & Carr, T. H. (eds.) *Inhibitory processes in attention, memory, and language*, New York, Academic Press, S. 241–264.

Zimmermann, A. & Dahlberg, J. (2008) „The sexual objectivation of women in advertising: A contemporary cultural perspective“, *Journal of Advertising Research*, Vol. 48, Issue 1, S. 71–79.

Laurel Chougourou & Ayça Polat

„So Jungs, jetzt strengt euch mal an, wenn selbst Anna die Antwort weiß" – Zur sozialen und ökonomischen Macht von sexistischen und rassistischen Stereotypen

Racism and sexism are "changeable and adaptable" determinants of relations in the context of social asymmetries of power. They are among the most powerful difference orders in the context of societal participation and subject formation. Using racism and sexism as examples, this article describes how social differences are produced on different levels and what social and individual functions they have. Starting from the effects and the functions of social and societal construction of differences sexism and racism are discussed and an intersection with economicist argumentation patterns ("racial neoliberalism") is shown. Subsequently, (theoretical) approaches to deconstructing difference are presented from a post-structuralist and racism-critical perspective and the implications for practice are discussed.

Keywords: Differenz, doing gender, Sexismus, doing race, Rassismus, Dekonstruktion von Differenzverhältnissen, Diskriminierungskritik

1 Einleitung

Das obige Beispiel ist einem Interview mit einer Studentin entnommen, die an einer deutschen Hochschule Medieninformatik studiert. Sie gibt die Aussage eines Professors in einem Seminar wieder, für den es offenbar nicht nachvollziehbar war (ist), dass seine im Seminar gestellte Frage „nur" die von ihm als Frau gelesene Anna[1] beantworten konnte.

Diese Erfahrung nimmt die Studentin als sexistisch wahr und gibt in der Untersuchung zu verstehen, dass der Lehrende offensichtlich Studentinnen

1 Es handelt sich um eine nichtveröffentlichte Untersuchung an der Hochschule. Der Name der Studentin ist anonymisiert.

in seinem Fach weniger zutraut als Studenten. Das Beispiel verdeutlicht, wie in einem sozialen Kontext Differenz (hier Geschlecht) nicht nur hergestellt wird, sondern auch an negative Konnotationen und Attribute – hier technisch/mathematisch weniger kompetent – geknüpft ist.

Die Auswirkungen von solchen Zuschreibungsprozessen können für Bildungs- und Arbeitsmarktkarrieren von Subjekten sehr wirkmächtig sein (DeZIM, 2022). Ausgehend von Perspektiven der diskriminierungskritischen Diversitätsforschung (Leiprecht, 2017) möchten wir in diesem Beitrag auf die Frage eingehen, wie und in welcher Form rassialisierende und sexistische Differenzordnungen hergestellt werden und welche Funktionen solche sozialen Differenzordnungen haben (können). Dabei möchten wir darauf verweisen, dass Unterscheidungspraktiken von Ökonomisierungsprozessen durchzogen sein können. Subjekte also nach ihrem Nutzen bzw. ihrer Funktionalität für den Arbeitsmarkt eingeteilt werden und ihnen dabei bestimmte Eigenschaften bzw. Fähigkeiten zugeschrieben bzw. abgeschrieben werden. In den abschließenden Kapiteln des Beitrags werden wir einen Blick auf Perspektiven werfen, die der Konstruktion von sexistischen und rassistischen Einteilungen entgegenwirken sollen und Handlungsmöglichkeiten offerieren.

2 Zur sozialen und gesellschaftlichen Konstruktion von Differenz

Soziale Ungleichheiten in relevanten gesellschaftlichen Systemen wie Bildung, Arbeitsmarkt, Wohnen und Gesundheit erfordern eine kritische Auseinandersetzung mit den Voraussetzungen und Ursachen von Praxen, die Ausgrenzungen und Abwertungen von Individuen zur Folge haben (Decker et al., 2022). Wie das obige Zitat zeigt, sind auch Hochschulen Orte, an denen diskriminierende Unterscheidungspraktiken stattfinden, dabei zählen Rassismus und Sexismus zu den häufigsten Diskriminierungsformen (Thege & Polat, 2023; Opitz et al., 2018). Lehrende of Color an deutschen Hochschulen berichten in Studien über alltägliche Rassismus- und Abwertungserfahrungen, die sich vor allem in der Sprache, Blicken und Kompetenzabsprechung äußern und Stress zur Folge haben können (Ahmed et al., 2022; Skowronek, 2022). Andere Studien geben Hinweise darauf, dass Dozentinnen in mathematischen Kursen durch Studierende oftmals schlechter als Dozenten bewertet werden – selbst dann, wenn nicht die Leistung der Dozent*innen bewertet werden muss, sondern lediglich die Qualität der Vorlesungsmaterialien, die entweder mit einem weiblich oder männlich konnotierten Namen versehen sind (Rau, 2022, S. 18).

Solche diskriminierenden Unterscheidungspraktiken sind nicht nur auf der individuellen Ebene praxiswirksam, sondern auch institutionell verankert. Sichtbar werden sie erst, wenn die Regelungen, Handlungsroutinen und Entscheidungsstrukturen von Institutionen und Organisationen genauer in den Blick genommen werden (Gomolla & Radke, 2003). Im Folgenden werden wir genauer auf die sozialen Praxen der Herstellung der Differenz eingehen und daran anschließend intersektionale Perspektiven der Analyse von Ungleichheiten konturieren.

2.1 Wie wird Differenz sozial hergestellt?

„Wir sind, was wir uns erzählen; wir erzählen uns, was wir kennen; wir kennen, was wir uns erzählen“ (Arndt, 2020, S. 27). Arndt macht mit diesem Satz darauf aufmerksam, dass die Wahrnehmung von Unterschieden epistemisch gewachsen ist und auf Vorwissen rekurriert, das in einem engen Verhältnis zu gesellschaftlich und sozial (wiederholt) erzeugten Bildern, Selbstverständnissen und Perspektiven steht. In diesem Sinne sind Unterscheidungen und ihnen zugewiesene Konnotationen weder zufällig noch „evident“, „vielmehr werden bestimmte körperliche Merkmale als bedeutsam eingestuft. Das aber folgt nicht biologischen Konstellationen, sondern dem Streben, sie sozial zu instrumentalisieren und mit politischer Bedeutung aufzuladen“ (ebd., S. 28–29). Im gleichen Zuge können bestehende Gemeinsamkeiten als nicht bedeutsam deklariert werden (ebd.). Dichotomisierende Kategorisierungen, wie z.B. weiblich/männlich, arm/reich, Schwarz/*weiß*[2], behindert/nicht behindert, stellen besonders wirksame und langlebige Differenzkategorien dar (Behrmann et al., 2018, S. 10; Lutz & Wenning, 2001). Kategorisierungen werden in Bildern, Filmen und öffentlichen Darstellungen mittransportiert und verfestigt (Kunz,

2 Die kursive Schreibweise soll den sozialen Konstruktionscharakter markieren. Die Schreibweise in kleiner Form verdeutlicht, dass es sich nicht um eine selbstermächtigende Selbstbezeichnung handelt.

2018). Sie stabilisieren sich in der ständigen Reproduktion und in asymmetrischen Beziehungen, wie z.B. zwischen Lehrenden und Studierenden, Klient*innen und Fachkräften, Führungskräften bzw. Entscheidungsträger*innen und Mitarbeitenden.

Die Verfestigung von (Differenz-)Kategorien resultiert aus dem Zusammenspiel von institutionellen bzw. strukturellen Gegebenheiten und ihrer Akzeptanz und Übernahme in Interaktionsprozessen (Behrmann et al., 2018). Jegliches Handeln beruht auf den interpretativen Leistungen der Akteur*innen. Soziale Normen werden demzufolge erst durch die jeweilige Interpretation der Situation Teil der sozialen Wirklichkeit. Sinn konstituiert sich durch das Handeln und Interpretieren in Interaktionen. Soziale Ungleichheit ist demzufolge keine objektive Tatsache, „sondern eine interaktive Sache des Tuns“ (ebd., S. 5) bzw. auch Nicht-Tuns. Zu berücksichtigen ist, dass sich diese Prozesse subtil, unsichtbar bzw. nichtintendiert und beiläufig vollziehen (können). Daher müssen nicht nur aktive Formen der Diskriminierung und Benachteiligung, sondern auch das Ignorieren, Zulassen, Dulden und Nichtwahrnehmen bzw. De-Thematisieren von Strukturen und Regelungen, die diskriminierend wirken können, in den Fokus von Analysen rücken (Fereidooni, 2011). Die diskursiven Praktiken der Stilisierung des Gegenübers als „anders“ oder „abweichend“ basiert häufig auf Vorurteilen und Fremdbildern (Leiprecht, 2011). Auf der individuellen Ebene können Vorurteile zur Reduktion von Komplexität und Unübersichtlichkeit herangezogen werden (ebd.). Die unkontrollierte Form der Informationsverarbeitung, in der Denkangebote von außen auf Vorwissen bzw. Vorannahmen im „Inneren“ stoßen und unreflektiert aufgenommen werden, ist von der „kontrollierten Form der Informationsverarbeitung“ (ebd., S. 137) zu unterscheiden. In der kontrollierten Form können Vorurteile bewusst ignoriert bzw. kritisiert und somit durchbrochen werden (ebd.). Die Hartnäckigkeit von Fremdbildern und Stereotypen zeigt sich insbesondere darin, dass sie selbst bei gegenteiligen Erfahrungen nicht in Frage gestellt, sondern als „Ausnahmen von der Regel“ betrachtet werden (Kunz, 2018, S. 297). Die Existenz von Eigenschaften und Phänomen, die nicht in das Wahrnehmungsraster passen, bleiben in diesem Zuge weitestgehend ausgeblendet.

Vorurteile und Stereotype können allerdings nicht losgelöst von epistemisch gewachsenen Machtverhältnissen betrachtet werden. Negative und abweichende Bewertungen von „Anderen“ sind häufig an die Konstruktion von Großgruppen gebunden. Auf der subjektiven Ebene kann die Bestätigung der Zugehörigkeit zu einer positiv konnotierten „eigenen“ Gruppe darauf angewiesen sein, dass es eine „andere“ Gruppe gibt, der negative Eigenschaften zugeschrieben bzw. Kompetenzen abgesprochen werden. Damit können zugleich eine privilegierte und superiore Positionierung der „eigenen“ Gruppe gerechtfertigt und ungleiche Ressourcen- und Machtverteilungen legitimiert werden.

Auf der gesellschaftlichen Ebene haben vorurteilsbasierte Narrative, die politisch und medial wiederholt werden, die Funktion der Erhaltung von strukturellen Ungleichheits- und Diskriminierungsverhältnissen. Sie können bspw. auch zur Heranziehung einer restriktiven Migrations- und Einwanderungspolitik dienen. Die Kopplung der Gewährung von Sozialleistungen oder von Asyl an negative Metaphern wie „Asyltourismus“ oder „Zuwanderung in das Sozialleistungssystem“ sind Beispiele dafür (Castro Varela & Mecheril, 2016).

2.2 Intersektionale Perspektiven zur Analyse von Ungleichheiten

Subjekte werden, je nach Kontext, mit unterschiedlichen Stereotypen und Vorurteilen konfrontiert, daher ist aus unserer Sicht eine intersektionale Analyse der Herstellung von Differenzordnungen bedeutsam (Leiprecht, 2017). Intersektionalen Analysen geht es um die gleichzeitige Betrachtung verschiedener Kategorien der Herstellung von Ungleichheit auf verschiedenen Handlungsebenen. Gesellschaftliche und strukturelle Rahmenbedingungen werden als eine entscheidende Ausgangslage für Benachteiligungsprozesse gesehen. Winker & Degele (2009) betrachten die kapitalistisch strukturierte Gesellschaftsform mit der grundlegenden Dynamik ökonomischer Profitmaximierung (Neoliberalismus) als eine wesentliche Ursache für soziale Ungleichheit und betonen die Wirkmächtigkeit von einzelnen Differenzkategorien für den Zugang zu Erwerbsarbeit und ökonomischem Kapital: „Innerhalb der kapitalistischen Akkumulation werden der differenzierte Zugang zum Arbeitsmarkt, Lohndifferenzierungen und Auslagerung der Reproduktionsarbeit entlang der vier Strukturkategorien Klasse, Geschlecht, Rasse und Körper realisiert“ (ebd.,

S. 38). Abgesichert würden die Herrschaftsverhältnisse durch strukturbildende Normen und Ideologien. Bewertungs- und Entscheidungsmuster in institutionellen Arrangements spielen für die Verfestigung von abwertenden Kategorien eine besondere Rolle: „Die Verknüpfung vom beruflichem Erfolg mit individuellen Kompetenzen und Ressourcen ist Bestandteil des gesellschaftlich dominierenden Leistungsprinzips und macht den interaktiven Charakter von Bewertungen unsichtbar" (Behrmann et al., 2018, S. 10). Diese Überlegungen sind anschlussfähig an das Konzept des „marktförmigen Extremismus" von Groß & Hövermann (2016). Es handelt sich dabei um eine „ökonomisch-neoliberal gefärbte Art der Menschenfeindlichkeit, bei der sich gesellschaftliche Aus- und Abgrenzungsprozesse mit weit geteilten Bestrebungen nach Selbstoptimierung, Selbstvermarktung und Wettbewerb verbinden und somit in großen Teilen der Gesellschaft anschlussfähig werden" (ebd., S. 110). Die Autor*innen gehen in ihren Untersuchungen davon aus, dass die Anwendung von Nützlichkeitsprinzipien auf gesellschaftliche Gruppierungen einen offenen menschenfeindlichen Rassismus bzw. Rechtsextremismus in der Mitte der Gesellschaft zu Tage bringen kann (ebd., S. 111). In drei unterschiedlichen repräsentativen Studien (u.a. die „Mitte-Studien" 2014 und 2016) können sie bei über 20 Prozent der Befragten eine Zustimmung zum marktförmigen Extremismus, mit einer leicht steigenden Tendenz, feststellen (ebd., S. 114) wie auch, dass der marktförmige Extremismus nicht nur in den ökonomisch schlechter gestellten Schichten zu finden ist, sondern „am ehesten von Personen vertreten [wird], die tendenziell am oberen, beziehungsweise unteren Ende der sozialen Statushierarchie stehen und sich politisch mittig bis eher rechts einstufen" (ebd., S. 121). Zur „Verunsichtbarmachung rassistischer Markierungen" (Kollender, 2016, S. 40) werden im Neoliberalismus Prinzipien wie Wettbewerb und „employability" hervorgehoben und die Ursachen für ökonomische Misserfolge der Verantwortung Einzelner bzw. ihrer „Eigenschaften" zugeschrieben. Diese Überlegungen lassen sich auch auf sexistische Argumentationsmuster übertragen. Im Zusammenwirken von ökonomistischen Bewertungen von Menschen und rassialisierenden bzw. sexistischen Zuschreibungen können Benachteiligungen und institutionalisierte Diskriminierung, beispielsweise im Bildungssystem und auf dem Arbeitsmarkt, legitimiert werden.

Im Folgenden möchten wir die soziale Herstellung von „gender“ und „race“ näher ausführen und daran anknüpfend Sexismus und Rassismus erläutern.

3 Doing gender und doing race

3.1 Doing Gender

Mit „doing gender“ werden Geschlechterzugehörigkeit und binäre Geschlechtereinteilungen in Frauen und Männer als Ergebnis von sozialen Interaktionen und Alltagshandeln beschrieben (West & Zimmerman, 1987). Diese Perspektive weist auf die Bedeutsamkeit von alltäglichen Gesten, Ansprachen („Anrufungen“), Routinen und Selbstverständlichkeiten hin, die bewusst und unbewusst geschehen und Geschlechtszugehörigkeiten produzieren bzw. reproduzieren. Subjekte werden in diesem Zuge nicht nur als Menschen gelesen, sondern als weiblich oder männlich. Die Herstellung von Geschlecht als elementarer Bestandteil von zwischenmenschlichen Interaktionen wird folglich erst dann bemerkt (wenn überhaupt), wenn binäre Zuordnungspraxen ins Leere laufen bzw. Indizien für eindeutige Zuordnungen nicht auffindbar sind – also Routinen irritiert werden. Gildemeister & Wetter (1992) verdeutlichen in ihren Ausführungen, dass durch das „doing gender“ binäre Geschlechtereinteilungen und die damit eng verbundene Hierarchisierung von Geschlecht Kontinuitäten aufweisen und sich hartnäckig halten, wenngleich geschlechtsspezifische Attributzuweisungen auf dem Arbeitsmarkt sich im Zeitverlauf ändern und sich den Anforderungen anpassen. Dies verdeutlichen sie am Beispiel des „Geschlechtswechsel von Berufen“ (ebd., S. 222–226). So war z.B. Programmieren, aufgrund der Nähe zu den Aufgaben von Sekretärinnen, zunächst eine „weibliche“ Tätigkeit. Mit der zunehmenden Bedeutung dieser Tätigkeit auf dem Arbeitsmarkt und der Zuordnung zur Informatik, wurde es zu einem statushöheren Männerberuf. Implizit ist damit auch die Analogie verbunden, dass technisch-mathematische Fähigkeiten eine Affinität von Männern sind bzw. ihren Eigenschaften eher entsprechen. Das Beispiel verdeutlicht, dass mit scheinbar „natürlichen“ Eigenschaften geschlechtsspezifische Aufgabenzuweisungen, die zu ungleichen Positionierungen und Löhnen auf dem Arbeitsmarkt führen, legitimiert werden (können). Die Hierarchisierung der Geschlechter zeigt sich in unterschiedlichen Anerkennungspraxen von Aufgaben und Berufen, die als „weiblich" bzw. „männlich" deklariert werden und ist eingeflochten in binäre Geschlechtereinteilungen. Die Profession der Sozialen Arbeit wird z.B. häufig als „Frauenberuf" wahrgenommen, da Frauen besondere Befähigungen für Sorge, Kommunikations- und Gefühlsarbeit zugeschrieben werden und sie daher als besonders passend für die Tätigkeiten von Sozialarbeitenden gelten. Gleichzeitig ist auch die Soziale Arbeit von dem Phänomen des „doing gender while doing work" (ebd.) und einem Machtgefälle zwischen Frauen und Männern betroffen, da gut bezahlte Leitungsfunktionen in der Sozialen Arbeit noch häufig „männlich" besetzt sind.

Ein zentrales Organisationsprinzip der binären Geschlechterordnung ist die Institution der heterosexuellen Ehe und eine damit verbundene binär codierte geschlechtliche Identität. Institutionalisierte Geschlechterarrangements werden in diesem Zuge mit Heteronormativität und institutionalisierten Sexualitätsnormen verknüpft und abgesichert. Die „heterosexuelle Matrix" stellt nach Butler (2003, S. 21) die „binäre Regulierung der Sexualität" (ebd., S. 41) dar, die die Vielfalt der Geschlechter und Sexualitäten unsichtbar zu machen versucht. Die von der Heteronormativität abweichenden Geschlechteridentitäten und Sexualitäten stellen Abweichungen von der Norm dar und sind von Abwertungs- und Ausschlussprozessen betroffen. Im Hinblick auf vorherrschende Geschlechteridentitäten stellt die „hegemoniale Männlichkeit" (Connell, 1999) quasi den Referenzrahmen für andere Männer, aber auch Frauen dar. Als Abgrenzungsfolie dienen Männer, die dieser Männlichkeit nicht entsprechen, weil sie z.B. homosexuell sind, als „weiblich" adressierte Tätigkeiten übernehmen, oder aufgrund ihrer sozialen oder ethnischen Herkunft nicht dem Ideal entsprechen. Connell hebt hervor, dass auch Männer, die diesem Ideal nicht entsprechen, von hegemonialer Männlichkeit profitieren, da sie, im Vergleich zu Frauen, weniger Care-Arbeit übernehmen müssen und im Durchschnitt höhere Löhne für die gleiche Arbeit erhalten. Diese „komplizenhafte Männlichkeit" (ebd., S. 133) ist somit mit einer „patriarchale[n] Dividende" (ebd.) verbunden, die durch patriarchale Strukturen Männern Vorteile sichert.

Getragen wird dieses hegemoniale Verständnis von Männlichkeit von Institutionen, Entscheidungsträgern und Bündnissen von Männern, die dieses Bild von Männlichkeit für sich beanspruchen bzw. durch ihre

Handlungspraxen reproduzieren.[3] Hegemoniale Männlichkeit ist folglich eingebettet in gesellschaftliche Strukturen, die durch „komplizenhafte Männlichkeiten“ den Machterhalt und die Dominanz von Männern absichern und dafür auf die Abgrenzung zu Weiblichkeit und als „marginalisiert“ (ebd., 134) geltende Männer angewiesen ist. Butler hat die dekonstruktivistischen Ansätze zu Geschlecht und Heteronormativität weiter ausgeführt und herausgestellt, dass Geschlecht durch machtvolles Sprechen und wiederholende Anrufungen performativ hergestellt wird. In diesem Sinne wird Geschlecht durch Benennungen und sich wiederholende Interpretationen bzw. Zuordnungsprozesse konstruiert und wirksam.

3.2 Sexismus

Bei Sexismus handelt es sich um eine geschlechtsspezifische Diskriminierung, die sich auf unterschiedlichen Ebenen bemerkbar macht (z.B. veraltete, geschlechtsspezifische Rollenstereotype, Lohnungleichheit etc.). In der Regel äußert sich Cis-Sexismus in der Abwertung von Frauen sowie inter*, trans* und nicht-binären Menschen (Leiprecht, 2020). Arndt (2020) beschreibt Sexismus als ein System „in dem sich Wissen und Ideologie, Moral und Ethik sowie Macht und Herrschaft (samt betreffender Strukturen und Institutionen) wechselseitig erschaffen und legitimieren – und dadurch Diskriminierung und Privilegien im Kontext von Unterdrückung und sozialer Ungleichheit erzeugen“ (ebd., S. 27–28). Im Kern geht es um die Konstruktion von Gegensätzlichkeiten, hier die biologische Unterscheidung zwischen als „Frauen“ bzw. „Männer“ gelesenen Individuen und die Aufladung dieser Unterscheidungen mit Bedeutungen. Dies zeigt sich z.B. in der Markierung von Unterschieden im Hinblick auf die mentalen, psychischen, intellektuellen und körperlichen Fähigkeiten bzw. Kompetenzen von Frauen und Männern. Aus diesen Unterscheidungen resultieren Hierarchisierungen und Abwertungspraxen, die in der Regel zur Benachteiligung und Diskriminierung von als weiblich gelesenen Personen beitragen. Sexismus kann also als eine machtkodierte soziale Ordnung verstanden werden, die von einer institutionalisierten sozialen Ordnung,

---

3 So war Homosexualität bis 1990 international als psychische Krankheit klassifiziert.

kollektiven Erfahrungen und Wiederholungen lebt (ebd., S. 24). Aus Sicht von Arndt sind Gesetzgebungen und als strafrechtlich relevant deklarierte Übergriffe sexueller Gewalt ein „unzuverlässiges Kriterium, um Sexismus in seinem Wesenskern zu erfassen“ (ebd.). Sexismus umfasse mehr als sexuelle Gewalt, die als justiziabel deklariert wird. Es gehe um das gesamte Spektrum an Gewalt, die auch verbale und nonverbale Gewalt beinhalte (ebd., S. 26). Diese Perspektive schließt Einschüchterungen, Mobbing, Diskreditierungen und Diskriminierungen von Frauen, intergeschlechtlichen, transgeschlechtlichen, nicht-binären und homosexuellen Personen ein. Sexismus oder die Duldung von sexistischen Unterscheidungspraxen auf dem Arbeitsmarkt kann bspw. zur Folge haben, dass Frauen sich nicht trauen, sich auf Führungspositionen zu bewerben und/oder sich zurückhaltend in Lohnverhandlungen verhalten (Rau, 2022, S. 18). Diese „antizipierte Diskriminierung“ (ebd.) zeige sich auch darin, dass Frauen signifikant häufiger ihre Gehälter nachverhandeln[4].

In Deutschland waren 2018 nur 29 Prozent der Führungspositionen mit Frauen besetzt und bei gleicher und gleichwertiger Arbeit und Qualifikation verdienten Frauen rund 6 Prozent weniger als Männer (Statistisches Bundesamt, 2022). Obwohl seit 2006 mehr Frauen als Männer einen Hochschulabschluss erreichen, verdienten sie 2021 unbereinigt 18 Prozent weniger als Männer (Gust & Kinne, 2022, S. 13). Erkenntnisse aus anderen Studien zeigen, dass Frauen seltener an Weiterbildung teilnehmen können, sich von ihrem Arbeitgeber weniger gefördert und bei Beförderungen oder Gehaltserhöhungen benachteiligt fühlen (Bundesministerium für Arbeit und Soziales, 2017, S. 5). Für den hochschulischen Kontext kann festgestellt werden, dass der Gender Gap im Bildungswesen in der akademischen Laufbahn zunimmt: „So betrug im Jahr 2020 der Frauenanteil bei Studierenden 49,9%, 45,1% bei Doktoranden, 35,1% bei Habilitanden

4 Das Bundesarbeitsgericht hat im Februar 2023 in einem Grundsatzurteil entschieden, dass Frauen Anspruch auf die gleiche Bezahlung in Jobs haben wie ihre männlichen Kollegen. Das gilt auch dann, wenn Männer höhere Gehälter ausgehandelt haben. Eine ungleiche Bezahlung weise auf eine verbotene Diskriminierung wegen des Geschlechts hin [Online]. Verfügbar unter https://www.tagesschau.de/wirtschaft/unternehmen/arbeitsgericht-diskriminierung-gehalt-101.html; [Zugriff am 18.05.2023].

und nur noch 26,3% bei hauptberuflichen Professoren“ (Rau, 2022, S. 17). In einigen Studien zeigt sich außerdem, dass Sexismus gerade in den sogenannten MINT-Fächern zum Alltag von Studentinnen gehören. So berichten Studentinnen in einer anonymisierten Befragung an der Fachhochschule Kiel, dass sie sich Sprüche wie „Was suchen Sie in diesem Kurs? Hier kommt viel Mathe und Technik vor“ oder „Vielen Dank, dass Sie die Webcam ausgeschaltet haben, so können sich die Männer hier wieder konzentrieren“ in den Seminaren anhören mussten (Diversitätsbeauftragte FH Kiel, 2022). Sexismus kann verschränkt sein mit rassialisierenden Stereotypisierungen und Zuschreibungen. So werden Schwarze Frauen exotisiert oder als herrschsüchtig/wütend beschrieben (Lewis et al., 2016, S. 761) und Musliminnen als traditionell/nicht berufsorientiert (Shooman, 2014, S. 63). Wenngleich Rassismus und Sexismus als Ungleichwertigkeitsideologien Parallelen aufweisen, bestehen Unterschiede. Sexismus geht mit der Verfügung über weibliche bzw. nicht-männlich adressierte Körper und der Trennung von Öffentlichkeit und Privatheit einher, Rassismus ist auf die Konstruktion und Dämonisierung von Fremdheit angewiesen (Essed, 1991). Im Folgenden werden nun die soziale Konstruktion von „race“ und das Phänomen Rassismus näher beschrieben.

3.3 Doing „race“

Doing „race“ als Äquivalent zum doing gender bezieht sich auf die Konstruktion menschlicher „Rassen“ und den damit einhergehenden Denkmustern und Handlungsweisen, aus denen Wirklichkeit geschaffen wird (Bönkost, 2022). Nach geschichtlichen Überlieferungen wurde der Begriff „Rasse“ zum ersten Mal durch den Philosophen Immanuel Kant nach Deutschland gebracht. Der Term wurde für die Kategorisierung von Tieren und Pflanzen angewandt und später im Zuge der „Aufklärung“ auf den Menschen übertragen. Wodurch Menschen durch spezifische „Rassenzugehörigkeiten“ unterschiedliche nicht veränderbare Eigenschaften zugeschrieben wurden (Kelly, 2010). Wissenschaftler*innen und Genetiker*innen, wie beispielsweise George Chaplin und Nina G. Jablonski (2003), haben bewiesen, dass es keine menschlichen „Rassen“ gibt und alle Menschen der gleichen Art angehören. So sind unterschiedliche Hauttöne keine biologischen Merkmale, die unterschiedliche Gruppen kennzeichnen, sondern lediglich lokale Anpassungen an unterschiedliche Umweltfaktoren. Trotzdem ist ein Denken in unterteilte menschliche „Rassen“ immer noch üblich (Kelly, 2010, S. 344–345).

In rassistisch strukturierten Gesellschaften wird von klein auf gelernt „in Farbe“ zu sehen. Es wird nicht gelehrt, dass die Deutungen der Begriffe „schwarz“ und „weiß“ nicht „normal“ sind, sondern auf Konstruktionen basieren (Sow, 2018, S. 118). Es handelt sich dabei nicht um objektiv wahrgenommene Kategorien, die den tatsächlichen Hautton benennen, sondern um erlernte Differenzverhältnisse, die in diesen Benennungen fortgeführt werden. Es ist nur möglich zu sehen, was einem bekannt ist (Arndt, 2011a, S. 338).

„Rasse“ ist ein Konzept, dass durch ein wiederholtes „doing“ aktiv gehalten und für Dominanz- und Herrschaftsverhältnisse in Gesellschaften prägend ist. Der Begriff und die Denkweise in „Rassen“ findet sich in verschiedensten alltäglichen Bereichen wieder und speist sich auch in Konzepte wie „Kultur“ und „Ethnizität“ ein (Ergün-Hamaz, 2016, S. 20). Ähnlich verhält es sich bei Rassifizierung oder Ethnisierung, dabei handelt es sich um „Zuschreibungen an Personen und Personengruppen über das Aufrufen und Verwenden der Kategorisierung ›Rasse‹“ (Hornscheidt & Nduka-Agwu, 2013, S. 13). Dabei werden Subjekten biologisierende oder kulturalisierende Merkmale zugeschrieben. Diese können die Haarstruktur oder die Tönung der Haut betreffen oder eine angedachte Mentalität bzw. Denkweise sein (ebd.). Dies impliziert, dass der biologische „Rasse“-Begriff in angepasster und verschleierter Form weiterhin in essenziellen Zuschreibungsprozessen und daraus folgenden Hierarchisierungen eingeschrieben ist (Ergün-Hamaz, 2016, S. 23). Neuere Erscheinungsformen des Rassismus beziehen sich nicht mehr ausschließlich auf biologische Merkmale, sondern auf „Kulturen“, die sich unterscheiden. Hierbei werden rassialisierten Gruppenangehörigen Lebensweisen und Wertesysteme zugeschrieben, die als unvereinbar mit der „Eigengruppe“ betrachtet werden (Mecheril & Scherschel, 2011, S. 49). Diese als „Kulturrassismus“ bzw. „Neo-Rassismus“ bezeichnete Form des Rassismus, auch Rassismus ohne „Rassen“ genannt, geht auf den Theoretiker Etienne Balibar (1990) zurück.

In ihrer empirischen Studie „Zur Konstruktion des Rassediskurses im Englisch-Schulbuch“ untersucht Jule Bönkost (2014) das Konzept „Rasse“

in Englisch-Schulbüchern. Dabei zeigt sich in ihren Analysen, dass das Konzept „Rasse“ als Differenz- und Identitätskategorie in Schulbüchern genutzt und zur Einteilung der US-amerikanischen Bevölkerung verwendet wird. In keinem der von ihr analysierten Texte wird die soziale Konstruktion von „Rassen“ thematisiert oder problematisiert: „Folglich erscheint die ‚rassische‘ Zugehörigkeit des Individuums als natürlich und vom historischen Kontext losgelöst“ (ebd., S. 30). Kindern würden dadurch rassialisierende Einteilungsmuster vermittelt, die sie in ihr Denken aufnehmen (ebd.). „Hautfarben“ stellen dabei das zentrale Distinktionsmerkmal dar. „Hautfarben“ zu sehen, heißt gelernt zu haben, sie als Unterscheidungsmerkmal zu sehen. Im Vergleich dazu ist es bspw. eher unüblich Menschen nach der Form ihrer Ohren oder der Dichte des Haarwuchses zu unterscheiden bzw. zu kategorisieren. Diese Erkenntnis impliziert, dass ein *Ver*-Lernen solcher rassialisierender Unterscheidungsmuster und ihre Dekonstruktion notwendig und auch möglich sind (Kelly, 2010, S. 345). Mit der Problematisierung des Begriffs „Rasse“ kann zwar auf die Bedeutungsgeschichte einer menschenverachtenden Ideologie verwiesen werden, dies hat aber nicht zwangsläufig ihr Verschwinden zur Folge, weshalb weitere Strategien notwendig sind. Autor*innen, wie Susan Arndt, fordern einen „racial turn“ (Arndt, 2017, S. 342–343). Damit ist die Dekonstruktion des „Rasse“-Begriffs gemeint, die darauf abzielt „Rasse“ bzw. *race* als soziale Position und kritische Analysekategorie zu verstehen (Kelly, 2010, S. 345). Der englische Begriff „race“ hebt die gesellschaftlich relevante Dichotomie zwischen *weißen* Menschen und BIPoC[5] hervor. „Die Kategorie ‚race‘ erlaubt auf gesellschaftlicher, kultureller und politischer Ebene eine Konstruktion von *Schwarzen* und *weißen* Gruppen, sodass eine Kennzeichnung dieser Gruppen möglich wird“ (ebd.).

3.4 Rassismus

Rassismus ist ein soziales Machtverhältnis, das sich auf verschiedenen Ebenen des gesellschaftlichen Zusammenlebens manifestiert (Mecheril & Melter, 2011). Er beruht auf einer Vorstellung menschlicher „Rassen“

5 Die Abkürzung „B(I)PoC“ ist ein Begriff, der sich auf Schwarze, Indigene und People of Color bezieht.

und ihnen zugeschriebener Eigenschaften. Um den gegenwärtigen Rassismus und den Umgang damit verstehen zu können, müssen ein Bezug zu Kolonialismus und Nationalsozialismus hergestellt und die dahinterliegenden Ideologien und Handlungspraxen verstanden werden (Melter, 2015). Philosoph*innen und Naturwissenschaftler*innen waren an der Ausarbeitung von „Rassen"theorien beteiligt, die heute noch das ideologische Fundament des Rassismus bilden (Ogette, 2017). Rassismus war als Rechtfertigungsideologie notwendig, um imperialistische Bestrebungen und Menschenrechtsverletzungen während des Kolonialismus zu legitimieren (Arndt, 2001, S. 18).

Das diesem Beitrag zugrundeliegende Rassismusverständnis orientiert sich an der Definition von Birgit Rommelspacher (2011). Ihr zufolge ist dann von Rassismus die Rede, wenn die verschiedenen (intendierten und unintendierten) Prozesse der Konstruktion von Unterschieden durch Essentialisierung, Homogenisierung, Polarisierung und Hierarchisierung zusammenwirken (ebd., S. 29). Diese Praxen der Herstellung von Differenz führen zu sozialer Ausgrenzung und Ungleichverhältnissen beim Zugang zu relevanten gesellschaftlichen Ressourcen. Dabei handelt es sich bei Rassismus „nicht einfach um individuelle Vorurteile, sondern um die Legitimation von gesellschaftlichen Hierarchien (...). In diesem Sinne ist Rassismus immer ein gesellschaftliches Verhältnis" (ebd.), welches auf Macht(verteilung) beruht. Diese Machtasymmetrien zeigen sich auch im Verhältnis zwischen dem globalen Süden und dem globalen Norden, in dem koloniale Ungleichheitsverhältnisse „nachwirken" und in Strukturen „eingewachsen" sind. Daher ist die Frage, „wer von wem vor dem Hintergrund welcher historischen und gegenwärtigen Prozesse" (Arndt 2011b, S. 38) Rassismuserfahrungen macht, von besonderer Relevanz.

Rassismus zeigt sich auf unterschiedlichen Ebenen (individuell, institutionell und strukturell) und bezieht sich auf verschiedene konstruierte und homogenisierte Menschengruppen. Er zeigt sich in ausschließenden Diskriminierungspraxen gegenüber beispielsweise Jüd*innen (Antisemitismus), Rom*nja und Sinti*zze (Gadje-Rassismus), Muslim*innen (antimuslimischer Rassismus) sowie gegenüber als Schwarz (Anti-Schwarzer-Rassismus) oder nicht-deutsch bzw. „ausländisch" definierten Personen(gruppen) (Mecheril & Melter, 2011).

Die Grundlage des rassistischen Denkens stützt sich auf eine „Wir-Die"-Dichotomisierung, die durch gesellschaftliche Praktiken sowie Strukturen und Gesetze aufrechterhalten wird (Scharathow et al., 2011, S. 11). Diese Konstruktion wird auch „Othering" genannt, was so viel heißt wie „jemanden zum Anderen machen". Dahinter steht ein Prinzip der Unterscheidung, welches das Eigene zum allgemeinen Standard erklärt. Alles, was von diesen Standards abweicht, wird als „anders" wahrgenommen und behandelt (Ogette, 2017, S. 59). Das folgende Beispiel aus dem hochschulischen Kontext verdeutlicht die Funktionsweise des „Otherings":

Während einer Gruppenarbeit wird ein Student von einem Dozenten darauf angesprochen, dass er ‚anders' aussehe. Er sei ja mit Sicherheit kein Deutscher und habe wohl etwas „Orientalisches" im Blut. Dies werde vor allem anhand seiner Augenform und „Hautfarbe" sichtbar. Der Student entgegnet, dass er in Deutschland geboren und aufgewachsen sei und ihn aus seiner Sicht nichts von den anderen unterscheide. Daraufhin entgegnet ein Mitstudent, er sei trotzdem kein „richtiger" Deutscher. An diesem Fallbeispiel wird deutlich, dass das „Deutschsein" für den Dozenten und den Mitstudenten mit „*Weiß*sein" verbunden und nicht mit einem „Deutschsein of Color" vereinbar ist (Diversitätsbeauftragte FH Kiel, 2022).

Như Y Linda Nguyễn legt in ihrem Beitrag dar, dass, wer spricht oder schweigt stets eine Frage hegemonialer Verhältnisse ist und sich in Lehrkontexten reproduziert (Nguyễn, 2022, S. 46). Es geht um „die hegemoniale Wissensordnung, die durch ihre Dominanzstrukturen die Artikulationen der Subalternen gar nicht wahrnehmen kann" (ebd.). Schweigen kann so auch als eine non-verbale widerständige Praxis gesehen werden. Schweigen als direkten Gegensatz zu Sprechen zu sehen, führe zu kurz. Besonders die Abwertung von Schweigen als Nichtbeteiligung verkenne das Bewusstsein über im Lehrraum vorherrschende (Rede)Dominanzen (ebd., S. 60–61).

Wenngleich sich Rassismus im Alltag in kapillaren Wegen des „Nano-Rassismus" (Mbembe, 2020, S. 108) häufig zeigt, wird eine kritische Auseinandersetzung mit Rassismus und rassistischen Strukturen oft vermieden und auf Begriffe wie Ausländerfeindlichkeit oder Fremdenangst ausgewichen. Durch das Ausweichen auf Erklärungsmuster, die in der Existenz von migrationsgesellschaftlicher Vielfalt oder Ängsten vor dem „Unbekannten" bzw. „Fremden" die Ursachen für Abgrenzungsstrategien und Abwertungen sehen, wird Rassismus als ein „machtvolles, mit

Rassekonstruktionen operierendes oder an diese Konstruktionen anschließendes System von Diskursen und Praxen“ (Mecheril & Melter, 2011, S. 15) dethematisiert. Die Skandalisierung von rassistischen Praktiken als Ausnahmeerscheinungen, ihre Verlagerung in (rechts)extremistische Milieus/Gruppierungen oder in die nationalsozialistische Vergangenheit beschreibt Astrid Messerschmidt als Widerstandspraktiken im Umgang mit Rassismus (Messerschmidt, 2010). Dies zeige sich auch in der Ablehnung der Verantwortungsübernahme für die eigene Involviertheit in rassismusrelevante Diskurse und Praktiken: „[W]eil man nichts so sehr fürchtet wie die Diagnose, rassistisch zu sein“ (ebd., S. 52). Rassismus widerspricht dem positiven Selbstbild, das Individuen und Gesellschaften gerne für sich beanspruchen möchten „und muss deshalb in seiner Bedeutung heruntergespielt, wenn nicht gar ganz geleugnet werden“ (Rommelspacher, 2011, S. 34). Eine kritische Auseinandersetzung mit Rassismus erfordert daher Rassismus als ein machtrelevantes System zu begreifen – „Rassismus ist die Norm und nicht die Ausnahme“ (Ogette, 2017, S. 41). Dabei geht es nicht primär um Schuldzuweisungen, sondern um das Entlarven und das Dekonstruieren von Rassismus und anderen menschenverachtenden Haltungen und Positionierungen, die z.B. mit ökonomistischen Nützlichkeitsparadigmen verschränkt sein können (Nzume & Polat, 2022). Auf dekonstruktivistische und poststrukturalistische Ansätze sowie Diskriminierungskritik wird im Folgenden genauer eingegangen.

4 Dekonstruktion von Differenzverhältnissen und Diskriminierungskritik

4.1 Dekonstruktion und poststrukturalistische Betrachtungsperspektiven

Dekonstruktive Analysen setzten sich mit Kategorien auseinander, „aus denen Vorstellungen vom unwandelbaren Wesen der Menschen hervorgehen, die affirmativ als ›Natur des Menschen‹ ausgegeben werden“ (Bublitz, 2003, S. 35). Die Dekonstruktion hinterfragt das Wissen und bezieht sich auf die symbolische Ebene von Texten und Diskursen. „Dinge sind geworden, und dafür sind diskursiv verfasste Zusammenhänge verantwortlich“ (Degele, 2008, S. 102). Dabei geht es um das „kritische Wi(e)derlesen von Diskursen, Texten und Praxen“ (Plößer, 2010, S. 227) und um eine Interpretationsperspektive, die Dualismen und binäre Ausschlüsse untersucht und diese versucht aufzubrechen (Micus-Loos, 2013, S. 190). Dekonstruktivistische Ansätze gehen auf Jaques Derrida (1974) zurück und beruhen darauf, dass Natur, genauso wie soziale Wirklichkeiten, sprachlich und kulturell sozialen Konstruktionen unterliegt (Husmann-Kastein, 2009, S. 44). Aus einer poststrukturalistischen Perspektive sieht Judith Butler in Modifikationen von Anrufungen und Wiederholungen eine wichtige Voraussetzung für das Dekonstruieren von binären Normierungen (Butler, 2003). Gemeint ist damit ein Hinterfragen, Umdeuten und Umbenennen von Geschlechter- und Differenzkonstruktionen und eine bejahende Haltung gegenüber der Vielfalt von Geschlechtern, Sexualitäten und Identitäten. Diese zeige sich auch in einer Offenheit gegenüber subversiven Praktiken der Geschlechterkonstruktionen und Identität(en). Ihre Ausführungen waren wegweisend für die Entwicklung der Queer-Theory, die sich geschlechtlich-sexuellen Vereindeutigungen widersetzt und die Wirkmächtigkeit von regulierenden Zuweisungen von Sexualität und Geschlecht problematisiert (Hark, 2005). Poststrukturalistische Perspektiven fokussieren sich auf die Dekonstruktion von Normierungsordnungen und ihre Verschränkung mit machtrelevanten Diskursen und Handlungspraxen. Die Anrufung von Menschen macht sie erst zu dem, was sie sind und wie sie sich sehen. Scheinbar natürliche Gegebenheiten werden durch Diskurse hervorgebracht und Subjektbildung ist somit auch Ergebnis von performativen Sprechakten und Diskursen. Aus einer intersektionalen Perspektive ist hervorzuheben, dass Subjektbildung von verschiedenen Ungleichheitskategorien durchzogen sein kann und diese in Wechselwirkung zueinander wirkmächtig für Zugänge zu Ressourcen und Teilhabe sind.

Aus einer diskriminierungskritischen Perspektive bedeuten diese Erkenntnisse, sich mit Anrufungspraxen kritisch auseinanderzusetzen und zum Beispiel in Bezug auf die Identität von Personen, die selbstbestimmten Pronomen und Bezeichnungen zu wählen und Fremdbezeichnungen als solche auch zu problematisieren. Sprache hat einen großen Effekt auf Normierungen und damit verbundene Lebenswirklichkeiten: „Performative Äußerungen sind Formen der Rede, die das, was sie besagen, dadurch, dass etwas gesagt wird, produzieren. Performative Äußerungen führen also das aus, was sie ansprechen“ (Villa, 2003, S. 27).

4.2 Diskriminierungs- und Rassismuskritik

Rassismus- und diskriminierungskritische Ansätze verstehen Rassismus und Diskriminierung als „Strukturprinzip gesellschaftlicher Wirklichkeit" (Scharathow et al., 2011, S. 10). Dabei ist nicht alleiniges Ziel die Vermeidung bzw. Überwindung von Rassismus und Diskriminierung, „sondern auch ein angemessener, kritischer Umgang in nationalstaatlich diskriminierenden und rassistischen Verhältnissen" (Melter, 2015, S. 103–104). Dies bedeutet alternative Handlungsweisen zu entwickeln und jegliche Methoden, Ziele und Handlungsroutinen aus einer macht- und herrschaftskritischen Perspektive auf Diskriminierung hin zu untersuchen (Attia, 1997, S. 280). Dazu gehört auch eine selbstkritische Überprüfung der eigenen Involviertheit in diskriminierende Praxen und Anrufungen. Eine rassismus- und diskriminierungskritische Perspektive schafft Voraussetzungen für die Anerkennung heterogener Zugehörigkeiten und Identitätsentwürfe, die sich binären Unterscheidungen entziehen.

Für das oben genannte Beispiel würde dies bedeuten, die Anrufung des Studenten als „fremd" zu unterlassen und seine selbst gewählte(n) Zuordnung(en) anzuerkennen. Für den Lehrkontext bedeutet dies z.B., dass eine Lernumgebung geschaffen werden sollte, die diskriminierungs- und differenzsensibel zugleich ist und sich bei der Gestaltung von Lernprozessen an den Voraussetzungen von Studierenden und deren Bedürfnissen orientiert.

Die Konzepte von Empowerment und Powersharing, die durch die Bürgerrechtsbewegung in den USA geformt wurden, haben das Ziel ermächtigendes und reflexives Handeln zu ermöglichen. Sie können zugleich als widerständige Praxen gegen Abwertungen und Diskriminierungen verstanden werden. Sie weisen auf die notwendige Auseinandersetzung mit Privilegien und die daraus resultierenden Verantwortlichkeiten hin (Chehata & Jagusch, 2020). Dieser Prozess darf aber nicht in dem paternalistischen Trugschluss münden, dass Macht sowie Privilegien einfach mit anderen geteilt werden können (ebd.). Der Diskurs kann nicht dabei verharren zu reflektieren, „wie wichtig eine Umverteilung ist, ohne die komplexen und interdependenten Konsequenzen zu reflektieren" (ebd., S. 13), sonst besteht die Gefahr zur Stabilisierung von hegemonialen und ausgrenzenden Verhältnissen beizutragen (ebd.). Zudem ist es notwendig, Empowerment und Powersharing nicht nur als individuelle Ressource einzelner zu verstehen, sondern auch gesellschaftliche Strukturen und Handlungsebenen, die entmündigend sind und Teilhabe verhindern, kritisch zu hinterfragen und in die Prozesse des Powersharings einzubeziehen (ebd., S. 15). Um dem Rassismus ein Ende zu setzen, ist eine Transformation von (weltweiten) Machtverhältnissen unabdingbar.

Ein Ansatz, der sich explizit aus einer intersektionalen Perspektive heraus gegen *alle* Diskriminierungs- und Unterdrückungsformen wendet, ist der Anti-Bias-Ansatz. Dieser kann als ein Prozess angesehen werden, „der durch die kontinuierliche Reflexion der eigenen Haltung sowie durch die Wahrnehmung, Analyse und Veränderung von Dominanz- und Unterdrückungsmechanismen gekennzeichnet ist" (Schmidt et al., 2011, S. 154). Er geht davon aus, dass es nicht möglich ist, vorurteilsfrei zu sein und „dass alle Menschen Vorurteile haben, die bestimmte subjektive und gesellschaftliche Funktionen erfüllen" (ebd., S. 164). Der Ansatz hinterfragt gezielt die Funktion von Vorurteilen und reflektiert diese. „Ziel ist es zu einem vorurteils*bewussten* Miteinander in der Gesellschaft zu gelangen" (ebd.). Dabei reicht es nicht, sich über Stereotype und Vorurteile bewusst zu sein, sondern auf den Abbau dieser und von diskriminierenden Machtverhältnissen hinzuwirken.

Das heißt auch, sich von neoliberalen und ökonomistischen Argumentationslinien, die Diversität unter einer Nützlichkeits- und Profitmaximierungsperspektive im Fokus haben, zu distanzieren. Diversität ist in diesem Zuge als eine gesellschaftliche Normalität zu begreifen, die eine Empfänglichkeit für Wandel und das Aushalten von Uneindeutigkeiten bzw. nonbinären Ordnungsstrukturen voraussetzt. Diese Offenheit für Diversität und Uneindeutigkeiten muss verbunden sein mit diskriminierungskritischen Perspektiven, wenn eine Ignoranz für Macht- und Unterdrückungsstrukturen vermieden werden sollen. Das bedeutet, dass Strukturen und Handlungsroutinen in Institutionen (so auch an Hochschulen) und scheinbar selbstverständliche Bedingungen und Vorgaben daraufhin befragt werden müssen, wie und wodurch sie die Würde und das Handlungsvermögen von Menschen beschneiden.

Bestandteil all dieser Ansätze könnte es sein, sich gerade in professionellen Kontexten mit den folgenden Fragen auseinanderzusetzen:

- Wie bewerte ich Sachen und auf welcher Grundlage tue ich dies?

- Wann und in welcher Form werden in meinen/unseren Arbeitskontexten Adressat*innen/Klient*innen möglicherweise in ihren Handlungsmöglichkeiten eingeschränkt/diskriminiert?
- Woran ließe sich das erkennen bzw. wie würde sich das bemerkbar machen?
- Welchen Beitrag kann ich/können wir in Arbeitskontexten (und auch darüberhinausgehend) leisten, um einschränkende und diskriminierende Strukturen zu verändern bzw. ihnen etwas entgegenzusetzen?
- Welche Ressourcen und Veränderungen sind dafür strukturell und inhaltlich notwendig?

5 Fazit

Unser Beitrag setzt sich mit den Mechanismen und Strukturen von sozialen und symbolischen Ausschlüssen auseinander, die sich in gesellschaftlich reproduzierten Differenzordnungen zeigen. Wir haben dies exemplarisch am Beispiel des Sexismus und Rassismus veranschaulicht und auf die möglichen Wechselwirkungen zwischen verschiedenen Differenzkategorien in sozialen Interaktionsprozessen hingewiesen.

Resümierend ist für uns erkenntnisleitend, dass die Wahrnehmung und Anerkennung durch Andere konstitutiv für Subjektivierungsprozesse ist (Fraser & Honneth, 2003). Wenngleich Subjekte nicht als determiniert durch „innere" und „äußere" Faktoren betrachtet werden können und sie sich reflexiv auf die jeweilige Situation verhalten (also immer anders reagieren können, als es von ihnen erwartet wird), „fühlen, denken und handeln [sie, A. P.] innerhalb ihrer Möglichkeitsräume" (Leiprecht, 2014, S. 261). Die wechselseitige Beeinflussung individueller Möglichkeitsräume ist insbesondere in Interaktionsprozessen von Bedeutung, die von ungleichen Machtverhältnissen und Ressourcen geprägt sind. In solchen Kontexten werden durch Praxen des „doing difference" soziale Ungleichheiten (re-)produziert und es finden Restriktionen von Handlungsoptionen statt.

Stereotype und Vorurteile spielen dabei eine zentrale Rolle und weisen eine hohe Hartnäckigkeit auf. Dies lässt sich auch mit ihrer hohen Funktionalität für Individuen, aber auch für politische Entscheidungsträger*innen erklären. Der Rückgriff auf negative Bilder und Zuschreibungen erzeugt ein „Außen" auf das – in Abgrenzung oder (politisch) sanktionierend – reagiert und De-Privilegierung legitimiert werden kann.

Wir sehen in der Verzahnung von makrostrukturellen Analysen mit mikrosoziologischen Forschungsperspektiven, die sich dekonstruktiv mit der (Re-)Produktion von Differenzkategorien in Interaktionen und ihrer Wirkung auf Subjekte auseinandersetzen, ein wichtiges Desiderat in der Forschung zur gesellschaftlichen Reproduktion von sozialer Ungleichheit. Soziale Ungleichheit ist demzufolge nicht als eine objektiv gegebene Tatsache zu verstehen, sondern als Ergebnis von angebotenen Möglichkeitsräumen.

Dabei sehen wir in dem Konzept der „Verbundenheit wegen Differenz" (Mecheril, 2014, S. 80) eine wichtige Rahmung für Ansätze, die diskriminierungskritisch und differenzsensibel zugleich sind. Es geht dabei um eine Verbundenheit zu anderen Individuen auf der Grundlage von übergeordneten gemeinsamen Interessen und Zielen, ohne Differenzen ausblenden bzw. sich in identischen Lebenslagen befinden zu müssen. Diese Verbundenheit ist als eine autonome und moralisch motivierte soziale Positionierung zu verstehen (ebd.), die nicht losgelöst von gesellschaftlichen Strukturen und Voraussetzungen betrachtet werden kann. Offene Gesellschaften, die dynamisch und „empfänglich" für Wandel sind, können in ihren Strukturen und Institutionen zu solidarischem Handeln anregen bzw. dafür sensibilisieren. Dies wäre zugleich eine Konsequenz aus dem in einer Demokratie (theoretisch) gegebenen Gleichheitsanspruch, welcher nicht ohne konkrete Maßnahmen zum Abbau von Diskriminierung und Benachteiligung umsetzbar ist. Dort, wo dieser Gleichheitsanspruch nicht umgesetzt wird, kann solidarisches Handeln auf den Erhalt der Integrität und Unantastbarkeit der Würde jedes Mitglieds der Gesellschaft verweisen.

Aus einer diskriminierungskritischen Perspektive bedeutet dies für die Praxis eine regelmäßige „Befragung" der eigenen Handlungsgrundlagen nach Strukturen, Unterscheidungspraxen und Verhältnissen, die Individuen daran hindern, sich selbst als würdevoll und selbstwirksam wahrzunehmen. Diese Praxis der Befragung und Selbstreflexion ist unabschließbar. Sowohl für den Kontext der Bildung als auch Forschung impliziert eine rassismuskritische und diskriminierungssensible Perspektive, sich mit den sozialen Konsequenzen der eigenen Erkenntnis- und Wissensproduktion auseinanderzusetzen und die Wahl bestimmter Bezeichnungspraxen,

Lehrinhalte und Untersuchungsmethoden (in Kooperation mit Studierenden und Kolleg*innen) kontinuierlich einer moralischen Reflexion zu unterziehen.

Literatur

Ahmed, S., Aytekin, V., Heinemann, A. & Mansouri, M. (2022) „Hör mal wer da spricht" – Lehrende of Color an deutschen und österreichischen Hochschulen. Rassismuserfahrungen, mögliche Konsequenzen und Praxen des Widerstands", in Akbaba, Y., Buchner, T., Heinemann, A. M., Pokitsch, D. & Thoma, N. (Hg.) *Lehren und Lernen in Differenzverhältnissen. Pädagogische Professionalität und Migrationsdiskurse,* Wiesbaden, Springer VS, S. 135–164.

Arndt, S. (2001) „Impressionen. Rassismus und der deutsche Afrikadiskurs", in Arndt, S., Thierl, H. & Walther, R. (Hg.) *AfrikaBilder. Studien zu Rassismus in Deutschland.* 1. Aufl. Münster, Unrast Verlag, S. 11–70.

Arndt, S. (2011a) „Hautfarbe", in Arndt, S. & Ofuatey-Alazard, N. (Hg.) *Wie Rassismus aus Wörtern spricht. (K)Erben des Kolonialismus im Wissensarchiv deutsche Sprache; ein kritisches Nachschlagewerk,* 1. Aufl. Münster, Unrast Verlag, S. 332–342.

Arndt, S. (2011b) „Rassismus", in Arndt, S. & Ofuatey-Alazard, N. (Hg.) *Wie Rassismus aus Wörtern spricht. (K)Erben des Kolonialismus im Wissensarchiv deutsche Sprache; ein kritisches Nachschlagewerk.* 1. Aufl. Münster, Unrast Verlag, S. 37–44.

Arndt, S. (2017) „ ›Rassen‹ gibt es nicht, wohl aber die symbolische Ordnung von Rasse. Der ›Racial Turn‹ als Gegennarrativ zur Verleugnung und Hierarchisierung von Rassismus", in Eggers, M. M., Kilomba, G., Piesche, P. & Arndt, S. (Hg.) *Mythen, Masken und Subjekte. Kritische Weißseinsforschung in Deutschland.* 3. Aufl. Münster, Unrast Verlag, S. 340–362.

Arndt, S. (2020) *„Sexismus: Geschichte einer Unterdrückung",* München, C. H. Beck Verlag.

Attia, I. (1997) „Antirassistisch oder interkulturell? Sozialwissenschaftliche Handlungskonzepte im Kontext von Migration, Kultur und Rassismus", in Mecheril, P. & Teo, T. (Hg.) *Psychologie und Rassismus.* Reinbek bei Hamburg, Rowohlts Taschenbuch Verlag, S. 259–285.

Balibar, E. & Wallerstein, I. (1990) *Rasse, Klasse, Nation. Ambivalente Identitäten*, Hamburg, Argument Verlag.

Behrmann, L., Eckert, F. & Gefken, A. (2018) „Prozesse sozialer Ungleichheit aus mikrosoziologischer Perspektive – eine Metaanalyse qualitativer Studien", in Behrmann, L, Eckert, F., Gefken, A. & Berger, P. A. (Hg.) *‚Doing Inequality': Prozesse sozialer Ungleichheit im Blick qualitativer Sozialforschung,* Wiesbaden, Springer VS, S. 1–34.

Bönkost, J. (2022) „Konstruktionen des Rassediskurses in Englisch-Schulbüchern", in Fereidooni, K. & Simon, N. (Hg.) *Rassismuskritische Fachdidaktiken. Theoretische Reflexionen und dachdidaktische Entwürfe rassismuskritischer Unterrichtsplanung*. 2. Aufl., Wiesbaden, Springer VS, S. 19–48.

Bublitz, H. (2003) *Diskurs,* Bielefeld, transcript.

Bundesministerium für Arbeit und Soziales (Hg.) (2017) *Wie Unternehmen die Chancengleichheit auf dem Arbeitsmarkt verbessern können: Eine Studie über sexuelle Diskriminierung und Ungleichheit*, [Online]. Verfügbar unter https://www.inqa.de/SharedDocs/downloads/chancengleichheit-am-arbeitsplatz-monitor.pdf?__blob=publicationFile&v=2/; [Zugriff am 18.05.2023].

Butler, J. (2003) *Das Unbehagen der Geschlechter*, Frankfurt a. M., Suhrkamp Verlag.

Castro Varela, M. & Mecheril, P. (2016) *Die Dämonisierung der Anderen,* Bielefeld, transcript.

Chaplin, G. & Jablonski, N. (2003) „Die Evolution der Hautfarben", *Spektrum der Wissenschaft*. [Online]. Verfügbar unter https://www.spektrum.de/magazin/die-evolution-der-hautfarben/829886; [Zugriff am 18.05.2023].

Chehata, Y. & Jagusch, B. (2020) „Vortext: „Wenn Wissen und Diskurs persönlich wird" und werden sollte", in Jagusch, B. & Chehata, Y. (Hg.) *Empowerment und Powersharing. Ankerpunkte – Positionen – Arenen,* Weinheim Basel, Beltz Juventa, S. 09–18.

Connell, R. (1999) *Der gemachte Mann,* Wiesbaden, VS Verlag für Sozialwissenschaften.

Decker, O., Heller, A., Kiess, J. & Brähler, E. (2022) (Hg.) *Autoritäre Dynamiken in unsicheren Zeiten. Leipziger Autoritarismus Studie 2022*, Gießen, Psychosozial-Verlag.

Degele, N. (2008) *Gender/Queer Studies. Eine Einführung*, 1. Aufl., Paderborn, Wilhelm Fink Verlag.

Derrida, J. (1974) *Grammatologie,* Frankfurt am Main, Suhrkamp Verlag.

DeZIM – Deutsches Zentrum für Integrations- und Migrationsforschung (2022) *Rassistische Realitäten: Wie setzt sich Deutschland mit Rassismus auseinander?,* Auftaktstudie zum Nationalen Diskriminierungs- und Rassismusmonitor (NaDiRa) des Deutschen Zentrums für Integrations- und Migrationsforschung, Berlin.

Diversitätsbeauftragte FH Kiel (2022) „*Vollbefragung der Studierenden zu Diversität und Diskriminierungserfahrungen*", Bericht auf Anfrage erhältlich [Online]. Verfügbar unter https://www.fh-kiel.de/wir/organisation/verwaltung/beauftragte/diversitaet/projekte/vollbefragung-der-studierenen-zu-diversitaet-und-diskriminierungserfahrungen/; [Zugriff am 13.06.2023].

Essed, P. (1991) *Understanding Everyday Racism. An Interdisciplinary Theory,* Newbury Park/London/New Delhi, Sage Publications.

Ergün-Hamaz, M. (2016) „Doing Race. Wie werden Menschen zu ‚Anderen' gemacht?", in Fereidooni, K. & P. Zeoli, A. (Hg.) *Managing Diversity. Die diversitätsbewusste Ausrichtung des Bildungs- und Kulturwesens, der Wirtschaft und Verwaltung,* Wiesbaden, Springer VS, S. 19–34.

Fereidooni, K. (2011) *Schule – Migration – Diskriminierung. Ursachen der Benachteiligung von Kindern mit Migrationshintergrund im deutschen Schulwesen*, Wiesbaden, Springer Fachmedien.

Fraser, N. & Honneth, A. (2003) *Umverteilung oder Anerkennung? Eine politisch-philosophische Kontroverse,* Berlin, Suhrkamp Verlag.

Gildemeister, R. & Wetterer, A. (1992) „Wie Geschlechter gemacht werden Die soziale Konstruktion der Zweigeschlechtlichkeit und ihre Reifizierung in der Frauenforschung", in Knapp, G.-A. & Wetterer, A. (Hg.) *Traditionen Brüche: Entwicklungen feministischer Theorie.* Forum Frauenforschung, Vol. 6., Freiburg, Kore-Verlag, S. 201–254.

Gomolla, M. & Radtke, F.-O. (2003) *Institutionelle Diskriminierung. Die Herstellung ethnischer Differenz in der Schule,* Wiesbaden, Springer VS Verlag.

Groß, E. & Hövermann, A. (2016) „Marktförmiger Extremismus. Abwertung, Ausgrenzung und Rassismus vor dem Hintergrund einer

Ökonomisierung der Gesellschaft“, in Gomolla, M., Kollender, E. & Menk, M. (Hg.), *Rassismus und Rechtsextremismus in Deutschland. Figurationen und Interventionen in Gesellschaft und staatlichen Institutionen*, 1. Auflage, Weinheim/Basel, Beltz/Juventa, S. 110–126.

Gust, S. & Kinne, L. (2022) „Gender Pay Gap: Ursachen und Maßnahmen“, *ifo-Schnelldienst*, 10 (12. Oktober), S. 13–17.

Hark, S. (2005) *Queer Studies,* Wien, Böhlau Verlag.

Hornscheidt, A. L. & Nduka-Agwu, A. (2013) „Der Zusammenhang zwischen Rassismus und Sprache“, in Nduka-Agwu, A. & Hornscheidt, L. (Hg.) *Rassismus auf gut Deutsch. Ein kritisches Nachschlagewerk zu rassistischen Sprachhandlungen*, 2. Aufl., Frankfurt am Main, Brandes & Apsel, S. 11–52.

Husmann-Kastein, J. (2009) „Schwarz-Weiß. Farb- und Geschlechtssymbolik in den Anfängen der Rassenkonstruktionen“, in Tißberger, M., Dietze, G., Hrzán, D. & Husmann, J. (Hg.) *Weiß – Weißsein – Whiteness. Kritische Studien zu Gender und Rassismus,* 2., durchgesehene Auflage, Frankfurt am Main, Berlin, Bern, Bruxelles, New York, Oxford, Wien, Lang, S. 43–60.

Kelly, N. A. (2010) „ >Rasse< - in der Wissenschaft, im Alltag und in der Politik“, in Nduka-Agwu, A. & Hornscheidt, A. L. (Hg.) *Ein kritisches Nachschlagewerk zu rassistischen Sprachhandlungen,* Frankfurt am Main, Brandes und Apsel Verlag, S. 344–350.

Kollender, E. (2016) „‘Die sind nicht unbedingt auf Schule orientiert‘. Formationen eines ‚racial neoliberalism‘ an innerstädtischen Schulen Berlins“, *movements. Journal for Critical Migration and Border Regime Studies*, Jg. 2, Heft 1 [Online]. Verfügbar unter https://movements-journal.org/issues/03.rassismus/03.kollender--die.sind.nicht.unbedingt.auf.schule.orientiert.pdf; [Zugriff am 18.05.2023].

Kunz, T. (2018) „Bilder von Fremden. Konstruktionen nationaler (Nicht-) Zugehörigkeit als Voraussetzung sowie Bestandteil sozialer Ausgrenzung“, in Huster, E. U., Boeckh, J. & Mogge-Grotjahn, H. (Hg.) *Handbuch Armut und soziale Ausgrenzung,* Wiesbaden, VS Verlag, S. 287–312.

Leiprecht, R, (2011) „Zur Problematik von Stereotypen über ‚Kulturen‘, ‚Ethnien‘ und ‚Nationen‘“, in Leiprecht, R. (Hg.) *Diversitätsbewusste Soziale Arbeit.* Schwalbach/Ts., Wochenschau Verlag, S. 135–145.

Leiprecht, R. (2014) „Subjektformierungen in der Migrationsgesellschaft. Gehirn, Körper, Sprache und Diskurs im subjektiven Möglichkeitsraum", in Mecheril, P. (Hg.) *Subjektbildung. Interdisziplinäre Analysen der Migrationsgesellschaft,* Bielefeld, transcript, S. 253–271.

Leiprecht, R. (2017) „Diversität und Intersektionalität", in Polat, A. (Hg.) *Migration und Soziale Arbeit – Wissen, Haltung, Handlung,* Lehrbuch in der Reihe „Grundwissen Soziale Arbeit", Stuttgart, Verlag Kohlhammer, S. 51–60.

Leiprecht, R. (2020) „Rassismus und Sexismus: Aktuelle Phänomene und Debatten aus einer diversitätsbewussten und intersektionalen Perspektive", in Huxel, K., Karakayali, J., Palenga-Möllenbeck, E., Schmidbaur, M., Shinozaki, K., Spies, T., Supik, L. & Tuider, E. (Hg.) *Postmigrantisch gelesen: Transnationalität, Gender, Care,* Bielefeld, transcript, S. 87–108.

Lewis, J. A., Mendenhall, R., Harwood, S. A. & Browne Huntt, M. (2016) „Ain't I a Woman?", *The Counseling Psychologist*, Vol. 44, Issue 5, S. 758–780.

Lutz, H. & Wenning, N. (2001) „Differenzen über Differenz – Einführung in die Debatten", in Lutz, H. & Wenning, N. (Hg.) *Unterschiedlich verschieden. Differenz in der Erziehungswissenschaft,* Opladen, Leske + Budrich, S. 11–24.

Mbembe, A. (2020) *Politik der Feindschaft,* Berlin, Suhrkamp.

Mecheril, P. & Melter, C. (2011) „Rassismustheorie und -forschung in Deutschland. Kontur eines wissenschaftlichen Feldes", in Melter, C. & Mecheril, P. (Hg.) *Rassismustheorie und -forschung*, 2. Auflage, Schwalbach/Ts., Wochenschau Verlag, S. 13–24.

Mecheril, P. & Scherschel, K. (2011) „Rassismus und „Rasse", in Melter, C.; Mecheril, P. (Hg.) *Rassismustheorie und -forschung,* 2. Auflage, Schwalbach/Ts., Wochenschau Verlag, S. 39–58.

Mecheril, P. (2014) „Postkommunitäre Solidarität als Motiv kritischer (Migrations-)Forschung", in Broden, A. & Mecheril, P. (Hg.) *Solidarität in der Migrationsgesellschaft*, Bielefeld, transcript, S. 73–92.

Melter, C. (2015) „Diskriminierungs- und rassismuskritische Soziale Arbeit und Bildung im postkolonialen und postnationalsozialistischen Deutschland?! Einleitende Überlegungen", in Melter, C. (Hg.) *Diskriminierungs- und rassismuskritische soziale Arbeit und Bildung. Praktische*

Herausforderungen, Rahmungen und Reflexionen, Weinheim, Basel, Beltz Juventa, S. 07–19.

Messerschmidt, A. (2010) „Distanzierungsmuster. Vier Praktiken im Umgang mit Rassismus“, in Broden, A. & Mecheril, P. (Hg.) *Rassismus bildet. Bildungswissenschaftliche Beiträge zur Normalisierung und Subjektivierung in der Migrationsgesellschaft*, Bielefeld, transcript, S. 41-57.

Micus-Loos, C. (2013) „Herausforderungen genderbezogener Sozialer Arbeit“, in Sabla, K.-P. & Plößer, M. (Hg.) *Gendertheorien und Theorien der Sozialen Arbeit. Bezüge, Lücken und Herausforderungen,* Opladen, Berlin, Toronto, Babara Budrich Verlag, S. 179–197.

Nguyễn, N. Y L. (2022) „Schweigen an deutschen Hochschulen Perspektiven Studierender of Colour zu Schweigen und Silencing in weißdominierten Räumen“, in Akbaba, Y., Buchner, T., Heinemann, A. M., Pokitsch, D. & Thoma, N. (Hg.) *Lehren und Lernen in Differenzverhältnissen. Pädagogische Professionalität und Migrationsdiskurse,* Wiesbaden, Springer VS, S. 45–66.

Nzume, L. A. & Polat, A. (2022) „Durch Ausbildung zum beruflichen Erfolg? – Zur gesellschaftlichen Reproduktion des ökonomischen ‚Nützlichkeitsparadigmas' in (Aus-)Bildungsprogrammen für junge Geflüchtete“, in Kollender, E., Kourabas, V. & Uhlendorf, N. (Hg.) *Zeitschrift für Diversitätsforschung und -management*, Heft 2, S. 175–187.

Ogette, T. (2017) *exit RACISM. Rassismuskritisch denken lernen.* 2. korrigierte Auflage, Münster, Unrast Verlag.

Opitz, L., Lommel, M., Brauch, M. & Ott, I. (2018) *Zweite universitätsweite Studierendenbefragung: Gesamtbericht*, Goethe-Universität, Frankfurt am Main [Online]. Verfügbar unter: https://publikationen.ub.uni-frankfurt.de/opus4/frontdoor/deliver/index/docId/47088/file/Gesamtbericht_2_-uniweite-Studierendenbefragung_FINAL2_3.pdf, [Zugriff am 09.12.2022].

Plößer, M. (2010) „Differenz performativ gedacht. Dekonstruktive Perspektiven auf und für den Umgang mit Differenzen“, in Kessl, F. & Plößer, M. (Hg.) *Differenzierung, Normalisierung, Andersheit. Soziale Arbeit als Arbeit mit dem Anderen,* Wiesbaden, VS Verlag für Sozialwissenschaft, S. 218-232.

Rau, H. (2022) „Der Gender Pay Gap in Deutschland: Verhaltensökonomische Erklärungen und mögliche Auswege“, *ifo*

Schnelldienst 10. Oktober, S. 17–20 [Online]. Verfügbar unter https://www.ifo.de/DocDL/sd-2022-10-gender-gap-gleichstellungspolitik.pdf; [Zugriff am 18.05.2023].

Rommelspacher, B. (2011) „Was ist eigentlich Rassismus?“, in Melter, C. & Mecheril, P. (Hg.) *Rassismustheorie und -forschung.* 2. Auflage. Schwalbach/Ts., Wochenschau Verlag, S. 25–38.

Scharathow, W., Melter, C., Leiprecht, R. & Mecheril, P. (2011) „Rassismuskritik.“, in Melter, C. & Mecheril, P. (Hg.) *Rassismuskritik, Band 1: Rassismustheorie und -forschung,* 2. Aufl. Schwalbach/Ts., Wochenschau Verlag, S. 10–12.

Schmidt, B., Dietrich, K. & Herdel, S. (Anti-Bias-Werkstatt) (2011) „Anti-Bias-Arbeit in Theorie und Praxis – kritische Betrachtung eines Antidiskriminierungsansatzes“, in Scharathow, W. & Leiprecht, R. (Hg.) *Rassismuskritische Bildungsarbeit.* 2. Aufl. Schwalbach/Ts., Wochenschau Verlag, S. 154–170.

Shooman, Y. (2014*) »... weil ihre Kultur so ist«. Narrative des antimuslimischen Rassismus*, Bielefeld, transcript.

Skowronek, T. (2022) „Was Sie schon immer über Rassismus an Ihrer Hochschule wissen wollten, Ihre verdrängten Schwarzen Kolleg* innen aber nie zu fragen wagten. Eine postdiversitäre Kritik rassistischer Diskriminierung“, in Akbaba, Y., Buchner, T., Heinemann, A. M. B., Pokitsch, D. & Thoma, N. (Hg.) *Lehren und Lernen in Differenzverhältnissen. Interdisziplinäre und Intersektionale Betrachtungen.* Wiesbaden, Springer VS, S. 373–394.

Sow, N. (2018) *Deutschland Schwarz Weiß. Der alltägliche Rassismus,* 10 Jahre – aktualisierte Ausgabe, Norderstedt, BoD-Books on Demand.

Statistisches Bundesamt (2022) *Gender Pay Gap 2021: Frauen verdienten pro Stunde weiterhin 18% weniger als Männer*, Pressemitteilung Nr. 088, 7. März, [Online]. Verfügbar unter https://www.destatis.de/DE/Presse/Pressemitteilungen/2022/03/PD22_088_621.html; [Zugriff am 13.06.2023].

Thege, B. & Polat, A. (2023) „Diversität und Diskriminierung an Hochschulen – eine exemplarische Betrachtung von Diskriminierungs- und Zugehörigkeitsverhältnissen“, in *Migration und Soziale Arbeit*, Heft 2, S. 117–124.

Villa, P.-I. (2003) *Judith Butler*, Frankfurt am Main, Campus Verlag.

West, C. & Zimmerman, D. H. (1987) „Doing gender“, *Gender & society*, Vol. 1, No. 2, S. 125–151.

Winker, G. & Degele, N. (2009) *Intersektionalität. Zur Analyse sozialer Ungleichheiten,* Bielefeld, transcript.

Britta Thege

Frau-Mann-Standardgeschlecht. Veränderungsresistente Stereotype für Rollen und Berufskarrieren?

„'Also betrachte ich mich als Mann mit femininen Neigungen in einem weiblichen Körper. Wenn ich mit anderen darüber spreche, halten sie mich für verrückt. Man ist entweder männlich oder weiblich, basta! Also bin ich nichts.' (Crossdresser, 32, Dänemark)"[1]

The article deals with the impact of the culturally constructed categories of "woman"/"man" in the context of gender hierarchy, refers to the increasing visibility of gender diversity, reflects on various study results on both the stability and changes in the content of female and male gender stereotypes and explores the question of whether gender will perhaps play a more secondary role in the future than it does today. Women in particular are affected by gender-based discrimination due to typical role assignments and female stereotypes that are socially less valued. Stereotypes of femininity continue to reinforce the gender-specific division of labour, which primarily assigns care work to women and is associated with negative consequences for their further professional and career opportunities. The political and social reorganisation of care plays a key role in breaking down entrenched gender stereotypes.

Keywords: Geschlechterstereotype, Geschlechterrollen, Trans*, Gender Shift, Gender Bias, Stereotype Content Model, geschlechtsspezifische Arbeitsteilung

---

1 Das Zitat wurde der deutschen Zusammenfassung der EU-Studie „Leben als Trans* in der EU. Vergleichende Datenanalyse aus der EU-LGBT-Erhebung Zusammenfassung" (FRA, 2014, S. 19) entnommen.

1 Einleitung

Tradierte Geschlechterrollen und mit ihnen eng in Zusammenhang stehende Geschlechterstereotype und Gendernormen festigen bis heute Ungleichheiten zwischen Menschen unterschiedlichen Geschlechts. Die Forderung nach einem Aufbrechen oder gar der Überwindung von Geschlechterstereotypen ist daher ein oft erklärtes, vermutlich jedoch nicht zu verwirklichendes Ziel vieler Gleichstellungskampagnen und -projekte. Die im binären System der Zweigeschlechtlichkeit verhafteten Geschlechterstereotype sind Verallgemeinerungen über Frauen und Männer, Vorstellungen davon, was für Frauen und Männer „normal" ist: Nach wie vor weit verbreitet, beschreiben sie zum einen, welche Merkmale Männer und Frauen in einer Gesellschaft haben und schreiben ihnen bestimmte Eigenschaften zu (deskriptive Normen), zum anderen definieren sie, wie Männer und Frauen sein sollen und stellen damit bestimmte Erwartungen an sie (präskriptive Normen) (Eagly, 1987). Werden präskriptive Annahmen verletzt, resultiert daraus in der Regel Ablehnung oder Bestrafung (Eckes, 2010, S. 178). Wie Weiblichkeit und Männlichkeit zueinander ins Verhältnis gesetzt werden, bestimmt den Grad der Geschlechterdifferenz, die Möglichkeiten und Freiräume, die Frauen und Männer wie auch Menschen, die sich nicht im binären System verorten, in einer Gesellschaft haben.

Im europäischen Kulturraum stehen die Zuschreibungen sozialgeschichtlich in Zusammenhang mit den Vorstellungen der sich dort im 18. und 19. Jahrhundert herausbildenden polarisierten Geschlechtercharaktere, einem „Gemisch aus Biologie, Bestimmung und Wesen und … ‚naturgegebenen' … durch Bildung zu vervollkommnenden Gattungsmerkmale[n] von Mann und Frau" (Hausen, 1976, S. 367). Durch Medizin, Anthropologie, Psychologie und auch die Psychoanalyse des 19. Jahrhunderts wird die Biologisierung der Geschlechterdifferenz vermeintlich wissenschaftlich fundiert, popularisiert und allgemeinhin, vor allem im Bürgertum, akzeptiert (ebd., S. 369) und dient gleichfalls als Legitimation sowohl der geschlechtsspezifischen Arbeitsteilung als auch der Trennung der Sphären Öffentlichkeit und Privatheit. Demnach

> „…ist der Mann für den öffentlichen, die Frau für den häuslichen Bereich von der Natur prädestiniert. Bestimmung und zugleich Fähigkeiten des Mannes verweisen auf die gesellschaftliche Produktion, die der Frau auf die private Reproduktion.

> Als immer wiederkehrende zentrale Merkmale werden beim Manne die Aktivität und Rationalität, bei der Frau die Passivität und Emotionalität hervorgehoben, ..." (ebd., S. 367).

So überholt diese soziokulturellen Konstruktionen anmuten mögen, ihre Wirkmächtigkeit reicht bis in die Gegenwart. Zwar haben sich überkommene Rollenvorstellungen und -normen tendenziell geändert, polarisierte Grundmuster in der Deutung von Geschlechtsunterschieden (wie Frau emotional und personenbezogen, Mann rational und durchsetzungsstark) bestehen jedoch fort. Problematisch sind geschlechtsstereotype Zuschreibungen, weil sie mit Potenzialverlusten und Ungerechtigkeiten einhergehen. Identisches Verhalten von Frauen und Männern beispielsweise wird unterschiedlich interpretiert und bewertet, männlich konnotierte Eigenschaften werden in der Regel höher bewertet als weiblich konnotierte und gelten nach wie vor als Schlüsselqualifikationen für Führungskräfte. Genauer gesagt: Geschlechterstereotype und traditionelle Geschlechterrollen stellen auch heute noch Hürden für Berufslaufbahnen und Lebenschancen, vor allem von Frauen dar, und diskriminieren LGBTQI*[2] (Statista, 2022, S. 32–39).

Seit den 1990er Jahren hat sich sowohl im Zuge der queer politics als auch wissenschaftlichen Theoriebildung ein neues Verständnis für die Historizität der Geschlechterordnung als auch normativen Geschlechterwelten herausgebildet (Woltersdorff, 2003, S. 919) und Argumentationen für ein essenziell unveränderbares biologisches Geschlecht eine Absage erteilt. Geschlechtervielfalt ist mittlerweile eine rechtlich anerkannte gesellschaftliche Realität, die Zahl der Menschen mit trans*-[3]

---

2 LGBTQI* ist eine Abkürzung aus dem Englischen für Lesbian, Gay, Bisexual, Transgender, Queer and Intersexual (deutsch: Lesben, Schwule, Bisexuelle, Transgender, Queere und Intersexuelle Menschen. Zum Sternchen (*) siehe Endnote 3 (Statista, 2022).

3 Der hier und im Folgenden verwendete Begriff *trans** oder trans* Person(en) ist „der Versuch einen möglichst neutralen Begriff für verschiedene Transidentitäten zu verwenden. Das Sternchen* ist dabei als Platzhalter gedacht, an das sich alle Transidentitäten anhängen können", wobei es aber auch „als kategorisierend angesehen werden kann." Quelle: SHG Bielefeld und OWL, *Info Begriffe, was bedeuten sie?* [Online]. Verfügbar unter https://www.transident-bielefeld.de/info-begriffe; [Zugriff am 02.05.2023].

bzw. Geschlechtsidentitäten jenseits der klassischen Mann-Frau-Kategorien nimmt, insbesondere unter Jugendlichen, zu.[4] Nach langem Ringen schuf die Bundesregierung Ende Juni 2022 mit den Eckpunkten für das neue Selbstbestimmungsgesetz den rechtlichen Rahmen für eine offene und geschlechtliche Vielfalt anerkennende Gesellschaft, das das in weiten Teilen verfassungswidrige Transsexuellengesetz von 1980 ablöst: Nunmehr sollen trans*-, intergeschlechtliche und nicht-binäre Menschen[5] das Geschlecht selbst definieren und ohne entwürdigende Prozeduren den Geschlechtseintrag und Vornamen im Personenstandsregister durch eine einfache Erklärung beim Standesamt ändern lassen können.

Welche Bedeutung also haben Geschlechterstereotype angesichts dieses Wandels heute? Sind die normativen im binären Geschlechtermodell verhafteten Zuschreibungen von Weiblichkeit und Männlichkeit und häufig fälschlich als „natürlich“ wahrgenommenen Eigenschaften von Frauen und Männern nicht längst aus der Zeit gefallen, haben an sozialer Relevanz verloren? Wie viel 19. Jahrhundert steckt noch im 21.? Welche Vorstellungen und Bilder von Frauen und Männern bestehen in den Köpfen?

---

4 „Vielfältige geschlechtliche Identitäten gab es schon immer. In manchen Gesellschaften wurde bis zum Kolonialismus respektvoll mit dieser Vielfalt umgegangen. In vielen Gesellschaften – so auch in Deutschland – wurde geschlechtliche Vielfalt jedoch über Jahrhunderte gewaltvoll unterdrückt und ignoriert. Inzwischen gibt es... eine Entwicklung hin zu mehr Sichtbarkeit, Offenheit und Anerkennung von trans* Personen. ... Eine trans*freundliche Gesellschaft führt auch nicht dazu, dass es mehr trans* Menschen gibt, sondern dazu, dass sich mehr Personen outen und/oder für eine Transition entscheiden.“ Quelle: Lesben- und Schwulenverband/LSVD, *Trans*: Hype der Gender-Ideologie und Gefahr für Kinder und Jugendliche? Fragen und Antworten zu Transgeschlechtlichkeit* [Online]. Verfügbar unter https://www.lsvd.de/de/ct/6456-Trans-Hype-der-Gender-Ideologie-und-Gefahr-fuer-Kinder-und-Jugendliche; [Zugriff am 02.05.2023].

5 „Inter-Menschen sind Menschen, deren körperliches Geschlecht nicht der medizinischen Norm von männlichen oder weiblichen Körpern zugeordnet werden kann, sondern sich in einem Spektrum dazwischen bewegt. Als nicht-binär bezeichnet man Menschen, die weder eine männliche noch eine weibliche Geschlechtsidentität haben. Transmenschen fühlen sich dem Geschlecht, das ihnen bei Geburt zugeschrieben wurde, nicht zugehörig.“ Quelle: Tagesschau.de, *Neues Selbstbestimmungsgesetz Geschlechtseintrag künftig leichter zu ändern* [Online]. Verfügbar unter https://www.tagesschau.de/inland/innenpolitik/neues-selbstbestimmungsgesetz-101.html; [Zugriff am 16.07.2022].

Wie vorstellbar ist es, dass in der Zukunft Geschlecht für die Gesellschaft eine eher nebensächliche Rolle spielen wird, wie von Trendforscher*innen vorhergesagt?

2 Viel 19. auch im 21. Jahrhundert

„Typisch Mann“, „typisch Frau“, „typisch Mädchen“, „typisch Junge“ – uns allen fallen vermutlich sofort Szenen und Beispiele ein, wo wir selbst Menschen in „Schubladen“ gesteckt haben. Solche Vorstellungen von „typischen“ Männern und Frauen sind „kognitive Strukturen, die sozial geteiltes Wissen über die charakteristischen Merkmale von Frauen und Männern enthalten“ (Eckes, 2010, S.178). Vielleicht haben wir inzwischen gelernt, stereotype Denkmuster besser zu reflektieren und versuchen sie so gut es geht im Alltag bewusst zu vermeiden. Doch ist Geschlecht eine derart wirkmächtige Kategorie, die unsere Gesellschaft und Zugänge zu vielen Bereichen so stark strukturiert, dass ein Denken jenseits der vermeintlich „natürlichen“ zweigeschlechtlichen Ordnung schwerfällt bzw. kaum möglich ist. Omnipräsente Medien und Werbung sind Verstärker der binären Vorstellungen von Weiblichkeit und Männlichkeit und so erscheint es noch häufig so als seien bestimmte Eigenschaften und Verhaltensweisen von Menschen abhängig von der Geschlechtszugehörigkeit.

Insbesondere in den Sozial- und Kulturwissenschaften wird das vermeintlich „natürliche“ binäre Ordnungssystem der Zweigeschlechtlichkeit und Alltagsverständnis von Geschlecht zurückgewiesen und Geschlecht stattdessen als sozial konstruiertes Phänomen begriffen (vgl. unter anderem Garfinkel, 1967; Kessler & McKenna, 1978; Hagemann-White, 1984). Demnach bringen nicht biologische Tatsachen, sondern soziale Prozesse Unterschiede zwischen Frauen und Männern hervor, genauer: Die Wahrnehmung biologischer Differenzen und die Einteilung von Menschen in nur zwei Geschlechter ist aus konstruktivistischer Sicht ein Effekt kultureller Praktiken und erweist sich als (inter)kulturell und historisch variabel (Meissner, 2008, S. 4–5). So ist vor allem im abendländischen Denken bzw. in westlichen Gesellschaften der Körper die Basis für soziale Verortungen, für Unterscheidungen und Hierarchisierungen als Mann/Frau, Schwarz/*weiß* etc. (ebd., S. 6 in Anlehnung an Oyewumi, 1997). „Die Vorstellung einer biologisch begründeten, heteronormativen Zweigeschlechtlichkeit ist ein spezifisches *Kulturphänomen*, ein Konstrukt, welches nicht auf eine (biologische) Letztbegründung zurückgeführt werden kann. Damit rückt die Realtitätsstiftende [sic!] Wirkung von Kultur und Sprache in den Mittelpunkt des Interesses" (ebd., Herv. im Original).

Wegweisende theoretische Perspektiven in diesem Zusammenhang sind der *doing gender-Ansatz* (West & Zimmermann, 1987) und das *Konzept der Performativität* (Butler, 1991). In Rezeption des interaktionistisch-ethnomethodologischen Ansatzes konzeptualisiert *doing gender* Geschlecht als Ergebnis von Zuschreibungs- und Darstellungsroutinen und nicht als Eigenschaft eines Menschen. Durch das Handeln und Inszenierungspraktiken der Individuen, ihr doing gender, wird die binäre Logik immer wieder neu interaktiv hergestellt und reproduziert (West & Zimmermann, 1987). Die geschlechtliche Arbeitsteilung beispielsweise ist demnach nicht Folge der Geschlechterdifferenz, sondern eine ihrer Voraussetzungen: Mit der Ausführung bestimmter Tätigkeiten wird gleichzeitig Geschlecht hervorgebracht (Meissner, 2008, S. 11).

Aus einer poststrukturalistischen Theorietradition heraus analysiert Judith Butler vor allem die sprachlich-symbolische Konstruktion der Geschlechterdifferenz, die diskursive Erzeugung der Geschlechterdualität. In Ablehnung jeglichen essenzialistischen Verständnisses vom Menschen (ebd., S. 12) setzt sie sich aus einer diskurstheoretischen Perspektive in „Das Unbehagen der Geschlechter" (Butler, 1991), eines der seit Erscheinen einflussreichsten und zugleich auch umstrittensten Grundlagenwerke der Gender und Queer Studies, kritisch mit Limitationen zentraler Kategorien der feministischen Theorie und Praxis – Subjekt, Körper und Identität – auseinander. Butler stellt diese Kategorien radikal in Frage und führt die Idee ein, dass alle Geschlechter und alle sexuellen Identitäten *performativ* seien. Geschlechtsidentität entstehe durch das ständige Wiederholen und Zitieren von Sprechakten und Handlungsweisen, die im Kontext bestimmter Machtverhältnisse als „Mann sein" oder „Frau sein" etabliert sind. In der Wiederholung aber liegt auch die Möglichkeit zur Subversion (im Sinne von Störung): Da es nach Butler unmöglich ist, exakt zu wiederholen, entstehen unweigerlich ständig leichte Verschiebungen im Zuge der Wiederholung, die eingespielte Routinen von *performances* durchbrechen und Normen verschieben können. Geschlecht wird von Butler als kontingentes Konzept verstanden, die Polarität männlich-weiblich dekonstruiert und durch pluralistische Konzeptionen von Geschlechtsidentität ersetzt.

Vor allem die Arbeiten Butlers haben stereotype Auffassungen von Gender nachhaltig transformiert und der gesellschaftlichen Öffnung für Geschlechtervielfalt neue Impulse gegeben. Wir erleben durchaus gesellschaftlich und politisch eine wachsende Akzeptanz der Vielfalt von Geschlechtsidentitäten und subjektiven Selbsteinschätzungen, und auch der Gesetzgeber reagiert mit dem neuen Selbstbestimmungsgesetz, dessen Entwurf seit April 2023 vorliegt und noch den Bundestag und Bundesrat passieren muss[6], auf Dynamiken einer sich zunehmend diversifizierenden und heterogenisierenden Gesellschaft. Das *zukunftsInstitut*, ein Think-Tank für Trend- und Zukunftsforschung, prognostiziert einen Bedeutungsverlust der Gendernormen sowie tradierter sozialer Rollen und sieht im *Gender Shift* einen der zwölf Megatrends gesellschaftlicher Entwicklung hin zu einer postbinären Gesellschaft. Insbesondere junge und gebildete Menschen würden Geschlechtsidentität als ein „Spielfeld" wahrnehmen, auf dem man sich jenseits binärer Stereotype und Normen ausprobieren könne (zukunftsInstitut, 2023). Doch während bis vor Kurzem angenommen wurde, dass sich künftig Identitäten vermehrt jenseits von Geschlecht definieren würden, klingt die Prognose des *zukunftsInstituts* aus 2023 angesichts erstarkender antifeministischer und (rechts)populistischer Gegenbewegungen nunmehr verhalten. „In vielen Ländern gewinnen patriarchale,

---

6 Es geht um die Vereinfachung der Änderung des Geschlechtseintrags im Personenstandsregister. „Bis 2011 mussten sich trans* Menschen laut dem Transsexuellengesetz noch sterilisieren lassen und einer geschlechtsangleichenden Operation unterziehen, um ihren Geschlechtseintrag ändern zu können. Bis 2008 mussten sich verheiratete trans* Menschen dafür von ihrem Ehepartner scheiden lassen." Quelle: Das Erste/Brisant: *Wann kommt das Selbstbestimmungsgesetz?* [Online]. Verfügbar unter https://www.mdr.de/brisant/ratgeber/trans-selbstbestimmungsgesetz-100.html; [Zugriff am 11.03.2023]. Siehe dazu auch: Bundesministerium der Justiz: *Häufig gestellte Fragen (FAQs) zum Selbstbestimmungsgesetz. Welches Ziel verfolgt das Gesetzesvorhaben?* [Online]. Verfügbar unter https://www.bmj.de/SharedDocs/Downloads/DE/News/Artikel/220630_FAQ_SelbstbestimmungsG.pdf?__blob=publicationFile&v=3; [Zugriff am 11.03.2023].

ja sogar reaktionäre Vorstellungen wieder an Boden, Autoritarismus und Populismus beginnen eine neue Kampagne gegen die Emanzipation, bis hin zu den Abtreibungsverboten in den USA" (ebd.). Zudem sei um die Frage, wie viele Geschlechter es gäbe, auch innerhalb der feministischen Bewegung ein „hässlich" ausgetragener Kulturkampf entbrannt (ebd.). Angesichts dieser Entwicklungen sieht das *zukunftsInstitut* den Megatrend Gender Shift aktuell als in einer „Rekursionsschleife" steckengeblieben.

Dafür spricht nicht zuletzt auch, dass trans* Personen in allen Bereichen des täglichen Lebens nach wie vor massiven Diskriminierungen ausgesetzt sind. Die Ergebnisse einer EU-Studie aus dem Jahr 2014 (FRA, 2014), die Daten von 6.579 befragten trans*Menschen ab 18 Jahren auswertet, belegen, dass trans* Menschen häufigen Verletzungen ihrer Grundrechte wie Diskriminierung, Gewalt und Belästigung ausgesetzt sind, und zwar in einem höheren Maß, als dies von lesbischen, schwulen oder bisexuellen Befragten angegeben wurde (ebd., S. 2). Aufgeschlüsselt nach Identitätsgruppen zeigt die Befragung, dass weibliche und männliche Crossdresser am ehesten Opfer von mehrfachen Gewaltvorfällen (dreimal oder häufiger) sind (ebd., S. 7). Gewalt oder Belästigung wird in den meisten Fällen von unbekannten, in Gruppen agierenden Männern ausgeübt. Ein Drittel aller Befragten vermeidet den Ausdruck des Geschlechts durch das physische Erscheinungsbild oder Kleidung aus Angst, angegriffen, bedroht oder belästigt zu werden (ebd., S. 11).

> „Stereotypen und Unwissenheit über die alltägliche Realität und die Rechte von trans* Personen erhalten negative öffentliche Haltungen und schlechte Behandlung in unterschiedlicher Intensität aufrecht; die Palette reicht von dummen Witzen und Beschimpfungen bis hin zu schwerer Belästigung und Ausgrenzung. So entsteht ein unsichtbarer Käfig, der Hindernisse für Gleichbehandlung schafft und das Leben von trans* Personen beeinträchtigt." (ebd., S. 10)

Die Infragestellung bzw. Überschreitung gängiger Gendernormen ruft nicht selten Aggression und Hass hervor und reicht über das oben genannte bis hin zu tödlichen Gewaltakten bzw. Hate Crimes (Turner et al., 2009). Für die weitere Verbesserung der gesellschaftlichen Akzeptanz von trans* Personen und LGBTQI* im Allgemeinen besteht weiterhin großer Handlungsbedarf.

Wissen über Geschlechterstereotype erwerben Kinder bereits vom Kleinkindalter an bis zum Schuleintritt und weisen mit acht bis neun

Jahren relativ gefestigte geschlechtstypische Muster auf (Wolter, 2020, S. 6). So können Kleinkinder mit bereits drei bis vier Monaten weibliche und männliche Gesichter und im Verlauf des ersten Lebensjahrs weibliche und männliche Personen voneinander unterscheiden, zeigen in den ersten zwei bis drei Lebensjahren bereits geschlechtstypische Verhaltensweisen und im Alter von drei bis sieben Jahren dann stereotype Einstellungen gegenüber den Geschlechtern (ebd., S. 5). Dabei werden Geschlechterstereotype über drei Mechanismen erlernt: durch Nachahmung (Imitation), durch direkte Interaktionen mit den Eltern oder auch verschiedene Medien sowie durch Erfahrungen und Konsequenzen als Reaktion auf das eigene geschlechtstypische Verhalten (ebd., S. 6.). Geschlechtstypisches Benehmen wird in der Regel belohnt, atypisches Verhalten bestraft. Damit ist der Grundstein für geschlechtsstereotypes Wissen und Verhalten früh gelegt – meist bestärkt seitens der Eltern und anderer Sozialisationsinstanzen sowie fortwährend genährt durch das geschlechtstypische Angebot von Spielzeug und Kindermode oder auch Fernsehfiguren und Geschichten, die von bipolaren Stereotypen geprägt sind (Götz, 2013). Zugleich zeigen sich aus sozialisationstheoretischer Sicht in Prozessen der familialen Vergeschlechtlichung durchaus auch Veränderungsmöglichkeiten, insbesondere auf der individuellen elterlichen Einstellungsebene, wobei zu bedenken bleibt, dass das doing gender in Familien weitgehend automatisiert und unbewusst verläuft und Widersprüche und Brüche hervorbringen kann (Micus-Loos, 2003).

Für Jugendliche spielen Social Media Plattformen, wie beispielsweise TikTok oder Instagram, im Hinblick auf ihre Selbstdarstellung eine gewichtige Rolle. Nach Ansicht des Trendforschers Matthias Horx haben sich, bei aller Vielfalt der Verhaltens- und Darstellungsweisen, Frauen noch nie „dermaßen hyperweiblich" inszeniert, noch nie sich „männliche Macho-Verhaltensweisen" so öffentlich ausgestellt[7] wie im Zeitalter des Internets. Zwar haben queere Jugendliche hier durchaus Möglichkeiten verbreiteten Stereotypen entgegenzuwirken und Alternativen anzubieten, doch belegen Untersuchungen, dass Geschlechterdarstellungen und

7 https://www.zukunftsinstitut.de/artikel/der-grosse-gender-irrtum/; [Zugriff am 23.02.2023]. Siehe auch Götz & Becker 2019 zu Selbstinszenierungsmustern von Influencerinnen auf Instagram.

Selbstinszenierungen in den erfolgreichsten Social Media Kanälen in der Regel auf vermeintlich veralteten Stereotypen basieren, die wiederum von der Community normativ erwartet werden (MaLisa Stiftung, 2019). Während Frauen sich überwiegend im privaten Raum inszenieren, Schminktipps geben und ihre Hobbies präsentieren (Basteln, Nähen, Kochen), sind der öffentliche Raum und professionelle Kontexte eher Männer vorbehalten, die auch deutlich andere und mehr Themen von Unterhaltung über Musik bis zu Games, Comedy und Politik bespielen (ebd., S. 2; Prommer et al., 2019). Im Hinblick auf die Effekte solch stereotyper Darstellungen auf Nutzer*innen weist die Untersuchung „Rollenbilder in den Sozialen Medien und ihre Auswirkungen auf die Gleichberechtigung“ von Plan International Deutschland e.V (2019) nach, dass die Nutzung sozialer Medien eng mit der persönlichen Einstellung zu Rollenbildern und Gleichberechtigung im Zusammenhang steht: Je *intensiver* die Nutzung von beispielsweise Instagram, Facebook oder YouTube, *desto konventioneller und stereotyper* waren die Ansichten der Befragten im Alter zwischen 14 und 32 Jahren über die Rollenverteilung von Mann und Frau (zum Beispiel dem Klassiker, dass Frauen für Haushalt, Familienleben und Kindererziehung zuständig seien). Social Media Plattformen erweisen sich also als maßgebliche Verstärker für stereotype Rollenbilder und traditionelle Ansichten hinsichtlich der binären Geschlechterlogik, nicht zuletzt ausgelöst durch die stereotypen Geschlechterdarstellungen professioneller Influencer*innen (ebd., S. 10).[8]

> „Auch auf Instagram sind insbesondere die Frauen erfolgreich, die einem normierten Schönheitsideal entsprechen. Sie sind dünn, langhaarig und beschäftigen sich hauptsächlich mit den Themen Mode, Ernährung und Beauty. Weibliche Selbstinszenierung findet hier nur in einem sehr begrenzten Korridor statt.“ (MaLisa Stiftung, 2019, S. 3)

---

8 Die Influencerin Kendal Kay löste 2022 mit einem Tiktok-Video, in dem sie ihren Tagesablauf als Partnerin eines wohlhabenden Mannes zeigt, unter dem Hashtag *#StayAtHomeGirlfriend* einen Trend aus, dem andere junge Frauen fortan nacheiferten, der aber auch sehr kritisch diskutiert oder auch lächerlich gemacht wird, da der Content sich auf banale Alltagsroutinen beschränkt, das Hausfrau-Dasein zelebriert und durchaus Assoziationen zur sogenannten Bräuteschule der 1950er Jahre weckt.

Verschiedene Studienbefunde zusammenfassend kommt eine Expertise für den Dritten Gleichstellungsbericht der Bundesregierung zum Thema „Geschlechterstereotype und Soziale Medien“ ebenfalls zu dem Schluss, dass das doing gender in den Sozialen Medien überwiegend geschlechtsstereotyp geprägt ist: Selbstinszenierungen erfolgen mit der Tendenz zu einer klischeehaften Inszenierung von attraktiven Frauen und starken Männern, Diversität und Vielfalt an Weiblichkeiten und Männlichkeiten kommen allenfalls in Nischen vor und „selbst auf Gay-Plattformen dominieren hegemoniale Männlichkeitsideale“ (Götz & Prommer, 2020, S. 67).

3 Inhalte von Geschlechterstereotypen – Veränderungen und Persistenzen

Als ein besonders einflussreiches sozialpsychologisches Modell der Stereotypenforschung gilt das *Stereotype Content Model* von Fiske et al. (2002)[9], wonach der sozialen Wahrnehmung von Individuen und Gruppen zwei Dimensionen zugrunde liegen: Wärme und Kompetenz. Inhalte von Stereotypen werden dabei vom relativen Status der Gruppen (hoch vs. niedrig) und der Art der Interdependenz zwischen Gruppen (kooperativ vs. kompetitiv) bestimmt; Gruppen mit hohem Status werden als kompetent, Gruppen mit niedrigem Status als inkompetent eingeschätzt, kooperative Gruppen als warm und unbedrohlich, kompetitive Gruppen hingegen als kalt und bedrohlich (Eckes, 2010, S. 180). Wärme wird mit Freundlichkeit, Hilfsbereitschaft, Aufrichtigkeit und Vertrauenswürdigkeit in Verbindung gebracht, Kompetenz mit Effizienz, Gewissenhaftigkeit, Intelligenz und Geschicklichkeit. Während beispielsweise Hausfrauen ein hohes Maß an Wärme und ein geringes Maß an Kompetenz zugeschrieben wird, werden Karrierefrauen als kälter, aber wesentlich kompetenter wahrgenommen.[10]

---

9 Fiske et al. (2002) haben gezeigt, dass die Dimensionen Wärme/Kompetenz und hoch/niedrig Stereotype über die verschiedenen sozialen Gruppen einer Gesellschaft effektiv in vier Quadranten einteilen.

10 In einer Folgestudie zum Stereotype Content Model untersuchen Cuddy, Fiske und Glick (2004) die Einordnung von berufstätigen Müttern auf den Dimensionen des SCM und vergleichen diese mit den von berufstätigen Vätern. Berufstätige Mütter konnten auf zwei Stereotype reduziert werden: die „homemakers“ (warm aber inkompetent) oder die „female professionals“ (kompetent aber kalt).

> „Aus Sicht des Stereotypeninhaltsmodells ergibt sich das traditionelle Frauenstereotyp aus einem relativ niedrigen sozialen Status von Frauen in der Gesellschaft kombiniert mit einer kooperativen Interdependenz mit Männern (in häuslich-familiären und partnerschaftlichen Kontexten); umgekehrt ergibt sich das traditionelle Männerstereotyp aus dem relativ hohen gesellschaftlichen Status in Kombination mit einer kompetitiven Orientierung gegenüber Frauen (im beruflichen Kontext). Es ist die Interdependenz zwischen Frauen und Männern, die Geschlechterstereotypen nicht nur deskriptive, sondern auch präskriptive Anteile zuweist... zur Stabilisierung der Geschlechterhierarchie in der Gesellschaft." (ebd., S. 180)

Eckes weist auf einen entscheidenden Aspekt im Geschlechterverhältnis hin, nämlich dass die Polarisierung der zwei Geschlechter mit einer *Hierarchisierung* einhergeht, die Frau/Weiblichkeit abwertet und Mann/Männlichkeit erhöht. Indem das abendländische androzentrische Weltbild den Mann als Norm setzt und die Frau als deren Abweichung, als das "andere" Geschlecht definiert bzw. übersetzt man den französischen Titel von de Beauvoirs Werk „Le deuxième sexe" (de Beauvoir, 1949) wortwörtlich als das „zweite" Geschlecht, erhalten stereotyp „männliche" Eigenschaften gesellschaftlich eine höhere Anerkennung als stereotyp „weibliche".[11]

Ein ähnliches Konzept wie das Stereotype Content Model ist das von „Agency" und „Communion" (Bakan, 1966) bzw. Handlungs- oder Gemeinschaftsorientierung. Während sich Agency auf eine Fokussierung auf das Selbst und „typisch männliche" Eigenschaften wie Selbstbestimmtheit und Unabhängigkeit bezieht, bezeichnet Communion eine Fokussierung auf andere Menschen und die „typisch weibliche" Neigung, mit anderen Menschen kooperieren, in Beziehung treten zu wollen. Wärme und Communion sowie Kompetenz und Agency werden dabei als gleichbedeutend angesehen. Geschlechtsunterschiede in der Selbstbeschreibung, wonach Jungen sich stärker agentische oder instrumentelle und Mädchen

---

Mütter tauschten einen Teil ihrer wahrgenommenen Kompetenz gegen Wärme ein, für berufstätige Väter galt dies nicht.

11 Bereits in der patriarchalen Klassengesellschaft der Antike entfaltete sich die androzentrische Ideengeschichte, die Frauen nicht nur systematisch aus den philosophischen Systemen ausschloss, sondern mit Hilfe bestimmter Ideen, Symbole und Metaphern als abweichend und minderwertig definierte. Mit dem Emporkommen des Christentums verschlechterte sich die Stellung der abendländischen Frau kontinuierlich (Lerner, 1991).

sich stärker kommunale oder expressive Eigenschaften zuschreiben, zeigen sich bereits im Vorschulalter, verfestigen sich im Verlauf der Grundschuljahre und sind entsprechend bei Jugendlichen und Erwachsenen vorhanden (Hannover & Wolter, 2019, S. 207). Mit anderen Worten: Gemäß deskriptiver und präskriptiver Geschlechterstereotype sind weibliche Personen stärker durch Communion und Expressivität, männliche hingegen stärker durch Agency und Instrumentalität charakterisiert, Unterscheidungen die sich mit hoher Übereinstimmung auch über verschiedene Kulturen hinweg zeigen (Ebert & Steffens, 2013, S. 27–28; Hannover & Wolter, 2019, S. 202–203).

Eine Meta-Analyse (Eagly et al., 2019), die innerhalb von sechzehn in den USA durchgeführten repräsentativen Meinungsumfragen mit insgesamt mehr als 30.000 erwachsenen Befragten aus über sieben Jahrzehnten (von 1946 bis 2018) die drei Stereotype Communion (hier bezogen auf Eigenschaften wie mitfühlend, sensibel, liebevoll), Agency (ehrgeizig, aggressiv, entscheidungsfreudig) und Kompetenz (intelligent, organisiert, kreativ) unter der Fragestellung analysierte, ob die Befragten der Meinung seien, dass mit den Stereotypen verbundene Eigenschaften eher Frauen, eher Männern oder gleichermaßen beiden zugeschrieben werden, kam zu dem Ergebnis, dass sich die Wahrnehmung von Frauen als kommunaler und von Männern als agentischer über die Jahrzehnte *nicht* wesentlich verändert habe, was für Frauen nach wie vor Karrierenachteile mit sich bringt, beispielsweise bei der Besetzung von Führungspositionen. Stark verändert hat sich hingegen das Kompetenz-Stereotyp. 86 Prozent der Befragten waren angesichts der gestiegenen Erwerbsbeteiligung und

Inhalte von Geschlechterstereotypen

Weibliches Stereotyp *Wärme/Communion* Gemeinschaftsorientierung Kooperation Expressivität (u.a. Sorge um andere, Kontaktfreudigkeit, Einfühlungsvermögen, Freundlichkeit, Hilfsbereitschaft, Aufrichtigkeit, Vertrauenswürdigkeit)	*Männliches Stereotyp* *Kompetenz/Agency* Handlungsorientierung Selbstbestimmtheit, Unabhängigkeit Instrumentalität (u.a. Durchsetzungsvermögen, Führungskompetenz, Effizienz, Gewissenhaftigkeit, Intelligenz, Geschicklichkeit)

besseren Bildung von Frauen der Meinung, dass Männer und Frauen gleichermaßen intelligent seien, viele Befragte schrieben Kompetenz sogar häufiger Frauen als Männern zu. Eine Untersuchung von Hentschel et al. (2019), die sich wiederum mit verschiedenen Facetten von Agency (wie Durchsetzungsvermögen, Unabhängigkeit, instrumentelle Kompetenz, Führungskompetenz) und Communion (wie Sorge um andere, Kontaktfreudigkeit und emotionale Sensibilität) und geschlechtsspezifischen Stereotypisierungen zum einen durch andere Personen, zum anderen durch die befragte Person selbst auseinandersetzt, fand ebenfalls, dass traditionelle Geschlechterstereotype in vielerlei Hinsicht fortbestehen. Nur einige Dimensionen haben danach an Bedeutung verloren, vornehmlich Charakterisierungen von Agency stellten sich komplex dar. Als besonders veränderungsresistent erwies sich – und das schließt an den Befund von Eagly et al. (2019) an – das stereotype Bild von Männern über Frauen, wonach Frauen in vielen traditionell männlich geprägten Bereichen nicht über die notwendigen Eigenschaften verfügten, um erfolgreich zu sein – eine Vorstellung, die die Grundlage für Gender Bias[12] in vielen Bewertungsentscheidungen, beispielsweise im Kontext von Personalverfahren, bildet. Aber auch Frauen waren vom Einfluss geschlechtsspezifischer Stereotypen nicht ausgenommen; auch wenn Frauen Frauen bezüglich mehrerer wichtiger Agency-Eigenschaften als gleichwertig mit Männern beurteilten, schätzten sie sich *selbst* in Bezug auf Führungskompetenz und Durchsetzungsvermögen zum einen defizitärer ein als Männer sie einschätzten, zum anderen auch defizitärer als Frauen im Allgemeinen (Hentschel et al. 2019, S. 15). Solch eine Selbstzuschreibung begünstigt geschlechtstypisiertes Verhalten, das in der Folge wiederum Geschlechterstereotype bestätigt und aufrechterhält.

---

12 „Gender Bias bezeichnet systematische Verzerrungseffekte, die durch geschlechtsbezogene Stereotypisierungen und Vorurteile geprägt sind und sowohl Wahrnehmungen als auch Entscheidungen beeinflussen. Gender Bias wirkt nicht nur in alltäglichen Situationen, in Kommunikation und Entscheidungen, sondern auch in Wissenschaft und Forschung, beispielsweise bei Forschungsdesign und -ergebnissen sowie bei personalpolitischen Entscheidungen." Quelle: Kompetenzzentrum Frauen in Wissenschaft und Forschung/CEWS, *Gender Bias in der Wissenschaft* [Online]. Verfügbar unter https://www.gesis.org/cews/themen/gender-bias; [Zugriff am 15.03.2022].

Im Zusammenhang mit Gender Bias sind Ergebnisse von Messungen impliziter Assoziationen interessant. Unterbewusste Einstellungen können mit dem Impliziten Assoziationstest (IAT), einem computerbasierten Verfahren, das kognitive Assoziationen von je zwei Dimensionen auf Reaktionszeit-Basis misst, aufgedeckt werden (Greenwald et al., 1998). Der IAT „Geschlecht-Karriere“ beispielsweise zeigt eine deutliche Assoziation zwischen Familie und Frauen sowie zwischen Karriere und Männern, der IAT zu „Geschlecht-Wissenschaft“ zwischen Geisteswissenschaften und Frauen sowie zwischen Naturwissenschaften und Männern. Unter Anwendung von 17 Impliziten Assoziationstests in fünf Studien sowie unter Verwendung von sechs verschiedenen Vergleichsmerkmalen (N= 3618) fanden Storage et al. (2020) übereinstimmende Belege dafür, dass Menschen Brillanz implizit eher mit Männern als mit Frauen assoziieren. Das Stereotyp der geschlechtsspezifischen Brillanz, das Männer bevorzugt, fand sich konsistent sowohl bei Männern als auch Frauen, bei Kindern wie Erwachsenen, in verschiedenen Regionen der USA und auch international. Noch deutlicher seien die Tests beim Wort „stark“ ausgefallen.

Nicht von ungefähr also sind bis heute machtvolle Positionen in Wirtschaft, Wissenschaft und Politik mit Eigenschaften verknüpft, die Männern zugeschrieben werden, was von Schein et al. (1996) mit dem *Think manager – think male Phänomen* beschrieben wird: Danach gefragt, welche Eigenschaften typisch für Männer, typisch für Frauen und typisch für Führungskräfte seien, zeigt sich eine große Schnittmenge zwischen männlichen und führungstypischen Eigenschaften, die hingegen deutlich kleiner für weibliche und führungstypische Eigenschaften ausfällt, und zwar über längere Zeit wie auch verschiedene Kulturkreise hinweg. Frauen in Führungspositionen stellt dies bis heute vor ein „unlösbares Dilemma“: Verhält sich die weibliche Führungskraft rollenkonform und ist empathisch, freundlich und auf das Wohl aller bedacht, spricht man ihr Durchsetzungskraft und Kompetenz ab. Verhält sie sich so durchsetzungsstark, wie es von einer kompetenten, karriereorientierten Führungskraft erwartet wird, gerät sie in Konflikt mit den typischen Rollenzuweisungen an Frauen und wird als unweiblich und unsympathisch eingestuft (Bertelsmann Stiftung, 2020, S. 26).

Dass bestimmte Inhalte geschlechtsstereotypen Denkens einem Wandel unterworfen, andere hingegen durch Stabilität gekennzeichnet sind, lässt sich mit der Sozialen Rollentheorie erklären, die davon ausgeht, dass Geschlechterunterschiede als Folge der in einer Gesellschaft vorherrschenden Geschlechterrollenstrukturen entstanden und nicht dem Menschen inhärent sind (Eagly, 1987; Eagly & Wood, 2012). Das heißt, Geschlechterstereotype gehen aus Geschlechterrollen hervor und wirken wiederum auf die Stereotype zurück. Demgemäß müsste sich geschlechterstereotypes Denken immer dann verändern, wenn Geschlechterrollen im Wandel begriffen sind (Ebert & Steffens, 2013, S. 32–33). Und tatsächlich unterlagen Geschlechterrollen in den letzten Jahrzehnten einer Veränderung. Besonders der vermehrte Eintritt von Frauen ins Berufssystem führte zu einer Annäherung von Frauen und Männern in Agency-Kompetenz-assoziierten Rollen, wobei die Angleichung insbesondere auf eine Veränderung in der Vorstellung von der ‚typischen Frau' zurückzuführen war: Frauen wurden im Zeitverlauf im Zusammenhang mit ihrer steigenden Bildung und Erwerbstätigkeit zunehmend Agency-Attribute (insbesondere Kompetenz) zugeschrieben, Männern jedoch nur ein schwacher Zuwachs an Communion-Attributen (Ebert & Steffens, 2013, S. 28; Diekman & Eagly, 2000). Während Frauen zwar zunehmend in Agency-Kompetenz-assoziierten Rollen zu finden sind, bleiben sie dennoch zugleich weiterhin primär für wärme-assoziierte Tätigkeiten wie Hausarbeit u. Kinderbetreuung zuständig (Ebert & Steffens, 2013, S. 33; s.o. IAT-Ergebnisse).

So erleben wir

> „... eine merkwürdige Gleichzeitigkeit von Modernisierung, Individualisierung und Flexibilisierung der Deutungsmuster [von Geschlecht, B.T.] auf der einen und einer ungeheuren Monotonie und Veränderungsresistenz bestimmter Basisstrukturierungen von Differenz und Hierarchie auf der anderen Seite. Das heißt: es gibt keine linearen Fortschritte oder keinen zunehmenden Abbau von Stereotypen, obwohl sich die überkommenen Rollenvorstellungen und -normen tendenziell geändert haben. Polarisierte Grundmuster in der Deutung von Geschlechtsunterschieden (Frau emotional, personenbezogen, Mann rational und durchsetzungsstark) sterben keinesfalls aus und es gibt viele gesellschaftliche Orte, an den sie revitalisiert werden." (Knapp, 2009, S. 7)

4 Zur Beständigkeit der geschlechtsspezifischen Arbeitsteilung

Es besteht eine Analogie zwischen den Geschlechterstereotypen als Elemente der symbolischen Geschlechterordnung und Berufsstereotypen. Die in der kapitalistischen Industriegesellschaft erfolgte Trennung der privaten und öffentlichen Sphäre fand, wie eingangs erwähnt, eine Homologie in Privatheit und Weiblichkeit, Öffentlichkeit und Männlichkeit (Riegraf, 2018) und fixierte über die Biologisierung der Geschlechterdifferenz in Form der Geschlechtercharaktere die geschlechtsspezifische Arbeitsteilung, die Frauen reproduktive, Männern produktive Arbeiten qua Natur/Wesen zuwies. Weil Frauen sozialgeschichtlich primär für die private Haus- und Familienarbeit zuständig waren, galten bzw. gelten sie für sogenannte Frauenberufe als besonders geeignet und diese umgekehrt als für Frauen besonders geeignet, da man meinte, dass in diesen Berufen „hausarbeitsnahe“ Tätigkeiten professionalisiert wurden. Zugleich ist die Definition von Frauenberufen durch die Hausarbeitsnähe mit einer Geringschätzung im Statusgefüge der Berufe verbunden (Stiegler, 1999), die sich in einer schlechteren Bezahlung, einem geringerem Prestige und geringeren Aufstiegschancen manifestiert(e). Bis in die Gegenwart erfolgen Berufs- und Studienfachwahlen überwiegend geschlechtstypisch, ist der Arbeitsmarkt geschlechtlich stark segregiert. Frauen und Männer sind einerseits in unterschiedlichen Berufen und Branchen (horizontale Segregation), andererseits auf unterschiedlichen Hierarchieebenen (vertikale Segregation) tätig.

Becker-Schmidt (1987) hat die doppelte Einbindung von Frauen in die Sphären der Erwerbs- und Familienarbeit mit dem Theorem der „doppelten Vergesellschaftung“ konzeptualisiert, die eine doppelte Diskriminierung von Frauen impliziert: Weil Frauen durch Stereotypisierungen von Weiblichkeit und entsprechende Rollenzuweisungen zu unbezahlter Care Arbeit quasi „verpflichtet“ werden, wird ihnen einerseits eine gleichberechtigte Integration in das Beschäftigungssystem erschwert, andererseits Frauenarbeit schlechter bewertet. „Wie immer Frauen sich entscheiden – für Familie und gegen Beruf, gegen Familie und für Beruf oder für beides – in jedem Fall haben sie etwas zu verlieren“ (Becker-Schmidt, 2003, S. 15).

In den letzten Jahren ist die Erwerbstätigenquote der Frauen in Deutschland kontinuierlich gestiegen. Nach Ergebnissen des Mikrozensus lag sie 2021 bei 72,0 Prozent (im Vergleich 2011: 67,7 Prozent), allerdings erkennbar unterhalb der von Männern mit 79,2 Prozent.[13] Während es

13 Quelle: Statistisches Bundesamt, *Erwerbstätigkeit von Frauen: Deutschland mit*

kinderlosen Paaren eher gelingt, eine egalitäre Aufgabenteilung zu erreichen und sich die Partner*innen in ihrer Lebensführung weitestgehend angleichen (Rüling, 2007), führt die Geburt eines Kindes häufig zurück in eine traditionelle(re) Rollenverteilung, denn es ist in den meisten Fällen die Frau, die die Vollzeiterwerbstätigkeit und damit auch ihr Einkommen zugunsten der Carearbeit verringert. So arbeiteten 2020 etwas über zwei Drittel (65,5 Prozent) aller erwerbstätigen Mütter in Teilzeit, aber nur 7,1 Prozent der Väter.[14] Teilzeitarbeit bzw. die Unterbrechungsdauer wiederum haben Einfluss auf die spätere Lohn- und Karriereentwicklung – ein Teufelskreis. Die Lücke im Lebenserwerbseinkommen zwischen den Geschlechtern, der sogenannte Gender Lifetime Earnings Gap, beträgt derzeit 49,8 Prozent (Boll et al., 2016).

> „Frauen und Männer werden nicht gleich gehandelt am Arbeitsmarkt. Selbst wenn nicht real familienbelastet, werden sie als gegenläufig familieninvolviert imaginiert: der Mann gestützt auf, die Frau behindert durch Familie, das Alleinernährermodell mit Zuverdiener-Carer zugleich unterstellend und erzeugend, Bildungsvorsprünge bei Frauen absorbierend und Existenzrisiken in Abhängigkeit vom Geschlecht auf unterschiedliche Institutionen verteilend, im einen Fall als abhängig vom Arbeitsmarkt, im anderen Fall als abhängig vom Familienerhalt – einer Solidarstruktur mit ungleicher Risikoverteilung also." (Krüger, 2006, S. 152)

Die ungleiche Verteilung der Sorgearbeit zwischen den Geschlechtern wird seit einigen Jahren mit dem *Gender Care Gap* erfasst.[15] Danach leisten

---

dritthöchster Quote in der EU [Online]. Verfügbar unter https://www.destatis.de/Europa/DE/Thema/Bevoelkerung-Arbeit-Soziales/Arbeitsmarkt/ArbeitsmarktFrauen.html; [Zugriff am 11.02.2023].

14 Mit 69,3 Prozent der erwerbstätigen Frauen mit mindestens einem Kind unter 12 Jahren arbeiten Mütter in Deutschland mehr als doppelt so häufig Teilzeit wie Mütter im EU-Durchschnitt mit 33,9 Prozent. Quelle: Statistisches Bundesamt, Pressemitteilung Nr. N 012 vom 7. März 2022 [Online]. Verfügbar unter https://www.destatis.de/DE/Presse/Pressemitteilungen/2022/03/PD22_N012_12.html; [Zugriff am 03.05.2023].

15 Der Gender Care Gap wurde für den Zweiten Gleichstellungsbericht der Bundesregierung auf Grundlage von repräsentativen Daten der Zeitverwendungserhebung 2012 und 2013 des Statistischen Bundesamtes erstmals berechnet und bezieht sich auf Tätigkeiten der Haushaltsführung, Pflege und Betreuung von Kindern und Erwachsenen, ehrenamtliches Engagement sowie informelle Hilfen für andere Haushalte. Mit dem „Gender Care Gap" wird der prozentuale

Frauen im Durchschnitt täglich 52,4 Prozent mehr unbezahlte Sorgearbeit als Männer, was einem Zeitaufwand von täglich 87 Minuten mehr entspricht. Die Höhe des Gender Care Gap unterscheidet sich allerdings zwischen Haushaltsformen drastisch: Während der Gender Care Gap in Haushalten ohne Kinder 35,7 Prozent beträgt, liegt er in Haushalten mit Kindern mit 83,8 Prozent weit über dem Durchschnitt (BMFSFJ, 2018, S. 96). Der größte Gender Care Gap (110,6%) zeigt sich im Alter von 34 Jahren: Frauen leisten dann durchschnittlich 5 Stunden und 18 Minuten Care-Arbeit täglich, Männer hingegen nur 2 Stunden und 31 Minuten (ebd.). Bei der *direkten* Care-Arbeit (Kinderbetreuung im Haushalt sowie Unterstützung, Pflege und Betreuung von erwachsenen Haushaltsmitgliedern) ist der Gender Care Gap noch deutlicher ausgeprägt: Frauen sind mehr als doppelt so viel in die direkte Care-Arbeit involviert wie Männer (108,3%) (ebd.). In dieser „Rush Hour" des Lebens bündeln sich zentrale Lebensereignisse und -entscheidungen wie Beruf, Wahl einer Partnerin oder eines Partners und Verantwortlichkeit für Kinder und Eltern (BMFSFJ, 2006; Bittman & Wajcman, 2000).[16]

Trotz einer vermeintlichen Wahlfreiheit für verschiedene Arrangements von Erwerbs- und Familienleben entspricht die gelebte Realität häufig nicht den Wünschen der Menschen. Denn Wunsch der meisten Frauen und Männer ist, den eigenen Lebensunterhalt zu sichern *und* gleichzeitig Zeit für die Familie zu haben. Die Partner wollen sich gegenseitig bei der beruflichen Entwicklung unterstützen, Sorgearbeit teilen und das Familienleben gemeinsam gestalten, insbesondere in den jüngeren Generationen. Gesellschaftliche, wirtschaftliche und institutionelle Rahmenbedingungen schränken jedoch die Wahlfreiheit und damit die Verwirklichungschancen spürbar ein. Zwischen Ost- und Westdeutschland bestehen dabei Unterschiede. Eine Untersuchung, die Gleichstellungsimpulse und Geschlechtergerechtigkeit in Ost- und Westdeutschland nach 25 Jahren Einheit erforscht

---

Unterschied der durchschnittlichen täglichen Zeitverwendung von Frauen und Männern für unbezahlte Sorgearbeit ausgewiesen (BMFSFJ, 2018, S. 9).

16 Auch verschiedene quantitative Untersuchungen zur Covid19-Pandemie belegen eine Verfestigung der ungleichen Verteilung von Sorgearbeit und dabei insbesondere der Kinderbetreuung (Andresen et al., 2020; Zinn et al., 2020; Zoch et al., 2020; Bujard et al., 2021).

hat (Wippermann, 2016), stellt eine eher hohe Gleichstellungsdynamik in Westdeutschland und Anzeichen für eine Teil-Retraditionalisierung bei ostdeutschen Frauen fest. Ein interessanter vielsagender Befund der Studie ist, dass in Bezug auf Hausarbeit und Familienarbeit das kollektive Mentalitätsmuster im Widerspruch zum kollektiven Verhaltensmuster steht, und dies sowohl in Ost- wie in Westdeutschland, gleichstellungsorientierte Einstellungen sind dem praktischen Verhalten weit voraus. „Es fehlen offenbar begünstigende Rahmenbedingungen, um Einstellungen in Verhalten zu überführen. Umgekehrt ist die (teil-)traditionelle Rollenteilung so lange schon Praxis und Ritual, dass das gleichstellungsorientierte Selbstverständnis davon zum Teil losgelöst ist“ (ebd., S. 72).

Nach Knapp (2009, S. 17) sehen wir uns einer „Ungleichzeitigkeit im Verhältnis von normativem und institutionellem Wandel“ gegenüber: Während Deutungsmuster von Geschlecht zunehmend komplexer werden (ebd., S. 6), partnerschaftlich-egalitäre Einstellungen weit verbreitet sind, hinken Institutionen wie Kindergärten, Schulen, Ausbildung, Arbeitsmarkt, Gesundheitssystem und das System der sozialen Sicherung diesen Entwicklungen hinterher und zwar insofern, als sie eine bestimmte Form des Geschlechterverhältnisses zugrunde legen (ebd., S. 12–13), die den Einstellungen und Lebensrealitäten der meisten Menschen kaum mehr entspricht. Gemeint ist „die ‚strukturierende Macht des überkommenen hierarchisch-komplementären Ernährer-Hausfrau-Modells‘, das die Nachkriegszeit in *West*deutschland prägte und sich bis heute „ohne erkennbaren Bezug auf Geschlecht in Form von institutionellen Ordnungen und Zeitvorgaben zeigt“ (ebd., S. 14–15), wie das Ehegattensplitting oder zu enge Kita-Öffnungszeiten. Das Auseinanderklaffen moderner Geschlechterarrangements und die „überkommene“ Verfasstheit sozialer Institutionen perpetuieren Ungleichheiten im Geschlechterverhältnis, in der Regel zu Lasten von Frauen. Ein aktueller Bericht des WSI zum Stand der Gleichstellung von Frauen und Männern auf dem Arbeitsmarkt in Deutschland (Lott et al., 2022) fasst die Ungleichheitsdynamiken wie folgt zusammen:

- Die bessere Qualifikation von Frauen führt bislang nicht zum Abbau der geschlechtsspezifischen Segregation des Arbeitsmarktes,
- die Frauenerwerbsbeteiligung steigt weiter, Frauen arbeiten aber häufiger in Jobs mit geringeren Karriereperspektiven,

- es gibt zwar eine Verbesserung bei der Lohngleichheit, aber der Gender Pay Gap bewegt sich weiterhin um 18 Prozent,
- die Teilzeitquote von Männern ist nach wie vor gering,
- Frauen tragen die Hauptlast der Care-Arbeit,

was auch die Corona-Pandemie nochmals unmissverständlich vor Augen geführt hat (Zucco & Lott, 2021; Ott 2022). Die größten Gender Gaps und Hürden für weibliche Lebens- und Berufskarrieren liegen derzeit in der Aufteilung der Kinderbetreuung sowie der Segregation des Arbeitsmarktes.

5 Fazit

Traditionelle – sozial konstruierte – Geschlechterstereotype beschreiben bestimmte Eigenschaften oder Verhaltensweisen von Personen, die wir ihnen aufgrund ihres Geschlechts zuschreiben oder aufgrund ihres Geschlechts von ihnen erwarten. Sie sind heteronormativ und gegengeschlechtlich konstruiert, sind relativ beständig bzw. verändern sich vergleichsweise schwer. Ihre Stabilität resultiert aus dem binären, hierarchischen Klassifikationssystem Frau-Mann, der Einfachheit und der Effizienz der Gendernormen. Und doch sind enge Normen, wie eine Frau/ein Mann zu sein oder auszusehen hat, mittlerweile aufgebrochen worden, nimmt die Fluidität in der geschlechtlichen Selbstzuschreibung zu, sind geschlechtliche Vielfalt und Lebensrealitäten von LGBTQI* sichtbarer und das Bewusstsein und die Akzeptanz für Diversität in der Gesellschaft insgesamt größer geworden. Vor allem Literatur, Film und Kunst sind Bereiche, in denen Vorstellungen und Normen von Geschlecht und Sexualität verhandelt und utopische Räume geschaffen werden, in denen neue Formen des Wahrnehmens und Denkens möglich werden (Hoenes, 2015, S. 50). Die beliebten Social Media Plattformen haben sich demgegenüber allerdings eher als Verstärker für stereotype Rollenbilder und traditionelle Denkweisen erwiesen, die in den Köpfen ihrer meist jugendlichen Nutzer*innen klassische Bilder von Weiblichkeit und Männlichkeit hervorrufen und verfestigen.

Die Frage also, ob Geschlecht in Zukunft vielleicht eine eher nebensächliche Rolle spielen könnte, muss angesichts der aktuellen Verfasstheit gesellschaftlicher Strukturen verneint werden. Trotz einer Vielzahl gesellschaftspolitischer Veränderungen und Wandlungsprozesse scheint die

„Tiefenstruktur“ (Hark, 2019, S. 171; Lenz, 2008, S. 147) des Geschlechterverhältnisses relativ unangetastet geblieben zu sein und „alle Transformationen der bürgerlichen Gesellschaft weitgehend unbeschadet überstanden zu haben“ (Hark, 2019, S. 171), und dies vor allem hinsichtlich der folgenreichen Auswirkungen der geschlechtsspezifischen Arbeitsteilung. Gerade weil der Androzentrismus aber in einigen Bereichen der Lebens- und Arbeitswelt eine Schwächung im Zusammenhang mit der Modernisierung der Rolle der Frau und nicht zuletzt auch im Zusammenhang mit „queeren Interventionen“ erfahren hat, wird „zur Stabilisierung der kulturellen Ungewissheit umso stärker auf Geschlechterstereotype zurückgegriffen“ (ebd., S. 177). Insgesamt bedarf es besserer bzw. geänderter institutioneller Rahmenbedingungen, die den Menschen eine flexible(re) Lebensgestaltung erlauben und so erst möglich machen, tradierte weibliche oder männliche Geschlechterrollen und mit ihnen verbundene Stereotype hinter sich zu lassen bzw. aufzuweichen. Der politischen und gesellschaftlichen Neuorganisation von Care kommt dabei eine Schlüsselrolle zu.

Literatur

Andresen, S., Lips, A., Möller, R., Rusack, T., Schröer, W., Thomas, S. & Wilmes, J. (2020) *Kinder, Eltern und ihre Erfahrungen während der Corona-Pandemie. Erste Ergebnisse der bundesweiten Studie KiCo*, Universität Hildesheim [Online]. Verfügbar unter https://doi.org/10.18442/121 [Zugriff am 03.05.2023].

Bakan, D (1966) *The duality of human existence: An essay on psychology and religion*, Oxford, Rand Mcnally.

Becker-Schmidt, R. (1987) „Die doppelte Vergesellschaftung – die doppelte Unterdrückung: Besonderheiten der Frauenforschung in den Sozialwissenschaften“, in Unterkircher, L. & Wagner, I. (Hg.) *Die andere Hälfte der Gesellschaft*. Wien, ÖGB Verlag, S. 10–25.

Beauvoir, S. de (1949) Le Deuxième Sexe 1. *Les faits et les mythes*. Paris, Gallimard.

Becker-Schmidt, R. (2003) „Zur doppelten Vergesellschaftung von Frauen. Soziologische Grundlegung, empirische Rekonstruktion“, Freie Universität Berlin, *Gender Politik Online*, S. 1–20 [Online]. Verfügbar unter https://www.fu-berlin.de/sites/gpo/soz_eth/Geschlecht_als_Kategorie/

Die_doppelte_Vergesellschaftung_von_Frauen/becker_schmidt_ohne.pdf; [Zugriff am 03.05.2023].

Bertelsmann Stiftung (2020) *Frauen gehen eigene Wege. Neue Rollen und Karrieren für zukunftsfähige Organisationen. Ergebnispublikation einer Expertinnenrunde unter Einbeziehung der Interviewstudie ‚Die Rollen der Frau – Rollenvorstellungen und Karriereentscheidungen* [Online]. Verfügbar unter https://www.bertelsmann-stiftung.de/fileadmin/files/user_upload/Rollenerwartungen_V25_K.pdf; [Zugriff am 03.05.2023].

Bittman, M. & Wajcman, J. (2000) „The rush hour: the character of leisure time and gender equity“, *Social Forces,* Vol. 79, No. 1, S. 165–189.

BMFSFJ/Bundesministerium für Familie, Senioren, Frauen und Jugend/Referat Öffentlichkeitsarbeit (Hg.) (2006) *Familie zwischen Flexibilität und Verlässlichkeit – Perspektiven für eine lebenslaufbezogene Familienpolitik. Siebter Familienbericht*, Berlin [Online]. Verfügbar unter https://www.bmfsfj.de/resource/blob/76276/40b5b103e693dacd4c014648d906aa99/7-familienbericht-data.pdf; [Zugriff am 03.05.2023].

BMFSFJ/Bundesministerium für Familie, Senioren, Frauen und Jugend/Referat Öffentlichkeitsarbeit (Hg.) (2018) *Zweiter Gleichstellungsbericht der Bundesregierung*. BT-Drucksache 18/2840, Berlin, 2. Aufl. (Oktober) [Online]. Verfügbar unter https://www.bmfsfj.de/blob/jump/119794/zweiter-gleichstellungsbericht-der-bundesregierung-bt-drucksache-data.pdf; [Zugriff am 03.05.2023].

Boll, C., Jahn, M., Lagemann, A. & Puckelwald, J. (2016) „Dauerhaft ungleich – berufsspezifische Lebenserwerbseinkommen von Frauen und Männern in Deutschland“, Hamburgisches WeltWirtschaftsInstitut, *HWWI Policy Paper 98*, Hamburg [Online]. Verfügbar unter https://www.hwwi.org/fileadmin/hwwi/Publikationen/Publikationen_PDFS_2017/Policy_Paper_98.pdf; [Zugriff am 03.05.2023].

Butler, J. (1991) *Das Unbehagen der Geschlechter*, Frankfurt a. M., Suhrkamp Verlag.

Bujard, M., von den Driesch, E., Ruckdeschel, K., Laß, I., Thönnissen, C., Schumann, A. & Schneider, N. F. (2021) *Belastungen von Kindern, Jugend-lichen und Eltern in der Corona-Pandemie*. BIB Bevölkerungsstudien 2 [Online]. Verfügbar unter https://www.bib.bund.de/Publikation/2021/pdf/Belastungen-von-Kindern-Jugendlichen-und-Eltern-in-der-Corona-Pandemie.pdf?__blob=publicationFile&v=6; [Zugriff am 03.05.2023].

Cuddy, A. J. C., Fiske, S. T., & Glick, P. (2004) „When Professionals Become Mothers, Warmth Doesn't Cut the Ice", *Journal of Social Issues, Vol. 60, No.* 4, S. 701–718 [Online]. Verfügbar unter https://doi.org/10.1111/j.0022-4537.2004.00381.x.

Diekman, A. B. & Eagly, A. J. H. (2000) „Stereotypes as dynamic constructs: Women and men of the past, present, and future", *Personality and Social Psychology Bulletin,* Vol. 26, No. 10, S. 1171–1188.

Eagly, A. H. (1987) *Sex differences in social behavior: A social-role interpretation*, Hillsdale, Erlbaum.

Eagly, A. H., Nater, C., Miller, D., Kaufmann, M. & Sczesny, S. (2019) „Gender stereotypes have changed: A cross-a cross-temporal meta-analysis of U.S. public opinion polls from 1946-2018", *American Psychologist,* Vol. 75, No. 3, S. 301–315.

Eagly, A. H. & Wood, W. (2012) „Social role theory", in Van Lange, P. A. M., Kruglanski, A. & Tory Higgins, E., *Handbook of Theories of Social Psychology: Volume 2*, Thousand Oaks, Sage Publications Ltd., S. 458–476.

Ebert, I. D. & Steffens, M. C. (2013) „Positionsartikel zum Forschungsprogramm. Explizite und implizite geschlechterbezogene Kognitionen heute", *Gender,* Heft 3, S. 26–40.

Eckes, T. (2010) „Geschlechterstereotype: Von Rollen, Identitäten und Vorurteilen", in Becker, R. & Kortendiek, B. (Hg.) *Handbuch Frauen- und Geschlechterforschung. Theorie, Methoden, Empirie*, 3., erweiterte und durchgesehene Aufl., Wiesbaden, VS Verlag für Sozialwissenschaften, S.178–189.

Fiske, S. T., Cuddy, A. J. C., Glick, P. & Xu, J. (2002) „A model of (often mixed) stereotype content: Competence and warmth respectively follow from perceived status and competition", *Journal of Personality and Social Psychology*, Vol 82, No. 6, S. 878–902.

FRA/European Union Agency for Fundamental Rights (2014) *Leben als Trans* in der EU. Vergleichende Datenanalyse aus der EU-LGBT-Erhebung. Zusammenfassung* [Online]. Verfügbar unter https://fra.europa.eu/sites/default/files/fra_uploads/fra-2015-being-trans-eu-comparative-summary_de.pdf; [Zugriff am 03.05.2023].

Garfinkel, H. (1967) *Studies in Ethnomethodology*, Englewood Cliffs, New Jersey, Prentice-Hall.

Götz, M. (2013) „Und täglich grüßt das Stereotyp. Warum sich bei den Geschlechterstereotypen so wenig bewegt und bewegen wird“, *Televizion*, Vol. 26, Nr. 2, S. 59–63.

Götz, M. & Becker, J. (2019) „Das »zufällig« überkreuzte Bein. Selbstinszenierungsmuster von Influencerinnen auf Instagram“, *Televizion Digital*, Nr. 1, S. 21–32.

Götz, M. & Prommer, E. (2020) *Geschlechterstereotype und Soziale Medien. Expertise für den Dritten Gleichstellungsbericht der Bundesregierung* [Online]. Verfügbar unter https://www.dritter-gleichstellungs bericht.de/; [Zugriff am 03.05.2023].

Greenwald, A., McGhee, D. & Schwartz, J. (1998) „Measuring Individual Differences in Implicit Cognition: The Implicit Association Test“, Journal of Personality and Social Psychology, Vol. 74, No. 6, S. 1464–1480.

Hagemann-White, C. (1984) *Sozialisation: Weiblich – männlich?* Opladen, Leske und Budrich.

Hannover, B. & Wolter, I. (2019) „Geschlechtsstereotype: wie sie entstehen und sich auswirken“, in Kortendiek, B., Riegraf, B. & Sabisch, K. (Hg.) *Handbuch Interdisziplinäre Geschlechterforschung*, Wiesbaden, Springer VS, S. 201–210 [Online]. Verfügbar unter https://doi.org/ 10.1007/978-3-658-12496-0_16.

Hark, S. (2019) „Same same but different? Einige Anmerkungen zur Frage des Wandels im Geschlechterverhältnis in der bürgerlichen Moderne“, in Rendtorff, B., Riegraf, B. & Mahs, C. (Hg.) *Struktur und Dynamik – Un/Gleichzeitigkeiten im Geschlechterverhältnis*, Wiesbaden, Springer VS, S.171–178 [Online]. Verfügbar unter https://link.springer.com/chap ter/10.1007/978-3-658-22311-3_11; [Zugriff am 03.05.2023].

Hausen, K. (1976) „Die Polarisierung der „Geschlechtscharaktere – Eine Spiegelung der Dissoziation von Erwerbs- und Familienleben“, in Conze, W. (Hg.) *Sozialgeschichte der Familie der Neuzeit Europas: neue Forschungen*, 1. Aufl. Stuttgart, Ernst Klett Verlag, S. 363–393.

Hentschel, T., Heilman, M. E. & Peus, C. V. (2019) „The Multiple Dimensions of Gender Stereotypes: A Current Look at Men's and Women's Characterizations of Others and Themselves“, *Frontiers in Psychology*, 30 January, Vol. 10 [Online]. Verfügbar unter https://doi.org/10.3389/ fpsyg.2019.00011.

Hoenes, J. (2015) „Trans* in den Kunst- und Medienwissenschaften“, in BMFSFJ/Bundesministerium für Familie, Senioren, Frauen und Jugend Referat Öffentlichkeitsarbeit (Hg.) *Geschlechtliche Vielfalt, Begrifflichkeiten, Definitionen und disziplinäre Zugänge zu Trans- und Intergeschlechtlichkeiten,* S. 50–56 [Online]. Verfügbar unter https://www.bmfsfj.de/resource/blob/93956/ba3f7d5070103da9f2b62d08b23b2bac/imag-band-1-gutachten-begrifflichkeiten-data.pdf; [Zugriff am 03.05.2023].

Kessler, S. J. & McKenna, W. (1978) *Gender: An Ethnomethodological Approach*, New York, Wiley.

Knapp, G.-A. (2009) *Geschlechterungleichheiten im Betrieb und in der Gesellschaft*, Vortrag im Rahmen der Tagung: Wege zur Entgeltgleichheit – Geschlechterungleichheiten im Betrieb und Gleichstellungsstrategien. 01.– 02.10. 2009 in Berlin, Hans-Böckler-Stiftung [Online]. Verfügbar unter https://www.boeckler.de/pdf/v_2009_01_10_knapp.pdf; [Zugriff am 03.05.2023].

Krüger, H. (2006) „Kulturelle Ungleichheit, Institutionen des Lebensverlaufs und die Zukunft der Geschlechterdifferenz“, in Rehberg, K.-S. (Hg.) *Soziale Ungleichheit, kulturelle Unterschiede: Verhandlungen des 32. Kongresses der Deutschen Gesellschaft für Soziologie in München. Teilbd. 1 und 2,* Frankfurt am Main, Campus Verlag, S. 144-158. [Online]. Verfügbar unter https://www.ssoar.info/ssoar/bitstream/handle/document/17603/ssoar-2006-kruger-kulturelle_ungleichheit.pdf?sequence=1&isAllowed=y&lnkname=ssoar-2006-kruger-kulturelle_ungleichheit.pdf; [Zugriff am 03.05.2023].

Lenz, I. (Hg.) (2008) *Die Neue Frauenbewegung in Deutschland. Abschied vom kleinen Unterschied. Eine Quellensammlung*, Wiesbaden, VS Verlag für Sozialwissenschaften.

Lerner, G. (1991) *Die Entstehung des Patriarchats*, Frankfurt am Main u. a., Campus Verlag.

Lott, Y., Hobler, D., Pfahl, S. & Unrau, E. (2022) „Stand der Gleichstellung von Frauen und Männern in Deutschland“, *WSI Report*, Nr. 72 (Februar) [Online]. Verfügbar unter https://www.boeckler.de/de/faust-detail.htm?sync_id=HBS-008259; [Zugriff am 03.05.2023].

MaLisa Stiftung (2019) *Weibliche Selbstinszenierung in den Neuen Medien. Ergebnisse einer Studienreihe* (Januar) [Online]. Verfügbar unter https://malisastiftung.org/wp-content/uploads/Selbstinzenierung-in-den-neuen-Medien.pdf; [Zugriff am 03.05.2023].

Meissner, H. (2008) „Die soziale Konstruktion von Geschlecht – Erkenntnisperspektiven und gesellschaftstheoretische Fragen“, Freie Universität Berlin, *Gender Politik Online* (Juni), S. 1–23 [Online]. Verfügbar unter https://www.fu-berlin.de/sites/gpo/soz_eth/Geschlecht_als_Kategorie/Die_soziale_Konstruktion_von_Geschlecht_____Erkenntnisperspektiven_und_gesellschaftstheoretische_Fragen/hanna_meissner.pdf; [Zugriff am 03.05.2023].

Micus-Loos, C. (2003) „Familien als Orte der Herausbildung, Tradierung und Veränderung von Geschlechtlichkeit“, in Zentrum für interdisziplinäre Frauenforschung (Hg.) *Warum noch Familie?* ZiF Bulletin Texte 26, S. 1–13.

Ott, N. (2022) *Diese ‚Perspektivlosigkeit' – Familien im Lockdown.* Explorative Studie im Auftrag des IGD und des LandesFrauenRat Schleswig-Holstein e.V. [Online]. Verfügbar unter https://www.fh-kiel.de/fileadmin/data/technologietransfer/institut_frauenforschung/publikationen/corona_studie_ott_barrierefrei.pdf; [Zugriff am 03.05.2023].

Oyewumi, O. (1997) *The Invention of Women. Making an African Sense of Western Gender Discourses*, Minneapolis/London, University of Minnesota Press.

Plan International Deutschland e.V. (2019) *Rollenbilder in den sozialen Medien und ihre Auswirkungen auf die Gleichberechtigung* [Online]. Verfügbar unter https://www.plan.de/presse/rollenbilder-in-den-sozialen-medien.html; [Zugriff am 03.05.2023].

Prommer, E. Wegener, C. & Linke, C. (2019) „Geschlechterdarstellungen auf YouTube. Das enge Spektrum der YouTuberin und das weite Feld der Männer“, *Forum Sexualaufklärung und Familienplanung*, 1, S. 16–20.

Riegraf, B. (2018) „Care, Care-Arbeit und Geschlecht: gesellschaftliche Veränderungen und theoretische Auseinandersetzungen“, in Kortendiek, B., Riegraf, B. & Sabisch, K. (Hg.) *Handbuch Interdisziplinäre Geschlechterforschung*, Wiesbaden, Springer VS [Online]. Verfügbar unter https://doi.org/10.1007/978-3-658-12500-4_172-1.

Rüling, A. (2007) *Jenseits der Traditionalisierungsfallen. Wie Eltern sich Familien- und Erwerbsarbeit teilen*, Frankfurt am Main, Campus Verlag.

Schein, V. E., Mueller, R. Lituchy, T. & Jiang Liu, J (1996) „Think Manager – Think Male: A Global Phenomenon?“, *Journal of Organizational Behavior*, Vol. 17, No. 1 (Jan.), S. 33–41.

Statista (2022) LGBTQI* – *Lesbische, schwule, bisexuelle, transsexuelle, queere und intersexuelle Menschen* (Dossier) [Online]. Verfügbar unter https://de.statista.com/statistik/studie/id/54532/dokument/lgbt/; [Zugriff am 03.05.2023].

Stiegler, B. (1999) *Welcher Lohn für welche Arbeit? Über die Aufwertung der Frauenarbeit* [Online]. Verfügbar unter http://library.fes.de/fulltext/asfo/00762.htm; [Zugriff am 03.05.2023].

Storage, D., Charlesworth, T. E. S., Banaji, M. R. & Cimpian, A. (2020) „Adults and children implicitly associate brilliance with men more than women“, *Journal of Experimental Social Psychology*, Vol. 90 (September) [Online]. Verfügbar unter https://doi.org/10.1016/j.jesp.2020.104020.

Turner, L., Whittle, S. & Combs, R. (2009) *Transphobic Hate Crime in the European Union* [Online]. Verfügbar unter https://www.ilga-europe.org/sites/default/files/transphobic_hate_crime_in_the_european_union_0.pdf; [Zugriff am 03.05.2023].

West, C. & Zimmerman, D. (1987) „Doing Gender“, *Gender and Society*, Vol. 1, No. 2 (June), S. 125–151.

Wippermann, C. (2016) *Was junge Frauen wollen. Lebensrealitäten und familien- und gleichstellungspolitische Erwartungen von Frauen zwischen 18 und 40 Jahren*. Herausgegeben von der Friedrich-Ebert-Stiftung/Forum Politik und Gesellschaft. Berlin. [Online]. Verfügbar unter https://library.fes.de/pdf-files/dialog/12633.pdf; [Zugriff am 03.05.2023].

Wolter, I. (2020) „Wie entstehen Geschlechtsstereotype und wie wirken sie sich aus?“ *BPJMAKTUELL*, Nr. 2, S. 4–9.

Woltersdorff, V. (2003) „Queer Theory und Queer Politics“, *UTOPIE kreativ*, Nr. 156 (Oktober), S. 914–923.

Zinn, S., Kreyenfeld, M. & Bayer, M. (2020) „Kinderbetreuung in Corona-Zeiten: Mütter tragen die Hauptlast, aber Väter holen auf“, *DIW aktuell*, Nr. 51, S. 2–6 [Online]. Verfügbar unter www.diw.de/documents/publikationen/73/diw_01.c.794303.de/diw_aktuell_51.pdf [Zugriff am 03.05.2023].

Zoch, G., Bächmann, A.-C. & Vicari, B. J. (2020) „Kinderbetreuung in der Corona-Krise: Wer betreut, wenn Schulen und Kitas schließen?" *NEPS Corona & Bildung,* Bericht Nr. 3. [Online]. Verfügbar unter DOI: 10.13140/RG.2.2.26729.93288 [Zugriff am 03.05.2023].

Zucco, A. & Lott, Y. (2021) Stand der Gleichstellung. Ein Jahr mit Corona. *WSI-Report*, Nr. 64 (März) [Online]. Verfügbar unter https://www.boeckler.de/pdf/p_wsi_report_64_2021.pdf; [Zugriff am 03.05.2023].

zukunftsInstitut (2023) *Megatrend Gender Shift* [Online]. Verfügbar unter https://www.zukunftsinstitut.de/dossier/megatrend-gender-shift/; [Zugriff am 03.05.2023].

Helga Krüger-Kirn

Der Mythos der guten Mutter. Zeithistorische Kontinuitäten elterlicher Gefühlspolitik

Motherhood and maternity are closely linked not only individually but also socially to our ideas of family. These in turn are directly linked to notions of gender and childhood and as such to the values and norms of a society. Despite a societal change in work and family relations, we encounter invisible ideas both in society and in the actions of parental subjects. They address certain gender ideas in the context of family structures, which justify a daily reference to heteronormative motherhood and fatherhood positions in the media and political public sphere. In addition to religious contexts of justification, a naturalising equation of motherhood, motherly love and motherliness has played a central role since the 18th century and justifies the position of women within the family and society. As engrams in the system of gender binarity, they continue to operate unconsciously to this day, and are thus still effective as implicit presuppositions regarding mothering. My central hypothesis for the article is that gender discourses represent a subtle but even more powerful hinge for which cultural knowledge bodies on the meaning and position of mother and father and the parent-child relationship become relevant and in what way. With a historical perspective, the article questions the meaning of the concepts of motherhood and maternity and their intertwining with normative premises and claims to power, which in the course of historical habits of thought, standardisation and social differentiation processes have been reflected in many ways in the language and forms of gender subjectivation.

Keywords: Mythos Mutterschaft, Mütterlichkeit, Mutterbilder, Heteronormativität, Familienbilder, Doing Mothering

1 Einleitung

Es ist ein großes Verdienst der Geschlechterforschung, die mit Geschlecht verbundenen Verhaltensweisen und Stereotype nicht mehr als unveränderbar mit der Natur beziehungsweise Biologie zu begründen, sondern als kulturell konstruierte Konstrukte zu erforschen. Damit eröffneten sich Forschungsperspektiven, Stereotype von ‚Männlichkeit' und ‚Weiblichkeit' als Positionen zu reflektieren, denen eine vermeintliche geschlechtliche Gemeinsamkeit zugeschrieben wird. Der alltägliche Ausspruch ‚*das war wieder typisch Frau (Mann)*‘ ebenso wie Bestsellerbücher wie ‚*Warum Männer nicht zuhören und Frauen schlecht einparken*‘ (Pease & Pease, 2000) beschreibt diesen Tatbestand anschaulich und verweist auf soziale Handlungszusammenhänge, in denen Stereotype aufgerufen und jegliche Unterschiede ausgeblendet werden. Um den damit einhergehenden geschlechtlichen Fundamentalismus zu markieren, haben Regina Becker-Schmidt und Axeli Gudrun Knapp bereits in den 1990er Jahren Geschlecht als eine „Strukturkategorie“ konzeptualisiert. Sozio-historische Perspektiven auf kulturell entwickelte Diskriminierungen und Ungleichheitsordnungen der modernen Gesellschaft verdeutlichen, dass Frauen und Männern selbst innerhalb gleicher Schichten via Geschlecht ein unterschiedlicher sozialer Status zugewiesen wird (Becker-Schmidt & Knapp, 2011, S. 42–43). Das in diesem Forschungszusammenhang stehende Theoriekonzept der Intersektionalität (Crenshaw, 1989; Winker & Degele, 2010) erweitert den Fokus auf die Wechselwirkungen zwischen Geschlechterungleichheit und der nach Klasse, Migration, „Rasse“ und Sexualität.

Den Wechselwirkungen zwischen Geschlecht und sozialem Gefüge der Gesellschaft begegnen wir auch mit Blick auf Elternschaft. Nicht nur im familiären Zusammenleben, sondern auch in der Gesellschaft, gründen die Vorstellungen und Anforderungen an Mutterschaft und mütterliche Versorgungsarbeit bis heute nahezu ungebrochen auf binären Geschlechterkonzepten und charakterisieren Mutterschaft als typisch weibliche Eigenschaft. Wenngleich das Bild familiärer Strukturen vielfältiger geworden ist und tradierte Leitbilder von Mutterschaft und Vaterschaft mittlerweile in Bewegung sind, gestaltet sich die Veränderung der Mutterbilder bis heute problematisch. Dabei lässt sich trotz politischer und gesellschaftlicher Bemühungen um Gleichstellung der Geschlechter sowohl auf medialer wie politischer Ebene als auch bei den individuellen Einstellungen nach wie vor eine Referenz auf tradierte vergeschlechtliche Elternbilder und Rollenvorstellungen nachzeichnen (Koppetsch & Speck, 2015; Krüger-Kirn & Tichy, 2020). Im Zuge dessen werden insbesondere jene Mutterbilder aufgerufen, die sich auf einen vermeintlich biologisch begründeten Zusammenhang von Mutterschaft und Mütterlichkeit stützen. Demzufolge wird die Mutter*[1] qua hormoneller Konstitution und körperlicher Schwangerschaftserfahrung als primäre Bezugsperson für eine gelingende Entwicklung des Kindes im Rahmen der Familie adressiert und durch alltagspsychologische Erkenntnisse zur kindlichen Entwicklung (Diabaté, 2015) gestützt. Diese Grundannahmen spiegeln sich auch in der Popularität der „modernisierten Versorger-Ehe" als meist gelebtem Familienmodell wider und untermauern das bisherige Beharren auf traditionellen Geschlechter- und Familienstrukturen (Bundesinstitut für Bevölkerungsforschung, 2017). Ein weiterer Aspekt dabei ist auch, dass Arbeit ausschließlich als Lohnarbeit definiert wird, reproduktive Arbeit taucht in diesem Arbeitsverständnis nicht auf. Neben den vielfältigen Zuschreibungen sind spätestens mit der Corona-Pandemie die bestehenden systemischen und strukturellen Ungleichheiten im Familienleben in aller Deutlichkeit in das öffentliche Bewusstsein gerückt. Dies deutet auf ungelöste Widersprüche in den elterlichen Identitätsentwürfen hin und legt die Vermutung nahe, dass neben beruflichen und finanziellen Herausforderungen, welche die Vereinbarkeit von Beruf und Muttersein strukturell erschweren, tradierte Weiblichkeits- und Mutterschaftsvorstellungen mit der Geburt des Kindes virulent werden.

Anders als beim Aufbrechen anderer Stereotype – zum Beispiel, was die intellektuellen Fähigkeiten von Frauen oder deren Berufstätigkeit angeht – handelt es sich hier offensichtlich um weitaus tiefgreifendere und historisch etablierte Positionen im System der Zweigeschlechtlichkeit. Diese scheinen im individuellen wie gesellschaftlichen kollektiven Gedächtnis tief verankert und werfen nicht nur die Frage nach transgenerationalen Vermittlungsprozessen dieser Stereotype auf, sondern auch, welche Machtmechanismen diesen zugrunde liegen.[2]

---

1 Ich formuliere meine Überlegungen mit Bezug auf die gegenwärtige symbolische Ordnung der Zweigeschlechtlichkeit (Rede von Männern und Frauen) und als Hinweis auf den Konstruktionscharakter von Männern* und Frauen* bzw. Mutter* und Vater*. Als spezifische (Selbst-)Positionierung resp. (Selbst-) Zuschreibung verwende ich das Zeichen „*" exemplarisch an einzelnen Stellen.

2 Auf die Verbindung mit weiteren Facetten von Weiblichkeit wie die Figuren von »hübsch«, »sanft« und »zart«, die ebenfalls stereotype Verhaltensweisen repräsentieren und eng mit dem mütterlichen Mythos verwoben sind, kann hier nicht eingegangen werden.

Ein Baustein, um das traditionell dichotome Verständnis von Mutterschaft und Vaterschaft aufzubrechen, ist, Mutterschaft als kulturelle Denkfigur in einen historischen Kontext zu stellen. Im Folgenden beziehe ich den Begriff Mutterschaft mit Bezug auf Adrienne Rich (1979) auf die biologisch-körperliche und leiblich psychische Erfahrung der Zeugung eines Kindes und der Schwangerschaft bis hin zur Geburt. Mutterschaft geht jedoch nicht nur mit körperlich-leiblichen und psychischen Erfahrungs- und Transformationsprozessen einher, sondern ist gleichzeitig mit Identitätszuschreibungen verknüpft, die sich auf Fürsorge- und Versorgungstätigkeiten des Kindes beziehen. Diesen Erfahrungs- und Lebensbereich fasse ich unter dem Begriff Mütterlichkeit zusammen. Gleichwohl fließen in unserem Alltagsverständnis von Mutterschaft beide Lebensbereiche unreflektiert ineinander und sind bis heute entlang einer Spaltung in die gute versorgende versus böse egoistische Mutter tief in uns eingebrannt.

2 Zeithistorische Perspektiven auf die Figur der guten Mutter

Trotz zahlreicher anthropologischer Studien, die in verschiedenen Kulturkreisen unterschiedliche Auffassungen darüber zeigen, was unter typisch weiblich und mütterlich verstanden wird (Gottschalch, 1984, S.95), sind die Vorstellungen von guter Mutter und Mütterlichkeit eng an die Figur der Mutter gebunden. So spricht Lutz (2015, S. 245–246) von „universal standards for good motherhood", welche beinhalten, dass „it is the mother – and only the mother – who should be the primary caregiver responsible for bringing up healthy children and quality citizens". Als vermeintlich kulturelle Selbstverständlichkeiten spielen diese Mutterschaftsvorstellungen nicht nur für den individuellen Erfahrungshorizont eine tragende Rolle, sondern prägen auch wissenschaftliche Disziplinen wie die Psychologie, Pädagogik und Soziologie. Zudem ist hier bis heute eine undifferenzierte und problematische Untertheoretisierung von Mutterschaft zu verzeichnen (Koellreuter, 2000; Krüger-Kirn, 2015; Haller & Schlender, 2022).

Die Darstellung der Mutterfigur geht in den westlichen Gesellschaften auf den dominanten christlichen Einfluss zurück und wird anhand der Figur Marias verhandelt. Das wohl häufigste Bildmotiv des Mittelalters ist die Darstellung der Maria mit dem Jesusknaben. Unauflösbar damit verbunden stellt die Verklärung dieser Mutterfigur das Verhältnis von Weiblichkeit und Mütterlichkeit in einen patriarchalen Kontext. Die Anrufung, nicht gegen die Rolle der Mutter aufzubegehren, sondern sie als natürliche (Schöpfungs-)Ordnung zu akzeptieren, fungiert gleichzeitig als Legitimierung der Überlegenheit des Mannes. Mit der Jungfrau Maria als Verkörperung der christlichen Nächstenliebe und auch der Mutterliebe gilt sie als der Inbegriff weiblicher* Reinheit und damit als geschlechtsloses Wesen. Im Unterschied zur madonnenhaften Maria verdichten sich in der Figur der Eva und Lillith die unkalkulierbaren, selbstsüchtigen und sexuellen und Kinder vernachlässigenden Aspekte.[3] Um die patriarchale Imagination der guten Mutter zu erfüllen, muss die Mutterfigur aufgespalten und durch das Gegenbild der guten Mutter gezähmt und auf das der hingebungsvollen und aufopferungsvollen Mutter reduziert werden. In diesem Sinne spiegeln die im kollektiven Gedächtnis und der symbolischen Ordnung der Geschlechter repräsentierten Formen von Mutterschaft patriarchale Imaginationen wider, deren idealtypisch verzerrte Vorstellungen weiterhin die Grundlage für die Tradierung von mütterlichen Stereotypen bilden. Daher berührt der Muttermythos nicht nur die Ebene von Mutter und Kind, sondern schließt das Geschlechterverhältnis sowie die gesellschaftliche Ebene mit ein.

2.1 Mythos Mutterschaft im 19. und 20. Jahrhundert

Im Folgenden konzentriere ich mich auf den ‚Mythos Mutterschaft' im 19. und 20. Jahrhundert. Gleichwohl gehen historische Analysen der Geschlechterzuordnungen zu Mutter- und Vaterschaft weit über diesen Zeitraum hinaus. Einschneidende Veränderungen haben sich im Zuge der sog. Neolithischen Revolution vor ca. 5000 Jahren einhergehend mit einer Kultivierung des Ackerbaus und Sesshaftigkeit entwickelt.

---

3 In der sumerischen Mythologie wird sie als Göttin und auch in der Bibel bei Jesaja 34.14 als weiblicher Dämon (die Nächtliche) erwähnt. Im Talmud ist Lilith die erste Frau Adams, verstand sich als ebenbürtig und frei, weigerte sich, Adam zu dienen, was Gott missfiel. In der Frauenbewegung gilt die Hexe als positives Symbol für die unangepasste, autonome und potente Frau, die sich dem Mann nicht unterwirft und zudem Zugang zu einem Wissen über die geheimen Kräfte der Natur (sprich auch Sexualität) hat.

Eine weitere Zementierung der Verbindung von Mutterschaft und Weiblichkeit vollzog sich im Zuge der Industrialisierung und steht eng mit der strukturellen Trennung von produktiver Erwerbsarbeit und reproduktiver Familienarbeit in Verbindung. Mit der Entstehung der Kleinfamilie reduzierte sich der umfangreiche Aufgabenkatalog der Frau*, den sie noch in der gemeinsam wirtschaftenden, großen Haushaltsfamilie zu erfüllen hatte und verschob sich zunehmend auf die Rolle der fürsorgenden Ehefrau und Mutter. Historische Analysen zeigen, dass die Charakterisierung von Mutterliebe und der Mythos der guten Mutter nicht zuletzt vor dem Hintergrund der Entwicklung von Wohlfahrts- und Nationalstaaten, im 19. und 20. Jahrhundert „hochgradig politisierte Themen" (Baader, 2018, S. 32) waren. Zu dieser Rollenkonstruktion gehört auch, die Frau als Mutter in die häusliche Privatsphäre zu verweisen und zugleich aus der politischen Öffentlichkeit herauszudefinieren (Holland-Cunz, 2014; Pateman, 2000).

Während mit der französischen Revolution 1789 ein Umbruch von Feudalgesellschaft zu bürgerlicher Mündigkeit verbunden ist, verweisen Historikerinnen wie Christina von Braun (2021) darauf, wie andererseits die Freiheit und der Handlungsraum von Frauen eingeschränkt wurde. Legitimation fanden diese Einschränkungen weiblicher Unabhängigkeit durch Philosophen der Aufklärung – allen voran Jean Jacques Rousseau (1762). Er entfaltete und propagierte ein Ideal von Weiblichkeit, das den Frauen Sittsamkeit, Hingabebereitschaft und ein Leben im Dienste der Familie und des Mannes zuweist.[4] Im Zuge dessen wird ein genuin einheitlicher Geschlechtscharakter und eine allgemeingültige, natürlich-biologische Bestimmung unterstellt. Aus der patriarchalen Perspektive

4 Rousseau sah die Charaktereigenschaften als geschlechtsspezifisch und komplementär. Er glaubte, Frauen seien von Natur aus schwach, passiv, schüchtern und ihre Unschuld, ihre Treue und ihr Ruf von großer Wichtigkeit. Rousseau machte auch das innige Verhältnis zwischen Vater und Tochter zur ‚Mode'. Das liebevolle Zueinandergesellen von Vater und Tochter, das sich unter Ausschluss der Mutter vollzieht, entspricht der westlichen Tradition des meist verschleierten sexuellen Anspruchs des Vaters auf die Tochter, wie sie von Boose & Flowers (1989) in *Daughters and Fathers* interpretiert wird. Dieser Anspruch hat sich nach Boose & Flowers trotz Inzest-Tabu erhalten. In patriarchalen Lesarten des klassischen Ödipuskomplexes von Freud wird die Missachtung dieser Schranke in das Kind verlagert (Anm.: Krüger-Kirn).

gelten diese Vorstellungen, Rechte und Pflichten für das gesamte weibliche* Geschlecht vom Bauernmädchen bis zur hochadeligen Regentin. Diese *neue Weiblichkeit* um 1800 wiederum wurde zur *Natur der Frau* erklärt und durch das *Konzept der Mutterliebe* zementiert. In enger zeitlicher Verbindung steht im 19. Jahrhundert die *Entdeckung der Kindheit* (Ariès, 1975; Metz-Becker, 2016). Im Zentrum dieser normativen Natürlichkeitsrhetorik wurde Mutterschaft nicht nur als wesensbestimmend für die Frau charakterisiert, sondern verknüpft mit mütterlichen Zuständigkeiten und Eigenschaften enorm aufgewertet.

Auf diese Weise wurde die geschlechtsspezifische Arbeitsteilung zu einer der entscheidenden Determinanten der hierarchisch strukturierten traditionellen Geschlechterverhältnisse. Mütterlichkeit und Mutterliebe – so viel ist deutlich geworden – war nicht zu allen Zeiten gleich und schon gar nicht als angeborene Weiblichkeit per se vorhanden. Obwohl keineswegs statisch oder gar „natürlich", bleibt das Ideal der „guten Mutter" fest verankert.

Als Inbegriff der Mutterliebe wird nicht nur eine gute Kindheit an die Mutter gebunden, sondern eindimensional mit weiblichen Eigenschaften verknüpft.

2.2 Mutterbilder im 20. Jahrhundert

Eine Modernisierung der Perspektiven auf Mutterschaft stand im ersten Drittel des 20. Jahrhunderts zunehmend in einem wissenschaftlichen Kontext. Vor allem durch die Wissenschaften der Medizin, Pathologie, Anthropologie, Psychiatrie, Bevölkerungs- und Sozialpolitik sowie durch Statistik wurde Mütterlichkeit wissenschaftlich untermauert und ‚als weibliches Wesensmerkmal' in den Kontext politischer und biopolitischer Programmatiken gestellt (Toppe, 2021, S. 26)

Auch für die bürgerliche Frauenbewegung in dieser Zeit hatte die Rolle der Frau als Mutter und die Bedeutung der Mutterschaft für den weiblichen Lebensentwurf und die Lebenschancen von Frauen eine zentrale, wenn auch kontrovers diskutierte Bedeutung. Gleichwohl kann die Politik der Frauenbewegung „[…] bis weit ins 20. Jahrhundert als Politik der Mütterlichkeit bezeichnet werden" (Jacobi, 2013, S. 249). Erste Forschungen aus den Reihen der bürgerlichen Frauenbewegung zur Institution

Familie im Spannungsfeld zwischen Familie und Staat konzentrierten sich auf die mit Mutterschaft verbundenen Lebenswirklichkeiten. Sabine Toppe (2021) knüpft im Rahmen ihrer Studien zu prekärer Mutterschaft an heute fast vollständig vergessene Ergebnisse der *Deutschen Akademie für soziale und pädagogische Frauenarbeit* unter dem Vorsitz von Alice Salomon (1930) an, die ein vielfältiges und differenziertes Bild von Mutterschaft und Familie am Ende der Weimarer Republik zeigen. Insbesondere die materielle Lage, überkommene Rollenbilder, die Nicht-Vereinbarkeit von Familie und Erwerbstätigkeit, das Verhältnis von Schule und Familie und die Zeitökonomie innerhalb der Familie sowie die Situation der Alleinerziehenden spiegelt eine alltägliche Lebenswirklichkeit wider, in der es der Mutter nicht nur an Schutz und Hilfe fehlt, wie Alice Salomon (1908, S. 47) öffentlich konstatiert, sondern die biologisch definierte Idealisierung der Mütterlichkeit aufs Schärfste widerlegt.

Die Sichtbarmachung gravierender Missstände hin zu einem tiefgreifenden sozialen Paradigmenwechsel wurde 1933 von den Nationalsozialisten abrupt abgebrochen und rückgängig gemacht. Im Nationalsozialismus wird Mütterlichkeit nun als Profession von Weiblichkeit definiert. Die faschistische Vorstellung der Frau als naturbestimmtes Wesen zur Mutterschaft wird zum Natur-Körper, der bedürfnislos einem höheren Ziel untergeordnet ist. *Offensichtliche Verknüpfungen mit Naturwesen und Nation verschwimmen zugunsten einer* Herrschaftsideologie, *wobei die dominierende Figur der Frau als Mutter bestehen bleibt. Neben der absoluten Überhöhung des Mythos der deutschen Mutter (Vinken, 2007) im Nationalsozialismus kommt es im Nachkriegsdeutschland zu weiteren Verschiebungen in den Begründungszusammenhängen zur Bedeutung der Mutter.* Unter dem Vorzeichen des verlorenen und des Kalten Krieges kommt es in den fünfziger Jahren zu einer Re-Etablierung von patriarchalen beziehungsweise heteronormativen traditionellen Familienvorstellungen. Eine weit verbreitete und auch in der theoretischen Debatte sehr verankerte Hypothese idealisiert die Sehnsucht nach Familie als Ort der Geborgenheit. Nicht zuletzt von Kirche und Konservativen wurde die Verklärung der traditionellen patriarchalen Familie vorangetrieben. Dagmar Herzog (2018) arbeitet in ihren Analysen anhand politischer und klerikaler Debatten heraus, wie die Abwehr von Schuld und Destruktivität zu einer Verklärung und einem Wiedererstarken der traditionellen Familie führen.

Eindrücklich legen ihre Analysen Bestrebungen offen, wie die Nachkriegs-Bundesrepublik Deutschland versucht, die Erinnerung an den Nationalsozialismus zu manipulieren und die moralische Debatte der Mitschuld am Massenmord auf eine private Moraldebatte zu verschieben. Eine nachhaltige Strategie dabei ist, sich intensiv mit Fragen von Sexualität, Keuschheit und Reinheit zu beschäftigen. Doch diese betrifft Männer und Frauen in unterschiedlicher Weise. Rückblickend lässt sich nachvollziehen, wie im Rahmen einer wiedererstarkenden und von konservativen und kirchlichen Kräften lancierten Abtreibungsdebatte und damit die Frage von Destruktivität beziehungsweise das Recht über Leben und Tod zu entscheiden, nun geschlechtsspezifisch aufgespalten und der Frau zugeschrieben wird. Fragen der Schuld und Verantwortung über das Leben werden auf diese Weise im Körper der Frau deponiert. Mit Freud lässt sich hier in doppelter Hinsicht von einer Schiefheilung (Freud, 1921) sprechen, indem unter Rekurs auf das tradierte gespaltene Mutterbild weibliche Selbstbestimmung auf körperliche bzw. mütterliche Selbstbestimmung reduziert wird und verknüpft mit Fragen der Moral und Schuld patriarchalen Geschlechterhierarchien unterworfen wurden. Mit anderen Worten: über die geschlechterstereotype Aufspaltung der Destruktivität und Verantwortung gelang darüber zunächst eine Abkehr von der gesamtgesellschaftlichen Verantwortung.[5]

Seit den 60er Jahren des letzten Jahrhunderts hat sich mit der Bildungsreform und neuen Verhütungsmethoden das Leitbild und Selbstbild der Frau* nachhaltig verändert. Damit ging auch einher, dass die kategorische Festlegung des weiblichen Selbstwertes auf Mutterschaft aufgelöst wurde. Simone de Beauvoirs (1951 [1949]) zentrale Erkenntnis, dass man nicht als Frau geboren, sondern zur Frau gemacht werde, gilt in Westeuropa als prominenter Ausgangspunkt, um patriarchale Weiblichkeitsvorstellungen insgesamt und konkret in Bezug auf Mutterschaft sowie eine Hierarchisierung der Geschlechter einschließlich einer Unterordnung der Frauen zu dekonstruieren. *Mit der Forderung nach dem Recht auf reproduktive und sexuelle Selbstbestimmung wurde* die kategorische Festlegung des weiblichen* Selbstwertes auf die Mutterschaft abgelehnt. Familie und Kinderkriegen stehen nun in einem vermeintlichen Gegensatz zu bestimmten

5 Für eine differenzierte Analyse der Abtreibungsdebatte siehe Herzog, 2018, S. 76.

feministischen Autonomieidealen, weshalb Emanzipation darauf gerichtet war, sich von Familie bzw. Familiennormen zu emanzipieren und in dem Credo der kinderlosen, berufstätigen Frau mündete. Im Zuge dessen hat sich das Spannungsverhältnis zwischen Mutterschaft und Weiblichkeit verändert. Rückblickend wird für die Frauengenerationen in Westdeutschland – und seit den 1990er Jahren auch für die Frauen aus den neuen Bundesländern – eine hohe Ambivalenz festgestellt. Auf der einen Seite wird die tradierte Mutterrolle abgelehnt, deren ausschließliches Dasein für Mann und Kinder die Frau* in ihren weiteren Entwicklungsmöglichkeiten einschränkt. Dennoch wollen auf der anderen Seite viele Frauen* auch nicht auf Kinder verzichten und sind auf der Suche nach neuen, alternativen Modellen für ein partnerschaftliches Familienleben. Exemplarisch für die damit angestoßenen gesellschaftlichen Transformationsprozesse und den daraus folgenden Paradigmenwechsel steht die Herausforderung der geschlechtergerechten Vereinbarung von Erwerbstätigkeit und Haus- und Familienarbeit. Der familienpolitische Wandel zum sogenannten ‚Adult-Worker-Modell' stellt damit einen zentralen Wendepunkt und Paradigmenwechsel im kulturellen Leitbild von Mutterschaft dar. Der offensichtliche Leitbildkonflikt zwischen erfolgreicher Berufstätigkeit und dem Leitbild der guten Mutter mündet in einem Konzept der ‚Allround-Mom' bzw. Do-it-all mother (Krüger-Kirn & Tichy, 2020), das beide Leitbilder integriert.

Im Zuge der zeitgenössischen postmodernen Rhetorik einer „alles ist machbar Haltung" entwickelte sich ein neuer Mythos, der vorgibt, dass es für eine Frau* ganz einfach sei, ein Kind zu bekommen und großzuziehen, dabei im Beruf erfolgreich und zudem schön und begehrenswert zu sein. Unterlegt mit medialen Bildern von Supermüttern lebt die Tradition der Madonna fort und lässt überholt geglaubte Mutterbilder neu aufleben. Wie nachhaltig tradierte Mythen über Mutterschaft im gesellschaftlichen Diskurs verankert sind und traditionelle Rollenklischees transportieren, zeigen auch empirische Untersuchungen sowie die Ergebnisse unserer Studie zu Mutterschaft und Geschlechterverhältnisse (ebd.). In dieser Analyse im Rahmen des Forschungsprojekts „Mutterschaft und Geschlechter Verhältnisse" haben wir eine Analyse von drei Elternzeitschriften (*Nido*, *Eltern*, *Baby und Familie*) der Jahrgänge von 2010 bis 2017 durchgeführt sowie 17 Interviews mit Müttern (ebd.).

Dabei wurde deutlich, dass Familie nach wie vor ein stark normatives und affektiv aufgeladenes Konstrukt darstellt. Immer dort, wo Familie konzeptualisiert wird, werden implizit oder auch explizit elterliche Stereotype aufgerufen. Dieses Muster haben wir auch bei homosexueller Elternschaft entdeckt, deren Vorstellungen ebenfalls an der heterosexuellen Kleinfamilie orientiert sind und damit zwar als anders, aber normal konstruiert werden (Tichy & Krüger-Kirn, 2020). Wie sehr hierbei weibliche* Rollenklischees und traditionelle Normen transportiert werden, wird allerdings meist erst auf den zweiten Blick deutlich. Denn entlang einer feministischen Rhetorik werden auf manifester Ebene Selbstbestimmung und Liberalisierung orchestriert, wobei im Zentrum das Narrativ der ‚guten Mutter' als selbstverantwortlicher Einzelperson steht. Hier wird an tradierte Bilder angeschlossen und nimmt mit jedem neuen historischen Kontext eine veränderte Gestalt an, sodass das Mutterbild zugleich neu erscheint, dennoch aber so vertraut, dass es als ewig und naturgegeben auf diese Weise nie als imaginäres Phantasma lesbar wird. Wie tiefgreifend in diesem Phantasma Vorstellungen der guten versus schlechten Mutter wirksam sind und das Verbot einer selbstbestimmten Sexualität reproduziert, zeigt bspw. Emily Martin (1989) mit ihrer Untersuchung in Bezug auf den weiblichen* Umgang mit eigenen körperlichen Prozessen. Die Tatsache, dass bestimmte Körperzonen, die mit weiblicher* Potenz, Lust und Gebärfähigkeit zu tun haben, bis heute kaum kommuniziert werden, unterstreicht, wie massiv weibliche* Körperlichkeit einschließlich seiner Veränderungen ausgeblendet wird. Besonders markant zeigt sich dies in der Tabuisierung von sexueller Lust während der Schwangerschaft. Dass Frau* nicht darüber spricht, spiegelt einen Diskurs wider, der Frau* ausschließlich auf ihre reproduktive Mütterlichkeit reduziert (Tichy & Krüger-Kirn, 2019). Auf diese Weise werden patriarchale Mutter- und Weiblichkeitsvorstellungen perpetuiert, die die Lust und Freude schwanger zu sein in einen Raum der Ohnmacht und potenziellen Fremdbestimmung umfunktionalisieren und das Austragen eines Kindes weiterhin auf einen passiven Modus degradiert (Krüger-Kirn, 2016; 2022).

3 Ausschnitte aus den Studienergebnissen

Im Folgenden werden einige Dimensionen in Bezug auf elterliche Identitätsvorstellungen vertieft.

Vergeschlechtlichte Elternbilder
In den Zeitschriften dominiert das Bild einer strahlenden und in sich ruhenden Mutter, die nach der Geburt für eine Weile aus dem Beruf aussteigt, dann ihre Karriere weiterverfolgt und mit einem Lächeln auf den Lippen und dem Kind auf den Hüften Haushalt und Kind wuppt, entspannt und attraktiv bleibt, weil sie selbstfürsorglich und achtsam mit sich umgeht. Hausarbeit wird bei Müttern durchaus erotisiert dargestellt, indem von ‚wuppen' die Rede ist und mit Bildern von attraktiven, gutaussehenden Müttern mit Sexappeal unterlegt wird.

Demgegenüber ist die Darstellung von hausarbeitenden Vätern kaum zu finden und wenn, dann nicht gepaart mit attraktiven Bildern. Dazu passend finden sich Aussagen, in denen die Verbindung von Hausarbeit und Männlichkeit als unattraktiv beschrieben und damit Annahmen reproduziert werden, dass sich Männlichkeit und Fürsorgetätigkeiten ausschließen.

Zwar wird in den Zeitschriften die geschlechtliche Aufteilung der häuslichen Familienarbeit immer wieder problematisiert. Doch die Ursachendiskussion wird letztendlich auf die Verantwortung, ja man möchte sagen, Schuld der Mutter* und den Vorwurf zurückgeführt, dass Frau* ihn nicht genug machen lasse. Eine Reflexion der dahinterliegenden Rollenstereotype erfolgt nicht. Konflikte und Entscheidungen werden ins Private verschoben und dabei insbesondere als individuelle und/oder Beziehungsproblematiken verhandelt. Auf diese Weise wird eine geschlechtsspezifische Spaltung von gemeinsam zu lösenden Fürsorge- und Versorgungsaufgaben weiterhin tradiert. Dementsprechend bleibt unterbelichtet, dass es sich um kollektive Mutterschafts- bzw. Elternschaftszuschreibungen handelt, mit denen sich beide Eltern identifiziert haben, und in der Folge in einem gesamtgesellschaftlichen und geschlechterkritischen Zusammenhang betrachtet werden müssen. Stattdessen erfolgt hier paardynamisch betrachtet eine Verschiebung der elterlichen Herausforderungen auf die alleinige individuelle mütterliche Verantwortung. (Bsp.: Margrit Stamm (2018): Neue Väter brauchen neue Mütter).

Mutter-Kind-Beziehung
Das Primat der Mutter als Bindungsperson stellt die Mutter qua der körperlichen Nähe während der Schwangerschaft und ihrer hormonellen Konstitution als einzigartig und damit unersetzbar dar. In der medialen Konstruktion der Mutter-Kind-Beziehung wird deutlich, dass geschlechtliche Zuschreibungen von Zuständigkeiten meist implizit über eine vermeintlich biologische und somit natürliche Korrelation von Weiblichkeit* und Mutterschaft erfolgen.

Trotz dem Wissen um die vielen Kompetenzen, die eine Kindererziehung verlangt, erfolgt ein Rekurs auf eine mütterliche Intuition und wird als Ideal für mütterliches Verhalten herausgestellt. Dabei unterstreicht die Rede von einer Symbiose zwischen Mutter und Kind, dass die Mutter ganz in der Versorgung des Kindes aufgeht und für andere Bindungspersonen folglich kein Platz mehr ist. Neben der Funktionalisierung der Beziehung konstruiert die Annahme einer Mutter-Kind-Symbiose die Mutter als das natürliche Zentrum des Kindes. Dies führt dazu, dass alle anderen Personen, sei es der Vater, andere Bindungs- und/oder Betreuungspersonen, ausgeschlossen und als fremd vorgestellt werden.

Das Motiv der Symbiose wird vor allem über den Bezug auf die körperlichen Erfahrungen während Schwangerschaft, Geburt und Stillen legitimiert. Diese Erfahrungen werden als biologische Prozesse vor allem über die Wirkung von Hormonen auf das Verhalten der (werdenden) Mutter und das Kind erklärt. Hierbei wird der (werdenden) Mutter Subjektivität im Sinne von selbstbestimmter Körpererfahrung abgesprochen und stattdessen von einer „Steuerung" durch Hormone gesprochen. Es ist auffällig, dass Mütter*, die in den Zeitschriften und Interviews zu Wort kommen, über den Hormondiskurs eine ‚Selbstbiologisierung" übernehmen, um ihre eigenen Erfahrungen – angefangen von ihrer Verliebtheit in das Baby, über den Stillrhythmus bis hin zu ihrer Gereiztheit und Erschöpfung – zu beschreiben und einzuordnen. Der Aufbau der Beziehung wird als hormoneller oder natürlicher Prozess konstruiert und steht im Gegensatz zu einer erfahrungs- und beziehungsbasierten Entwicklung der Beziehung zwischen Mutter und Kind. Diese Muster finden sich auch in den (Selbst-)Beschreibungen lesbischer Elternschaften wieder. Derart diskursiv in der Sprache und den kulturellen Vorstellungen verwoben, bilden die inhärenten auf die Position der Mutter bezogenen Vorstellungen für heterosexuelle wie gleichgeschlechtliche und queere Eltern einen Normalitätsrahmen, der nur schwer zu überwinden scheint. Eltern werden daran nicht nur in alltäglichen Redeweisen über Familie und Elternschaft sowie entlang medialer Darstellungen gemessen, sondern richten ihre subjektiven Umgangsweisen und Erfahrungen selbst danach aus. Der Rekurs auf den Mythos der Natürlichkeit und Bedingungslosigkeit der Liebe der Mutter lässt Konflikte in der Mutter-Kind-Beziehung nicht zu. Als Mythos unerreichbar setzt er dennoch normative Maßstäbe und verkehrt sich in sein Gegenteil: Anstelle der Anerkennung der geleisteten Tätigkeiten gerät ein Mangel an Aufopferung in den Fokus, der als selbstverschuldetes Versagen mit Schuldgefühlen und Vorwürfen erlebt wird. Anstelle einer Dekonstruktion widersprüchlicher Vorstellungen zwischen modernen Anforderungen an Frauen*, „Karriere" zu machen und einer unbewussten Identifikation mit jenen transgenerational vermittelten, seit dem 18. Jahrhundert etablierten Weiblichkeitsbildern, die eng mit hingebungsvoller Mütterlichkeit verknüpft sind, kommen Mütter nicht nur in Konflikt, sondern das Scheitern ist vor diesem Hintergrund vorprogrammiert. Eine nicht gelingende Beziehung ist nahezu unvorstellbar und nur dann denkbar und legitim, wenn sie als postpartale Depression diagnostiziert und pathologisiert wird.

Der bis heute lebendige Mythos der guten Mutter ist ein wesentlicher Grund, weshalb mütterliche Versorgungstätigkeiten nicht als Tätigkeit anerkannt werden, sondern als naturgegebene Fähigkeit. Dabei bleibt die biologistische Argumentation als Ausdruck einer patriarchal-ödipalen Struktur beibehalten, indem die Mutter* als Hauptbindungsperson gesetzt und demgegenüber der Vater* als rettende Figur konstruiert werden kann, der das Kind aus der – vormals für die Mutter* als natürlich codierten – Symbiose löst und einen Weg in die Welt zeigt. Solange entwicklungspsychologische Erkenntnisse gesellschafts- und geschlechtertheoretisch unreflektiert rezitiert und an den jeweiligen gesellschaftlichen Kontext adaptiert werden, verdeckt der objektive Schein die ideologische Funktionalisierung entwicklungspsychologischer Theoreme. Denn die Erkenntnisse der Bindungstheorie (Bowlby, 1975) besagen keineswegs, dass die gebärende Mutter notgedrungen die zentrale Bindungsfigur des Kindes ist. Denn obwohl sowohl in der neurologischen Bindungsforschung (Feldman, 2015; Abraham et al., 2014) als auch mit psychoanalytischen Theorien (Kestenberg, 1975; Krüger-Kirn, 2015) nachgewiesen werden konnte, dass Mütterlichkeit *nicht* essenziell an Mutterschaft gebunden und Bindung weder personen- noch geschlechtsspezifisch ist, stellt die tradierte Gleichsetzung von Mutterschaft und Mütterlichkeit bis heute ein zentrales Fundament dar. Mütterlichkeit wird weiterhin über geschlechtliche Identitäten und Familienformen geschlechtsspezifisch naturalisiert und verhindert, Mütterlichkeit von der Kategorie Geschlecht unabhängig zu denken (Krüger-Kirn, 2017). Auf diese Weise werden menschliche Gefühle der Fürsorge und Bindung in einer Weise vergeschlechtlicht, die Väter* bzw. elterliche Partner* aus dem Konzept des Mütterlichen ausschließen. Dies begünstigt eine Schieflage, in der Mütterlichkeit bis heute – trotz einer zunehmenden geschlechterunabhängigen Elternbereitschaft – mit weiblichen* Geschlechtervorstellungen assoziiert bleibt.

Mütterlichkeit braucht kein Geschlecht

Vor dem Hintergrund eines entwicklungspsychologisch fundierten Wissens, dass alle Erfahrungen, die wir im Laufe unseres Lebens machen, körperlich gespeichert werden, wird das Körpergedächtnis (Freud, 1923; Bourdieu, 1998 [2005]) als Ort der bewussten und unbewussten Erinnerungen und für unser gegenwärtiges Handeln und Fühlen zum Dreh- und Angelpunkt. Seit Freud (1856-1939) gelten die Erfahrungen mit Mutter und Vater und deren bewusste und unbewusste Identifizierungen als Ausgangspunkt für die eigene Elternschaft und werden mit den eigenen mütterlichen und väterlichen Anteilen in Bezug gesetzt. Eben dieser Zusammenhang zwischen biographischen Erfahrungen und unserer körperlichen und emotionalen Gegenwart kommt in der Mutter- und Elternschaft in besonderer Weise zum Tragen. Denn in die Mutter-/Elternbilder gehen immer auch affektiv unterlegte Kindheitserinnerungen ein und beeinflussen unsere Umgangsweisen mit dem Kind.

Daran schließt eine Sicht auf Mütterlichkeit an, die zeigt, dass dieses Gefühl eng mit den biographisch erlebten Erfahrungen zusammenhängt und grundsätzlich für Frauen und Männer gilt. Chasseguet-Smirgel (1975) spricht von einer Befähigung zur Mütterlichkeit, die grundsätzlich für beide Geschlechter gilt. Sie betont die Repräsentanz einer inneren Mutter, die sich durch das eigene Erleben des Bemuttertwerdens konstituiert und als lebenslanges Modell dient (Pines, 1997). Mit Bezug auf bindungstheoretische Ergebnisse kann von intuitiver Elternschaft (Bowlby, 1975) oder primärer Mütterlichkeit (Kestenberg, 1975) gesprochen werden. Diese tragen alle Menschen in sich und wird sowohl phylogenetisch wie auch individuell tradiert. Auch in der Säuglingsforschung wird ein ähnliches Konzept vertreten. Stern (1998; Stern & Bruschweiler-Stern 2002) und Papoušek (1996) gehen davon aus, dass sich in der frühsten Interaktion mit der Mutter* beim Säugling ein präverbales Beziehungswissen und eine intuitive mütterliche Kompetenz entwickeln, die im prozeduralen Gedächtnis gespeichert und im Erwachsenenalter bei der Begegnung mit einem Säugling abrufbar sind. In der Konsequenz heißt das, Mütterlichkeit kann auch von anderen Personen als der leiblichen Mutter, das heißt geschlechtsunabhängig und somit erlernbar übernommen werden. Heute können wir an Vätern*, die die Versorgung des Kindes übernehmen, spürbar erleben, dass v.a. die Beziehungserfahrungen – die früheren aus der eigenen Kindheit sowie jene, die im Rahmen der Versorgungstätigkeit gemacht werden – eine zentrale Rolle auf die Entwicklung und Befähigung zu Mütterlichkeit ausüben.

Im Wesentlichen zeigen die Ergebnisse der Analysen, dass die Mutterposition einerseits als starke Figur gezeichnet wird, die selbstbestimmt, selbstverantwortlich und auf freien Entscheidungen gründend ihre Mutterschaft lebt. Nicht nur der Beruf, sondern auch die mütterliche Pflegearbeit stehen jetzt im Zeichen der Selbstverwirklichung und erfahren soziale Anerkennung. Insofern hat sich das Verhältnis der weiblichen* Identität und der Freiheitsgrad der Selbstbestimmung in Bezug auf Mutterschaft verändert. Dennoch zeigt sich eine Gleichzeitigkeit von Veränderung traditioneller Geschlechterstereotype in Bezug auf weibliche* und mütterliche Identität als auch eine Persistenz von traditionellen Elternbildern.

Wie in unserer Studie nachgezeichnet, scheint der gesellschaftliche Trend weiterhin ein Mutterbild zu lancieren, das die Frage der Bindung und damit des Kindeswohls an die Figur der Mutter bindet und via pädagogischer psychologischer Rhetorik wissenschaftlich untermauert. Dass daraus eine besondere Verpflichtung erwächst und insbesondere Mütter in ihren unbewussten und tradierten Mutterbildern anspricht, ist trotz einer geschlechtsneutralen Rhetorik nicht zu ignorieren. Die Mutter bleibt der Dreh- und Angelpunkt der kindlichen Entwicklung, der Bildungschancen und späteren Konkurrenzfähigkeit ihrer Kinder. Dass diese Argumentationsfiguren erneut Mütter* in die Verantwortung nehmen und eine

Mutterdominanz zementieren, fällt auf die Paarbeziehung zurück und erschwert den Wandel im Geschlechterverhältnis (Krüger-Kirn, 2013). So wundert es im Hinblick auf die empirisch festgestellten Differenzen zwischen den erklärten Einstellungen zu Mutterschaft und Vaterschaft und deren Umsetzung nicht, wenn Ungleichzeitigkeiten zwischen emanzipatorischen und traditionellen Mutterschafts- und Vaterschaftsentwürfen auftreten (Krüger, 2021).

4 Symbolische Räume geschlechterübergreifender Mütterlichkeit

Das Fazit *Mütterlichkeit braucht kein Geschlecht* dekonstruiert die Referenz auf die ‚natürliche' Zuständigkeit der Mutter für das Kind als ideologisches Konstrukt von Mutterschaft und Mütterlichkeit. Ein zukunftsweisender Paradigmenwechsel in Bezug auf eine geschlechtergerechte, elterliche Fürsorgeverantwortung und veränderte Familienkonstellationen adressiert daher nicht nur Mütter* und Eltern, sondern eine Kultur, die Mutterschaft und Mütterlichkeit gleichermaßen wertschätzt, respektiert und unterstützt.

Bis heute fehlt allerdings ein gesellschaftliches Verständnis, das Mütterlichkeit nicht als Engführung auf vergeschlechtlichte Zuschreibungen und Einschränkung begreift, sondern als emanzipatorische Positionierung im Lebensbereich um Elternschaft, Mutterschaft und Familie. Letztendlich geht es dabei um eine strukturelle Anerkennung von Mütterlichkeit als Tätigkeit, die sich auf Mütter und Väter, auf heterosexuelle, schwullesbische oder Einelternfamilien gleichermaßen bezieht. Gegenüber dem modernen Begriff der ‚care-Arbeit', der den Fokus primär auf die strukturellen Verhältnisse richtet, fokussiert das Konzept der Mütterlichkeit auf die spezifischen Tätigkeits- und Beziehungsebenen, die für eine gelingende körperliche und psychische Entwicklung des Kindes notwendig sind. Ein möglicher Zugang erscheint mir der Fokus auf ein *Doing Mothering,* der in Anlehnung an den von West und Zimmermann (1987) geprägten Begriff *doing gender* über ein *doing family* (Jurczyk, 2014) hinausgeht und Mütterlichkeit als Tätigkeit ins Zentrum rückt. Gleichzeitig ist damit ein selbstreflexiver und kritischer Bezug auf bisher vergeschlechtlichte Vorstellungen von Mütterlichkeit verbunden und rückt die Frage in den Vordergrund, welche unbewussten Konflikte sich artikulieren, wenn die Forderung nach *Mütterlichkeit braucht kein Geschlecht* unbewusste Geschlechtervorstellungen mobilisiert.

Bereits jetzt konterkarieren die praktischen Erfahrungen des *Doing Mothering* die geschlechtliche Fixierung von Mütterlichkeit und stellen genau jene Argumente der biologischen Stereotypisierungen zur Disposition. Ein Blick in die gelebte Realität familialer Elternschaften, in der andere Bezugspersonen als die leibliche Mutter* das Kind versorgen, untermauert, dass die augenscheinliche Fähigkeit zu Mütterlichkeit eben nicht geschlechtsgebunden ist. Sowohl aus sozialwissenschaftlicher Perspektive (Flaake, 2014) wie anhand bindungstheoretisch und neurobiologisch orientierter Studien (Abraham et al., 2014; Feldman, 2015) wurde gezeigt, dass eben nicht die Hormone Verhalten und psychische Einstellungen steuern, sondern vielmehr umgekehrt eine intensive Zuwendung zu einem Neugeborenen eine gewaltige hormonelle Umstellung in Gang setzt. Es kann nicht oft genug betont werden, dass es „die Bedürfnisse des Babys sind […, die] die Struktur des Gehirns bei denen, die sich ihm intensiv zuwenden“ verändern (Held, 2018, S. 153). Genau an dieser Stelle lassen sich die notwendigen Veränderungsmöglichkeiten einer geschlechterunabhängigen Mütterlichkeit verorten. In diesem Sinne markiert *Doing Mothering* einen prominenten Ort emanzipatorischer Möglichkeitsräume für geschlechterübergreifende Mütterlichkeit und trägt nicht nur zur Überwindung einer seit mehreren Jahrhunderten etablierten Arbeitsteilung bei, sondern auch einschränkender Stereotypisierungen mit entsprechenden Geschlechterzuordnungen. Eine Wertschätzung reproduktiver, also fürsorglicher Tätigkeiten steht daher in einem untrennbaren Verhältnis von neuen Mutter*- und Vater*bildern, die unsere Gesellschaft dringend benötigt.

Letztendlich gestaltet sich das Projekt Elternschaft daher als demokratische Herausforderung, die auf eine Ethik des wechselseitigen geschlechtlichen Respekts und zwischenmenschlicher Kooperation basiert.

Um Raum für emanzipatorische Praxen zu schaffen und dem bereits erfolgten Wandel der Eltern- und Familienbeziehungen Rechnung zu tragen, gehört neben der Reflexion geschlechtlicher Vorannahmen auch mit zu reflektieren, dass normative Vorstellungen von Mütterlichkeit bisher eine wichtige Säule in der Familienpolitik darstellen. Wir müssen uns, so meine These, neben den psychischen Fallstricken auf dem Weg zu gleichberechtigten elterlichen Geschlechterverhältnissen auch mit identitätspolitischen Interessenlagen auseinandersetzen. Auffällige Überschneidungen zwischen gesellschaftlichen Kräften, die eine Retraditionalisierung der Geschlechterrollen und das klassische Familienmodell in ihrer politischen Agenda verfolgen, untermauern die Notwendigkeit, Mütterlichkeit auch unter demokratischen Gesichtspunkten in Bezug zu aktuellen krisenhaften Entwicklungen in der Gesellschaft zu stellen. In diesem Zusammenhang zeigt die Soziologin Sabine Hark (2007) in ihren Studien einen Zusammenhang der Tendenz zur Biologisierung der Mutterschaft mit der ökonomischen Situation der Gesellschaft. Gerade strukturelle gesellschaftliche Bedingungen bringen immer wieder Diskurse hervor, die Figur des Mütterlichen in unserer Gesellschaft an die Frau zu binden. Um die fundamentale Aufgabe einer geschlechterübergreifenden Anerkennungspraxis fürsorglicher Reproduktionsarbeit gesamtgesellschaftlich zu verantworten, benötigen alle beteiligten Eltern* bzw. Familienformen geschlechterpolitische und sozioökonomische Strukturen gleichermaßen, um Beruf und reproduktive Familien- und Fürsorgeaufgaben gleichberechtigt zu verbinden.

Literatur

Abraham, E., Hendler, T., Shapira-Lichter, I., Kanat-Maymon, Y., Zagoory-Sharon, O., & Feldman, R. (2014) „Father's brain is sensitive to childcare experiences", *Proceedings of the National Academy of Sciences*, Vol. 8, No. 27, S. 9792–9797.

Ariès, P. (1975) *Geschichte der Kindheit,* München, Hanser-Anthropologie.

Becker-Schmidt, R. & Knapp, G.-A. (2011) *Feministische Theorien zur Einführung*, Hamburg, Junius Verlag GmbH.

Baader, M. (2018) „Von der Normalisierung zur De-Zentrierung. Mütterlichkeit, Weiblichkeit und Care in der Alten und in der Neuen Frauenbewegung", in Langer, A., Mahs, C. & Rendtorff, B. (Hg.) *Weiblichkeit – Ansätze zur Theoretisierung*, Jahrbuch Frauen- und Geschlechterforschung in der Erziehungswissenschaft 14, Opladen, Verlag Barbara Budrich, S. 15–37.

Badinter, Elisabeth (1981) *Die Mutterliebe. Geschichte eines Gefühls vom 17. Jahrhundert bis heute*, ungekürzte Aufl., München, Dt. Taschenbuch-Verlag.

Beauvoir, S. de (1951 [1949]) *Das andere Geschlecht. Sitte und Sexus der Frau*, Hamburg, Rowohlt Verlag.

Becker-Schmidt, R. & Knapp, G.-A. (2011) *Feministische Theorien zur Einführung*, Hamburg, Junius Verlag GmbH.

Boose, L. E. & Flowers, B. S. (Ed.) (1989) *Daughters and Fathers*, Baltimore, Johns Hopkins University Press.

Bourdieu, P. (1998 [2005]) *Die männliche Herrschaft*, Frankfurt/Main, Suhrkamp.

Bowlby, J. (1975) *Bindung. Eine Analyse der Mutter-Kind-Beziehung*, München, Kindler.

Braun, C. von (2021) *Geschlecht. Eine persönliche und eine politische Geschichte*, Berlin, Propyläen.

Bundesinstitut für Bevölkerungsforschung (2017) *Familienleitbilder – Alles wie gehabt? Partnerschaft und Elternschaft in Deutschland* [Online]. Verfügbar unter https://www.bib.bund.de/Publikation/2017/pdf/Familienleitbilder-Alles-wie-gehabt-Partnerschaft-und-Elternschaft-in-Deutschland.pdf?__blob=publicationFile&v=2; [Zugriff am 01.04.2023].

Chasseguet-Smirgel, J. (1975) „Bemerkungen zu Mutterkonflikt, Weiblichkeit und Realitätszerstörung", *Psyche – Zeitschrift für Psychoanalyse und ihre Anwendungen,* Vol. 29, Issue 9, S. 805–812.

Crenshaw, K. (1989) „Demarginalizing the intersection of race and sex: A black feminist critique of antidiscrimination doctrine, feminist theory, and antiracist politics", *University of Chicago Legal Forum,* 139, S. 139–167.

Diabaté, S. (2015) „Mutterleitbilder. Spagat zwischen Autonomie und Aufopferung", in Schneider, N. F., Diabaté, S. & Ruckdeschel, K. (Hg.) *Familienleitbilder in Deutschland.* Beiträge zur Bevölkerungswissenschaft 48. Opladen/Berlin/Toronto, Verlag Barbara Budrich, S. 207–226.

Feldman, R. (2015) „The adaptive human parental brain: implications for children's social development", *Trends in Neurosciences*, Vol. 38, Issue 6, S. 387–399.

Flaake, K. (2014) *Neue Mütter – neue Väter. Eine empirische Studie zu veränderten Geschlechterbeziehungen in Familien*, Gießen, Psychosozial-Verlag.

Freud, S. (1921) *Massenpsychologie und Ich-Analyse*, Wien, Psychoanalytischer Verlag.

Freud, S. (1923) *Das Ich und das Es*, Leipzig, Internationaler Psychoanalytischer Verlag.

Gottschalch, W. (1984) *Aufrechter Gang und Entfremdung*, Berlin, Klaus Wagenbach Verlag.

Haller, L. Y. & Schlender, A. (Hg.) (2022) *Handbuch Feministische Perspektiven auf Elternschaft*, Opladen/Berlin/Toronto, Verlag Barbara Budrich.

Hark S. (2007) *Dis/Kontinuitäten: Feministische Theorie*, Wiesbaden, VS Verlag für Sozialwissenschaften.

Held, T. (2018) „Das väterliche Gehirn", *Psyche – Zeitschrift für Psychoanalyse und ihre Anwendungen,* Vol. 72, Issue 2, S. 146–164.

Herzog, D. (2018) *Lust und Verwundbarkeit. Zur Zeitgeschichte der Sexualität in Europa und den USA*, Reihe: Jena-Center. Geschichte des 20. Jahrhunderts. Vorträge und Kolloquien, Bd. 24, Göttingen, Wallstein Verlag GmbH.

Holland-Cunz, B. (2014) *Die Natur der Neuzeit. Eine feministische Einführung*, Opladen/Berlin/Toronto, Verlag Barbara Budrich.

Jacobi, J. (2013) *Geschichte der Mädchen- und Frauenbildung in Europa. Von 1500 bis zur Gegenwart*, Frankfurt a. M./New York, Campus.

Jurczyk, K. (2014) „Familie als Herstellungsleistung. Hintergründe und Konturen einer neuen Perspektive auf Familie", in Jurczyk, K., Lange, A. & Thiessen, B. (Hg.) *Doing Family. Warum Familienleben heute nicht mehr selbstverständlich ist*, Weinheim/Basel, Beltz Juventa, S. 50–70.

Kestenberg, J. S. (1975) „Parenthood as a development phase", *Journal of the American Psychoanalytic Association*, 24, S. 213–251.

Koellreuter, A. (2000) *Das Tabu des Begehrens. Zur Verflüchtigung des Sexuellen in Theorie und Praxis der feministischen Psychoanalyse*. Gießen, Psychosozial-Verlag.

Koppetsch, C. & Speck, S. (2015) *Wenn der Mann kein Ernährer mehr ist. Geschlechterkonflikte in Krisenzeiten*, Frankfurt/Main, Suhrkamp.

Krüger-Kirn, H. (2013) „Paarberatung in Zeiten postmoderner Beziehungswelten – eine psychoanalytische und geschlechterkritische Annäherung", in Schnoor, H. (Hg.), *Psychosoziale Beratung*, Göttingen Vandenhoeck & Ruprecht, S. 240-250.

Krüger-Kirn, H. (2015) *Die konstruierte Frau und ihr Körper. Eine psychoanalytische, sozialwissenschaftliche und genderkritische Studie zu Körperpraktiken und Mutterschaft*, Gießen, Psychosozial-Verlag.

Krüger-Kirn H. (2016) „Mutterschaft auf der Couch", in Walz-Pawlita, Unruh, B. & Janta, B. (Hg.) *Körper-Sprachen*, Gießen, Psychosozial Verlag, S. 271–286.

Krüger-Kirn, H. (2017) „Mutterschaft und Emanzipation revisited. Ein interdisziplinärer Dialog zwischen theoretischer Reflexion von Mutterschaft und körperlich-sinnlichem Erleben", in Krüger-Kirn, H. & Wolf, L. (2017), *Mutterschaft zwischen Konstruktion und Erfahrung*. Opladen/Berlin/Toronto, Verlag Barbara Budrich, S. 155–173.

Krüger-Kirn H. (2021) „Mütterlichkeit braucht kein Geschlecht", in Krüger-Kirn, H. & Tichy, L. Z. (Hg.) *Elternschaft und Gendertrouble. Geschlechterkritische Perspektiven auf den Wandel der Familie*, Opladen/Berlin/Toronto, Verlag Barbara Budrich, S. 97–122.

Krüger-Kirn, H. (2022) „Un/Gleichzeitigkeiten im familialen Geschlechterverhältnis. Zur Dominanz und Marginalisierung des Ödipuskomplexes im psychoanalytischen und gesellschaftlichen Familien-Diskurs", in Schäfer, G., Martin, R. & Moeslein-Teising, I. (Hg.) *Zeitdiagnosen!?* Gießen, Psychosozial Verlag, S. 364–383.

Krüger-Kirn, H. & Tichy, L. Z. (2020) „Mutterschaft und Gendertrouble. Inszenierungen moderner und tradierter Mutterbilder", in Henninger, A. & Birsl, U. (Hg.) *Antifeminismen. ‚Krisen'-Diskurse mit gesellschaftsspaltendem Potential?* Bielefeld, transcipt, S. 193–230.

Krüger-Kirn, H. & Tichy, L. Z. (Hg.) (2021) *Elternschaft und Gendertrouble. Geschlechterkritische Perspektiven auf den Wandel der Familie*, Opladen/Berlin/Toronto, Verlag Barbara Budrich.

Lutz, H. (2015) „‚Good Motherhood'. A Dilemma For Migrant Women From Eastern Europe" in Amelin, A., Horvath, K. & Meeus, B. (Hg.) *An Anthology of Migration and Social Transformation. European Perspectives*, Wiesbaden: Springer, S. 245-258.

Martin, E. (1989) *Die Frau im Körper – Weibliches Bewusstsein, Gynäkologie und die Reproduktion des Lebens*, 1. Auflage, Frankfurt/Main, Campus Verlag.

Metz-Becker, M. (2016) „Mythos Mutterschaft. Kulturhistorische Perspektiven auf den Frauenalltag des 18. und 19. Jahrhunderts", in

Metz-Becker, M., Krüger-Kirn, H. & Rieken, I. (Hg.) *Mutterbilder: Kulturhistorische, sozialpolitische und psychoanalytische Perspektiven*, Gießen, Psychosozial-Verlag, S. 19–43.

Papousek, M. (1996) „Intuitive Parenting: A Hidden Source of Musical Stimulation in Infancy", in Deliage, I. & Sloboda, J. (eds.), *Musical Beginnings: Origins and Development of Musical Competence*, New York, Oxford University Press, S. 88-112.

Pateman, C. (2000) „Der brüderliche Gesellschaftsvertrag", in Braun, K., Fuchs, G., Lemke, C. & Toens, K. (Hg.) *Feministische Perspektiven der Politikwissenschaft*, München/Wien, Oldenbourg, S. 20–49.

Pines, D. (1997) *Der weibliche Körper. Eine psychoanalytische Perspektive*, Stuttgart, Klett-Cotta.

Pease A. & Pease, B (2000) *Warum Männer nicht zuhören und Frauen schlecht einparken,* Berlin, Ullstein Taschenbuch Verlag.

Rich, A. (1979) *Von Frauen geboren. Mutterschaft als Erfahrung und Institution*, München, Verlag Frauenoffensive.

Rousseau, J. J. (1762) *Du Contract Social; Ou, Du Droit Politique*, Amsterdam, Marc Michel Rey.

Salomon, A. (1908) *Mutterschutz und Mutterschaftsversicherung*, Leipzig, Duncker & Humblot.

Salomon, A. (1930) „Einführung", in Salomon, A. & Baum, M. (Hg.) *Das Familienleben in der Gegenwart. 182 Familienmonographien*, Berlin, Verlag F. A. Herbig, S. 7–22.

Salomon, A. & Baum, M. (1930) *Das Familienleben in der Gegenwart. 182 Familienmonographien*, Berlin, Verlag F. A. Herbig.

Schneider, N. F., Diabaté, S. & Ruckdeschel, K. (Hg.) (2015) *Familienleitbilder in Deutschland.* Beiträge zur Bevölkerungswissenschaft 48. Opladen/Berlin/Toronto, Verlag Barbara Budrich.

Stamm, M. (2018) *Neue Väter brauchen neue Mütter: Warum Familie nur gemeinsam gelingt*, Berlin, Piper.

Stern, D. N. (1998) *Die Mutterschaftskonstellation. Eine vergleichende Darstellung verschiedener Formen der Mutter-Kind-Psychotherapie*, Stuttgart, Klett-Cotta.

Stern, D. & Bruschweiler-Stern, N. (2002) *Geburt einer Mutter. Die Erfahrung, die das Leben einer Frau für immer verändert,* Frankfurt a. M., Brandes & Apsel.

Tichy, L. Z. & Krüger-Kirn, H. (2019) „The 'Do-It-All Mother' – Discursive Strategies and Post-Feminist Alliances in Parenting Magazines", *Open Gender Journal* 75, S. 1–14 [Online]. Verfügbar unter DOI: doi.org/10.17169/ogj.2019.75.

Tichy, L. Z. & Krüger-Kirn, H. (2020) „'Mama, Mami, Kind' – Zur Diskursivierung homosexueller Elternschaft in Elternzeitschriften", in Peukert, A., Teschlade, J., Wimbauer, C., Motakef, M. & Holzleithner, E. (Hg.) *Elternschaft und Familie jenseits von Heteronormativität und Zweigeschlechtlichkeit*, Gender, Sonderheft 5, Opladen/Berlin/Toronto, Verlag Barbara Budrich, S. 108–124.

Toppe, S. (2021) „Armut, Mutter(leit)bilder, Geschlechterrollen: Zur Macht und Wirksamkeit von guten Müttern und Lebensrealitäten prekärer Mutterschaft in aktueller Perspektive", in Krüger-Kirn, H. & Tichy, L. (Hg.) *Elternschaft und Gendertrouble. Geschlechterkritische Perspektiven auf den Wandel der Familie*, Bielefeld, Verlag Barbara Budrich, S. 29–38.

Vinken, B. (2007) *Die deutsche Mutter. Der lange Schatten eines Mythos*, Frankfurt a. M., Fischer Taschenbuch Verlag.

West, C. & Zimmermann, D. H. (1987) „Doing Gender", *Gender and Society*, Vol. 1, No. 2 (June), S. 125–151.

Winker, G. & Degele, N. (2010) *Intersektionalität. Zur Analyse sozialer Ungleichheiten*, Bielefeld, transcript.

Marike Schmeck

Aspekte des Zusammenspiels stereotyper Geschlechterbilder und normativer Anforderungen an beruflich-geschlechtliche Identitäten junger Frauen im Diskursfeld Technik und Geschlecht[1]

„Weiblichkeit ist mit technologischer Kompetenz unvereinbar, technisch sachverständig zu sein, heißt männlich zu sein." (Cockburn, 1988, S. 22)

The phenomenon of the constant under-representation of women in technical professions and sciences as evidence of a mostly gender-stereotypical orientation towards choosing a profession or a field of study leads to the question of why the underlying patterns of action prove to be so resistant to change. The analysis of group discussions with young people at the transition from school to employment or university opens up a deeper understanding of how social gender norms and their interplay with hegemonic images of technology create an orientation framework within which young women (have to) negotiate sometimes contradictory demands, identify and distinguish themselves, and explore local spaces of possibility for subversive practices.

Keywords: geschlechtsspezifische Berufswahl, geschlechtsspezifische Studienfachwahl, Berufswahlorientierung, Identitätsentwürfe, Gendernormen, Technik, Gruppendiskussionen

---

1 Der vorliegende Beitrag ist ein verdichteter und inhaltlich überarbeiteter Auszug aus: Schmeck, Marike, Diskursfeld Technik und Geschlecht. Berufliche Identitätsentwürfe junger Frauen im Spannungsfeld von Tradition, Transformation und Subversion, Bielefeld: transcript 2019. Wiederverwendung mit Genehmigung durch den transcript Verlag.

1 Einleitung

Das Phänomen der beharrlichen Zurückhaltung junger Frauen gegenüber technischen Berufen und Studienfächern ist ein stetes Thema vielfältiger gesellschaftspolitischer Debatten, die sich sowohl um Fragen der Chancengerechtigkeit als auch dem zunehmenden Bedarf an Fachkräften im technisch-naturwissenschaftlichen Bereich drehen. Während sich die Bildungserfolge junger Frauen und Männer mit Blick auf die Erlangung der Hochschulreife und die Anteile an Studierenden inzwischen stark angeglichen haben[2], lassen sich weiterhin deutliche Unterschiede hinsichtlich der Berufs- und Studienfachwahl feststellen. Während Männer größtenteils technische und naturwissenschaftliche Studienfächer präferieren, studieren Frauen überwiegend Sozial- und Gesundheitswissenschaften, im Bereich Sprachen, Kulturwissenschaften oder auf Lehramt (Kompetenzzentrum – Technik – Diversity – Chancengleichheit, 2023, o. S.). In den sogenannten MINT-Studienfächern sind sie dagegen nach wie vor in der Minderheit.

Im Jahr 2021 betrug der Frauenanteil unter den Studierenden in den MINT-Fächern insgesamt knapp 31,8 Prozent[3]. Ein differenzierter Blick auf die einzelnen Fächergruppen und Fachdisziplinen zeigt jedoch starke Unterschiede in der Geschlechterverteilung. Im Bereich Mathematik und Naturwissenschaften ist das Geschlechterverhältnis zwischen Frauen und Männern nahezu ausgeglichen. Besonders hoch ist mit 47 Prozent der Frauenanteil in Mathematik, gefolgt von Chemie mit 46,5 Prozent. Deutlich niedriger liegt der Anteil von Frauen in der Fächergruppe Physik und Astronomie mit 29,4 Prozent. Im Bereich der Ingenieurwissenschaften sind Frauen mit 24,5 Prozent weiterhin stark unterrepräsentiert. Dabei ist der Frauenanteil im Bauingenieurwesen mit 30 Prozent noch am höchsten, gefolgt von Maschinenwesen bzw. Verfahrenstechnik mit einem Frauenanteil von 22,2 Prozent und Informatik mit 21,8 Prozent. Am

2 Im Wintersemester 2022/2023 waren etwas mehr als die Hälfte aller Studierender an deutschen Hochschulen weiblich (Statista, 2022, o. S.).

3 Im Gegensatz zu den MINT-Fächern beträgt der Frauenanteil im Studienbereich Gesundheit und Soziales 74,3 Prozent und ist in der Fächergruppe Ernährungs- und Haushaltswissenschaften mit 81,7 Prozent am höchsten (Kompetenzzentrum – Technik – Diversity – Chancengleichheit, 2023, o. S.).

niedrigsten ist der Anteil von Frauen in den Fächern Elektrotechnik und Informationstechnik mit 15,2 Prozent (vgl. ebd.). Auch mit Blick auf duale MINT-Ausbildungen ist die ungleiche Geschlechterverteilung augenfällig. Insgesamt betrachtet liegt der Anteil weiblicher Auszubildender in stark technisch ausgerichteten Ausbildungsberufen, wie Kraftfahrzeugmechatroniker*in oder Elektroniker*in, teils deutlich unter 5 Prozent (Hobler et al., 2022, S. 2). Unterschiedliche Präferenzen in den Berufswünschen von Schüler*innen zeichnen sich bereits in der Mittelstufe ab und während sich viele Jungen einen technischen Beruf vorstellen können, kommt dies für nur sehr wenige Mädchen infrage (Drescher et al., 2020, S. 253).

Anhand der Datenlage lässt sich schlussfolgern, dass sich die Berufs- und Studienwahlentscheidungen junger Frauen und Männern überwiegend an geschlechterstereotypen Mustern orientieren. Dabei sind tradierte Alltagsannahmen wie die, dass Frauen und Männer von Natur aus verschiedene Neigungen, Eigenschaften und Fähigkeiten hätten, woraus sich eine spezifische Eignung für unterschiedliche (berufliche) Tätigkeiten ableiten lasse, empirisch nicht haltbar. Vielmehr gilt, dass die unterschiedlichen fachlichen Präferenzen auf stereotypen (Selbst-)Zuschreibungen vor dem Hintergrund gesellschaftlicher Geschlechterrollen im Einklang mit geschlechtlich codierten Berufsbildern erfolgen, die bestimmte berufliche Tätigkeiten als mehr oder weniger passend und angemessen erscheinen lassen (Wetterer, 2009, S. 43–46).

Die vornehmliche geschlechterstereotype Berufs- und Studienwahlorientierung junger Frauen hat zur Folge, dass sie sich auf ein vergleichsweise enges berufliches Spektrum konzentrieren. Bedeutsam ist diese Engführung des Berufswahlspektrums dahingehend, dass sogenannte Frauenberufe im Statusgefüge der Berufe eher nachrangig positioniert, entsprechend niedrig entlohnt und durch kürzere Laufbahnen gekennzeichnet sind. Technischen Berufen und Wissenschaften wird dagegen ein hoher gesellschaftlicher Stellenwert zugemessen, der sich neben guten Verdienstmöglichkeiten und Karriereaussichten auch in einem hohen Sozialprestige ausdrückt (Hausmann & Kleinert, 2014, S. 2; Schwiter et al., 2011, S. 21; Thege & Schmeck, 2015, S. 588–589). Mehr noch steht Technik nahezu als Inbegriff für gesellschaftlichen Fortschritt und zukunftsweisende Entwicklung (Paulitz & Ziegler, 2015, S. 98). So ist das Bestreben, mehr Frauen für technische Berufe zu gewinnen, einerseits im Sinne einer gleichen Teilhabe, andererseits in Hinblick auf die Erschließung neuer Potenziale zur Deckung des immer stärker spürbaren Fachkräftebedarfs politisch geboten und gewollt. Davon zeugt beispielsweise die in 2008 vom Bundesministerium für Bildung und Forschung (BMBF) gestartete Netzwerkinitiative „Komm mach MINT“, deren erklärtes Ziel es ist, das Potenzial junger Frauen für technisch-naturwissenschaftliche Berufe zu nutzen, um den sich anbahnenden Fachkräftemangel zukünftig zu begegnen. Doch erweist sich der Erfolg der vielfältigen Maßnahmen, Programme und Initiativen, die dem nach wie vor überwiegend geschlechterstereotypen Berufswahlverhalten junger Frauen (und auch Männer) entgegenzuwirken suchen, als begrenzt. Zwar ist der Anteil von Studentinnen in technischen Studienfächern über die vergangenen Jahre gestiegen, allerdings nur sehr langsam[4] (Statistisches Bundesamt (destatis) 2022, o. S.; Kompetenzzentrum Technik – Diversity – Chancengleichheit, 2023, o. S.). Die Frage, warum sich trotz des Abbaus von geschlechtsbezogenen Zugangsbarrieren, der Angleichungen sowohl im Bildungsniveau als auch in der Erwerbsorientierung sowie der Vielzahl an Maßnahmen zur Gewinnung von Frauen für technische Berufe geschlechterstereotype Muster in den Berufs- und Studienwahlentscheidungen beharrlich fortschreiben, bleibt damit aktuell und weiterhin erklärungsbedürftig. Denn vor dem skizzierten Hintergrund offenbart sich der Übergang von der Schule in eine berufliche Erstqualifizierung als eine zentrale Weichenstellung, über die sich geschlechterdifferenzierende und -hierarchisierende Strukturen reproduzieren. Der Zeitpunkt dieses Übergangs fällt dabei in die Lebensphase der Adoleszenz, in der sowohl die Herausbildung einer geschlechtlichen als auch beruflichen Identität zentrale gesellschaftliche Entwicklungsaufgaben darstellen, die mit sich wechselseitig überlagernden und teils widersprüchlichen Anforderungen verbunden sind und die von den Heranwachsenden im Zuge ihrer beruflich-geschlechtlichen Identitätsentwürfe bearbeitet und in ein Verhältnis von „Kohärenz, Kontinuität und Konsistenz“ (King, 2002, S. 85) überführt werden müssen (vgl. ebd.).

4 Im Zusammenhang mit den insgesamt rückläufigen Studienanfänger*innenzahlen im technisch-naturwissenschaftlichen Bereich ist aktuell sogar eine abnehmende Tendenz in Hinblick auf den Frauenanteil zu verzeichnen (Statistisches Bundesamt (destatis), 2022, o. S.).

Anhand der Analyse exemplarischer Auszüge aus Gruppendiskussionen mit Schüler*innen der gymnasialen Oberstufe zeigt der vorliegende Beitrag, wie junge Frauen die mitunter widersprüchlichen Anforderungen, mit denen sie sich im Zuge ihrer beruflich-geschlechtlichen Identitätsarbeit konfrontiert sehen, bearbeiten, wie sie sich mit ihnen identifizieren oder auch widerständige Praxen entwickeln.

2 Skizzierung der Forschungslandschaft

Die Komplexität der Zusammenhänge wird mit Blick auf die Vielfalt an Studien und wissenschaftlichen Erörterungen, theoretischen und methodischen Zugängen sowie Erklärungsansätzen deutlich. Seit den 1980er Jahren sind Geschlechterdifferenzen im Berufs- und Studienwahlverhalten und die strukturelle Ungleichheit von Frauen und Männern im Erwerbssystem Gegenstand zahlreicher wissenschaftlicher Arbeiten im deutschsprachigen Raum (vgl. ausführlich dazu Schmeck, 2019, S. 15–16). Auch die Beschäftigung mit Geschlechterungleichheiten im Berufsfeld Technik hat eine lange Tradition. Befassten sich frühe Studien insbesondere mit Hindernissen einer technischen Berufswahl für Mädchen (Janshen & Rudolph (1987), hat die feministische und sozialwissenschaftliche Technikforschung wichtige Erkenntnisse zur Ko-Konstruktion von Technik und Geschlecht generiert (vgl. exempl. Cockburn, 1988; Döge, 2006; 2001; Faulkner, 2008; 2001; Wajcman, 2004; 1994; Winker, 2005; Wolffram, 2006). Daran anschließend hat die sozialwissenschaftliche Geschlechterforschung Mechanismen der geschlechtlichen (Re-)Codierung von Berufsarbeit und beruflichen Professionen offengelegt und dabei weitreichende Erklärungsansätze zur beständigen (Re-)Segregation des Arbeitsmarktes und des Ausbildungssystems – auch und gerade mit Blick auf technische Berufe – aus struktureller und handlungstheoretischer Perspektive diskutiert (vgl. exempl. Becker-Schmidt, 2003; Frevert, 1982; Hoffmann, 1987; Reskin & Roos, 1990; Roback, 1992; Wetterer, 2002; Winker, 2007). Aus historischer Perspektive wurden zentrale Einsichten in die Bedeutung der Kategorie Geschlecht hinsichtlich der Etablierung und Vergeschlechtlichung technikwissenschaftlicher Fach- und Wissenskulturen sowie den damit verbundenen Erkenntnissubjekten eröffnet (Paulitz, 2012; Zachmann, 2004). Jüngere Arbeiten befassen sich speziell mit dem Einfluss von

Geschlechterstereotypen auf die Arbeitsmarktsegregation oder das Berufswahlverhalten (Drescher et al., 2020; Franzke, 2010).

Untersuchungen, die die überwiegend stereotype Berufs- und Studienwahlorientierung adoleszenter Frauen im Zusammenhang mit normativen Anforderungen an Identitätsentwürfe vor der Deutungsfolie wirkmächtiger Diskurse und Wissensordnungen über Technik und Geschlecht betrachten, sind dagegen noch eher rar. Hier setzt der vorliegende Beitrag an, der auf komprimierten und thematisch überarbeiteten Auszügen aus einer empirisch-qualitativen Studie basiert, die sich aus einer poststrukturalistisch sensibilisierten Perspektive mit normativen Anforderungen an beruflich-geschlechtliche Identitätsentwürfe adoleszenter Frauen im Diskursfeld Technik und Geschlecht befasst (Schmeck, 2019[5]). Mit Bezugnahme auf die Arbeiten von Judith Butler (2014) wird darin die Bedeutung von Geschlechternormen im Zusammenspiel mit normativen Vorstellungen über das Verhältnis von Technik und Geschlecht als implizite Wissensbestände näher beleuchtet, aus denen stereotype Zuschreibungen von (nicht-)technischer Kompetenz resultieren, die die Orientierungsmuster junger Frauen prägen, indem sie eine technische Studien- und Berufswahl denkbar bzw. undenkbar werden lassen. In Anlehnung an die Dokumentarische Methode nach Ralf Bohnsack (2010) interessieren dabei kollektive Wissensbestände über geschlechtsbezogene Erwartungen und Anforderungen im Kontext beruflicher Orientierungen auf der Grundlage gemeinsamer „Erfahrungsräume" (Bohnsack et al., 2013, S. 16). Diese Erfahrungsräume konstituieren sich innerhalb des noch immer gesellschaftlich vorherrschenden „kulturellen Systems der Zweigeschlechtlichkeit" (Hagemann-White, 1984, S. 77), in welchem

5 Die Gruppendiskussionen mit Schüler*innen an Schulen mit gymnasialer Oberstufe wurden im Rahmen des Forschungsprojektes „AN[N]O 2015 – Aktuelle Normative Orientierungen, Geschlechtsidentitäten und Berufswahlentscheidungen junger Frauen" erhoben, das zwischen 2011 und 2014 am Institut für Interdisziplinäre Genderforschung und Diversity der Fachhochschule Kiel durchgeführt wurde (Micus-Loos et al., 2016). Ziel war die Erforschung normativer Orientierungsmuster in den Lebensentwürfen und Berufswahlentscheidungen junger Frauen. In einer separaten Teilstudie, auf die der vorliegende Beitrag gründet, wurden anschließend die Zusammenhänge von Geschlechtsidentität und technischer Berufswahlorientierung vertiefend analysiert (Schmeck, 2019).

die berufliche Sphäre – mithin das Feld Technik – von machtvollen Geschlechtersymboliken durchdrungen ist. Denn insbesondere in westlichen Gesellschaften sind wechselseitig aufeinander bezogene Vorstellungen von Männlichkeit und Technik fest verwurzelt und tragen wirkungsvoll dazu bei, die bipolare Geschlechterdifferenz als zentrales Prinzip der sozialen Ordnung zu bewahren (Cockburn, 1988; Faulkner, 2000; Wajcman, 2004; Wolffram, 2006; Paulitz, 2012).

3 Theoretische Rahmung – Berufswahlorientierung als Ausdruck geschlechtlicher Identitätsarbeit

In der sozialwissenschaftlichen Geschlechterforschung wird Geschlecht übereinstimmend als soziale Konstruktion begriffen, die auf der Grundlage eines diskursiv gerahmten Alltagswissens in performativen Prozessen interaktiv hervorgebracht und identitätsrelevant gelebt wird (vgl. auch Thege in diesem Band). Annahmen über eine Naturhaftigkeit von Geschlecht als binär und komplementär codierte Positionen von Weiblichkeit und Männlichkeit und daraus abgeleitete stereotype Wesens- und Kompetenzzuschreibungen an Frauen und Männer, die Geschlechterungleichheiten im Berufsfeld Technik lediglich als Beleg dieser angeblich natürlichen Unterschiede interpretieren, werden damit konsequent zurückgewiesen. Zugleich wird auch Technik als etwas verstanden, das ebenso wie Geschlecht sozialen Konstruktionsprozessen unterliegt, die gemeinsame Vorstellungen von dem hervorbringen, was als ‚technisch' gilt und wofür Technik steht. Von besonderer Relevanz ist dabei die in westlichen Gesellschaften vorherrschende enge Verwobenheit der Bedeutungsdimensionen der Aspekte Technik und Geschlecht zu einer „symbolischen Sinnwelt des Alltagswissens" (Teubner, 2009, S. 176), in der Technik und Männlichkeit gleichgesetzt werden und als ko-produktive Wechselbeziehung auf Prozesse sowohl der Identitätsbildung als auch der geschlechtlichen Codierung von Berufsbildern einwirken (Schmeck, 2019, S. 76–79).

Dies führt zu der Frage nach aktuellen Wissensbeständen junger Frauen (und Männer) über das Verhältnis von Technik und Geschlecht, die sich im Kontext der Entscheidungen für oder gegen einen technischen Beruf als handlungsrelevant erweisen (können). Dieses Alltagswissen ist durchdrungen von geteilten Normen, Werten und Überzeugungen, über die sich gesellschaftliche Anforderungen an beruflich-geschlechtliche Identitäten herausbilden, die die Entscheidungen junger Frauen am Übergang Schule-Beruf/Studium leiten. Denn am Übergang von der Schule in den Beruf stehen Heranwachsende vor der Herausforderung, eine kohärente und konsistente Geschlechtsidentität auszubilden, mit der sie sich innerhalb der noch immer dominierenden binären Geschlechterordnung eindeutig und dauerhaft als weiblich oder männlich verorten und die sie im Zuge ihrer alltäglichen Handlungen und (beruflichen) Orientierungen überzeugend zum Ausdruck bringen (müssen)[6] (King, 2002, S. 85; Micus-Loos et al., 2016, S. 29). Aus dieser Perspektive lassen sich die (geschlechtlichen) Selbstinszenierungen junger Frauen und Männer im Berufsfindungsprozess vor dem Hintergrund der kulturellen Setzung normativer Zweigeschlechtlichkeit in den Fokus rücken und geschlechtsbezogene Unterschiede hinsichtlich einer technischen Berufswahl als Ausdruck der Zuschreibung und Darstellung von Geschlechtsidentität (Hagemann-White, 1984) – als „doing gender“ (West & Zimmerman, 1987) – begreifen. Die in zahlreichen Studien differenziert dargelegte männliche Geschlechtersymbolik, die in den Traditionen technischer Berufe tief verwurzelt ist (Cockburn, 1988; Faulkner, 2000; Paulitz, 2012; Wajcman, 2004; Wolffram, 2006), bietet hier Anschlussmöglichkeiten, um sich abgrenzend bzw. identifizierend im Sinne von „doing femininity“ bzw. „doing masculinity“ wirkungsvoll zu inszenieren. Aus dieser Perspektive ist eine technische Berufswahl nicht komplikationslos mit der Darstellung konventioneller Weiblichkeit zu vereinbaren, was sich erschwerend auf eine berufliche Identifikation junger Frauen auswirken kann.

Berufswahlorientierungen im Zuge adoleszenter Identitätsbildung erfordern somit die Auseinandersetzung mit vorherrschenden Geschlechterverhältnissen, Normen und symbolischen Repräsentationen, über die sich stereotype Annahmen über Unterschiede zwischen Frauen und Männern in Bezug auf das Leistungsvermögen, der beruflichen Eignung oder der Angemessenheit bestimmter Tätigkeiten festigen. Zugleich sind adoleszente

6 Darüber, inwieweit und auf welche Weise normative Erwartungen an die Herausbildung einer eindeutigen Geschlechtsidentität von dem gesellschaftlichen Wandlungsprozess der (rechtlichen) Anerkennung geschlechtlicher Vielfalt berührt werden, kann zu diesem Zeitpunkt nur spekuliert werden.

Identitätsentwürfe in der Phase beruflicher Orientierung keineswegs von gesellschaftlichen Geschlechtszuschreibungen abschließend bestimmt, auch wenn stereotype (Selbst-)Zuschreibungen für das individuelle fachliche Selbstkonzept, auf dem berufliche Orientierungsprozesse aufbauen, folgenreich sein können. Vielmehr beinhalten Identitätsbildungsprozesse immer auch die Möglichkeit für eine produktive Auseinandersetzung mit gesellschaftlichen Vorgaben und damit für konventionsüberschreitende Selbstdefinitionen (King, 2002, S. 88; Schmeck, 2019, S. 77–79).

Die Bezugnahme auf Judith Butlers Theorie der Performativität eröffnet im Kontext der Frage nach der Bedeutung normativer Vorstellungen von Technik und Geschlecht eine Perspektive auf Subjektivität, die sowohl die Wirkmächtigkeit von (Geschlechter-)Normen als auch die ihnen immanente Möglichkeit der Verschiebung und Erweiterung in den Blick nimmt (Hartmann, 2001, S. 78; Schmeck, 2019, S. 114–119). Nach Butler ist die geschlechtliche Subjektwerdung als Prozess zu verstehen, der sich als eine immerwährende Praxis der Wiederholung kultureller Normen sozialer Intelligibilität vollzieht (Butler, 2012, S. 44), wobei unweigerlich normative Bedeutungen von Weiblichkeit und Männlichkeit aufgerufen werden, die identitätslogisch bearbeitet werden (müssen) (Villa, 2012, S. 123). Somit ist Identität nach Butler das Erzeugnis eines andauernden Tuns („doing"), das insofern performativ ist, als dass es eine produktive Wiederholungspraxis normativer Vorgaben darstellt (Butler, 2014, S. 49). Dies eröffnet ein Verständnis dafür, dass eine technische Berufs- oder Studienfachwahl für junge Frauen nicht frei von Konflikten ist. Denn indem Technik Männlichkeit symbolisiert, scheint eine technische Berufswahlorientierung kaum mit einer kohärenten weiblichen Identität kompatibel zu sein, sondern könnte gar die Intelligibilität weiblicher Subjektpositionen gefährden (Schmeck, 2019, S. 114–115). Damit wird deutlich, dass berufliche Orientierungsprozesse in ein Gefüge symbolischer Repräsentationen eingelassen sind, in dem bestimmte Vorstellungen, Überzeugungen und Stereotype über die Passung von (technischem) Beruf und Geschlecht zirkulieren. Folglich wirken die „gemeinsam geteilten Vorannahmen" (Butler, 2012, S. 327) darüber, was es heißt, weiblich oder männlich zu sein, auch auf die Entscheidungen adoleszenter Frauen für oder gegen einen technischen Beruf bzw. ein technisches Studienfach ein, indem sie die Grenzen dessen markieren, was als kohärente beruflich-geschlechtliche Identitätsposition anerkennbar ist (ebd., S. 111).

So richtet sich der Analysefokus der Sequenzen aus den Gruppendiskussionen einerseits auf Mechanismen der Reproduktion normativer Vorstellungen von Technik und Geschlecht, die sich vor dem Hintergrund geteilter Erfahrungen innerhalb des Systems der Zweigeschlechtlichkeit in den beruflich-geschlechtlichen Selbstentwürfen der beforschten jungen Frauen (und Männer) dokumentieren, und andererseits auf Momente der Zurückweisung begrenzender Geschlechtszuschreibungen und der Überschreitung gesellschaftlicher Konventionen, die auf mögliche Neuerungen innerhalb geschlechtlicher Identitätskonstruktionen hinweisen. Dabei treten junge Frauen in der Phase beruflicher Orientierung als Akteurinnen hervor, die im Zuge der diskursiven Verhandlung der Angemessenheit bzw. Anerkennbarkeit technischer Studien- und Berufswahlorientierungen bestimmte Positionen privilegieren, während sie andere marginalisieren und verwerfen und so an der (Re-)Produktion – aber auch an der Transformation – kollektiver Bedeutungsmuster von Technik und Geschlecht (mit-)wirken. In diesem Verständnis sind es die Auffassungen, Überzeugungen und Sichtweisen der jungen Frauen selbst, die vor dem Hintergrund kollektiv geteilter Wissensbestände Auskunft darüber geben, wie gesellschaftliche Verhältnisse und damit verbundene Anforderungen und stereotype Zuschreibungen im Zuge beruflich-geschlechtlicher Identitätsentwürfe ihre Wirkmächtigkeit entfalten, aber auch, wie diese angefochten oder unterwandert und damit Veränderungsimpulse mobilisiert werden (können).

4 Geschlechterstereotype im Verhandlungsgeschehen normativer Anforderungen an berufliche Orientierungen

Um zu verstehen, *warum* geschlechterstereotype Orientierungs- und Handlungsmuster hinsichtlich einer technischen Studien- und Berufswahlorientierung schwer zu durchbrechen sind, konzentriert sich die nachstehende Analyse von Auszügen aus Gruppendiskussionen mit Schüler*innen der gymnasialen Oberstufe auf die Verhandlung von Identitätspositionen, anhand derer die Bedeutung gesellschaftlicher Geschlechternormen in der Verhältnissetzung zum Technischen herausgearbeitet werden, die als implizite Wissensbestände die Erfahrungen junger Frauen strukturieren und so ihre Wahrnehmungen, (Selbst-)Interpretationen und Handlungsmuster rahmen. Anhand der Analyse lässt sich aufzeigen, dass mit dem Thema Technik bzw. technische Berufe ein implizites Alltagswissen über Geschlecht in der Verhältnissetzung zum Technischen aktiviert wird, das die gemeinsame Verhandlung beruflicher Orientierungen rahmt, aus dem stereotype Zuschreibungen technischer Kompetenz hervorgehen und auf das die Schüler*innen bestätigend oder zurückweisend Bezug nehmen. Dabei bildet die Norm der Zweigeschlechtlichkeit eine wirkmächtige Deutungsfolie, vor deren Hintergrund Weiblichkeit und Männlichkeit als oppositionelle Kategorien gesetzt und anhand stereotyper Zuschreibungen kontrastierend charakterisiert werden. Dabei wird die dem Technischen inhärente männliche Geschlechtersymbolik als ein Moment sozialer Differenzierung erkennbar, über das kollektive Sinnsetzungen erzeugt werden, die dazu beitragen, die symbolische Ordnung binärer Geschlechterdifferenz aufrechtzuerhalten. An der Schnittstelle zwischen Individuum und Gesellschaft wird hierbei das Ineinandergreifen von gesellschaftlichen Strukturen, individuellen Handlungsorientierungen und symbolischen Repräsentationen erkennbar, über das sich im Zuge der gemeinsamen Verhandlung beruflich-geschlechtlicher Identitätsentwürfe (berufliche) Geschlechtergrenzen (re-)stabilisieren – aber auch überwinden lassen.

Die nachstehenden Sequenzen aus den Gruppendiskussionen stehen dabei exemplarisch für bestimmte Argumentationslinien, die sich vermehrt auch in Diskussionen anderer Gruppen widerspiegeln und somit auf kollektive Orientierungsmuster der beforschten jungen Frauen und auch Männer schließen lassen. Denn auch wenn sich der vorliegende Beitrag primär auf die beruflichen Orientierungsmuster junger Frauen konzentriert, erweisen sich vor dem Hintergrund des hegemonialen Systems heteronormativer Zweigeschlechtlichkeit auch die alltagsweltlichen Geschlechterkonstruktionen als aufschlussreich, über die sich die Schüler*innen in gemischtgeschlechtlichen Gruppen als weibliche und männliche Subjekte zueinander ins Verhältnis setzen.

Eine solche in den Gruppendiskussionen wiederkehrende Diskursfigur ist die Ausschlusslogik von Weiblichkeit und Technik, wie in dem nachstehenden Ausschnitt aus der Diskussion einer gemischtgeschlechtlichen

Gruppe von Schülerinnen und Schülern im Alter zwischen 17 und 19 Jahren zum Ausdruck gebracht:

„…man hat im Hinterkopf immer noch diese, diese klassischen klischeehaften Bilder“

Daniel:	Ich denk mal, man hat im Hinterkopf immer noch diese, diese klassischen klischeehaften Bilder, [zum] [Beispiel …]
Alina:	[Genau.]
Beatrice:	[Ja.]
Cloé:	Ja.
Daniel:	… die Kindergärtnerin ist e-, ne liebe Frau, dann so in der Technik, Entwicklung, das sind meistens MÄNNER oder …
Cloé:	Ja.
Daniel:	… die wis-, Naturwissenschaften dann doch eher Män-, Männer noch geprägt, dass das IMMER noch heute mit rein wirkt, auch, wenn man jetzt bestrebt ist, Emanzipation mitzumachen.
Cloé:	[Ja.]
Alina:	[Hmhm.]
Beatrice:	Find ich aber schade, [also …]
Alina:	[((lacht))]
Beatrice:	… ich weiß nicht, ich find, das SOLLTE echt ne Gleichberechtigung herrschen.

In diesem Diskussionsabschnitt wird die Widersprüchlichkeit hegemonialer Diskurslinien ersichtlich, die bei den Schüler*innen zu ambivalenten Positionierungen führen, indem sie stereotype Geschlechterbilder einerseits als solche erkennen und andererseits sie als ein Prinzip natürlicher Ordnung begründet sehen. Ihnen ist bewusst, dass tradierte Geschlechterklischees als kognitive Strukturen auch in der Gegenwart ihre Wirkung entfalten („man hat im Hinterkopf immer noch diese klassischen klischeehaften Bilder“) und dazu führen, dass bestimmte berufliche Tätigkeitsbereiche eher Frauen oder Männern zugeordnet werden. Dabei wird beispielhaft die Arbeit mit Kindern im Bereich der Elementarbildung als klassisches Wirkungsfeld von Frauen angeführt und durch die stereotype Zuschreibung eines für diese (Sorge-)Tätigkeit vermeintlich qualifizierenden Wesensmerkmal, nämlich liebevoll zu sein, plausibilisiert („die Kindergärtnerin ist ne liebe Frau“). Männer werden dagegen in den Feldern „Technik“, „Entwicklung“ und „Naturwissenschaften“ verortet („das sind meistens MÄNNER“) und damit in statushohe Bereiche, die allgemein als Antrieb gesellschaftlichen

Fortschritts gelten (Paulitz & Ziegler, 2015, S. 98). Diese „klischeehaften Bilder“ haben nach Ansicht der Schüler*innen großen Einfluss auf berufliche Findungsprozesse („dass das IMMER noch heute mit rein wirkt“), ungeachtet individueller Anstrengungen, hemmende Rollenzuweisungen zu überwinden („auch, wenn man jetzt bestrebt ist, Emanzipation mitzumachen“), was als erstrebenswert angesehen wird („SOLLTE echt ne Gleichberechtigung herrschen“). Hier dokumentiert sich ein Bewusstsein der Schüler*innen über das Auseinanderfallen der rechtlichen Norm der „Gleichberechtigung“ auf der einen und der fortbestehenden Ungleichheit von Frauen und Männern vor dem Hintergrund der geschlechtlichen Arbeitsmarktsegregation auf der anderen Seite, wie es in mehr oder weniger expliziter Form immer wieder in den Gruppendiskussionen zum Ausdruck kommt. Die Funktionalität von Geschlecht wird hier im Sinne einer strukturbildenden und statusattribuierenden Kategorie erkennbar (Aulenbacher, 2010, S. 33-58; Becker-Schmidt & Krüger, 2009; Schmeck, 2019, S. 33–44).

Haben sich die Schüler*innen bis zu dieser Stelle eher kritisch gegenüber klischeehaftem Denken positioniert, so wird diese Haltung im weiteren Diskussionsverlauf antithetisch infrage gestellt:

„...das ist en Junge, der ist eher technisch begabt“ –

Gaston:	Aber wenn sowieso, sag ich mal, Jungs jetzt en größeres technisches Verständnis haben und vielleicht Mädchen eher einfühlsamer und SOZIALER drauf sind, dann ist es doch eigentlich sinnvoll, so en, ja, Klischee, das ist wieder so en negatives, negativ behaftetes WORT, aber dann ist es doch sinnvoll, so ne, schon im Kopf z-, zu haben, okay, das ist en Junge, der ist eher technisch begabt, dann ist es doch eigentlich ...
Cloé:	Ja, aber...
Gaston:	... kein Problem [oder?]
Cloé:	[...es gibt aber auch ...]
Beatrice:	[So ist es ja aber] nicht.
Florian:	Ja.
Cloé:	Ja, es gibt ja auch genug Jungs, die Technik überhaupt nicht mögen und [sich ...]
Beatrice:	[Ja.]
Cloé:	... eher mit Kindern beschäftigen wollen. Und für DIE ist es dann schon wieder blöd, find ich, in ne Richtung gedrängt zu werden, du BIST en Junge, du MUSST [jetzt ...]
Gaston:	[Hmhm.]

Cloé: … in die Technik so, auf die A-, weil weiß ich nicht …

In diesem Abschnitt entwickelt sich unter den Schüler*innen eine kontroverse Diskussion darüber, inwiefern Geschlechterklischees tatsächlich existierende Unterschiede zwischen den Geschlechtern wiederspiegeln. Entsprechend vorherrschender Stereotype wird „Jungs" qua Geschlecht die geistige Fähigkeit zugesprochen, technische Zusammenhänge zu begreifen („größeres technisches Verständnis"), während „Mädchen" als gefühlsbetont und sozial ausgerichtet dargestellt werden („einfühlsamer und SOZIALER"). Polarisierend werden hier Intellekt und Technikkompetenz als männliche Wesensmerkmale, weiblich konnotierter Emotionalität und Menschenorientierung als ideologisierendes Komplement einander gegenübergestellt. Die sich in der Gegenüberstellung abzeichnenden dualistischen Denkmuster bilden einen zentralen Ausgangspunkt für alltägliche Prozesse des ‚doing gender' als ‚doing difference', über die sich die Norm der Zweigeschlechtlichkeit im symbolisch-interaktiven Handlungsvollzug fortlaufend reproduziert (Fenstermaker & West, 2001).

Als antithetischer Gegenentwurf zu der zuvor einvernehmlichen Kritik an dem begrenzenden Einfluss geschlechterstereotyper Zuschreibungen wird nun die Sinnhaftigkeit vorgefertigter Geschlechterbilder in ihrer Orientierungsfunktion hinsichtlich zu erwartender Fähigkeitspotenziale zur Diskussion gestellt („dann ist es doch sinnvoll, schon im Kopf zu haben, okay, das ist ein Junge, der ist eher technisch begabt"). Klischees, denen eine negative Konnotation anhaftet („negativ behaftetes Wort"), wird auf diese Weise eine Legitimation zugesprochen („dann ist es doch eigentlich kein Problem"). Diese Sichtweise ist in der Gruppe durchaus umstritten und löst Widerspruch aus („So ist es aber nicht"). Den geschlechtercharakterisierenden und essentialisierenden Zuschreibungen wird entgegengestellt, dass „Jungs", die sich statt mit Technik lieber mit Kindern beschäftigen würden, aufgrund stereotyper Erwartungshaltungen unter Konformitätsdruck bezüglich einer als angemessen angesehenen technischen Berufswahlentscheidung geraten würden („in ne Richtung gedrängt zu werden, du BIST en Junge, du MUSST jetzt in die Technik"). Damit werden normative Vorstellungen über Männlichkeit und Technik den individuellen Orientierungs- und Handlungsmustern als vorangestellt betrachtet, auf die sie normierend einwirken.

In der anschließenden Debatte wird nun der Bezugsrahmen der Diskussion erweitert, indem auf eine biologistische Diskursordnung als möglichen Beitrag zur Erklärung der angenommenen geschlechtsbezogenen Unterschiede verwiesen wird:

„...Frauen ham diesen Mutterinstinkt“

Daniel:	Wenn mer´s jetzt, wenn mer´s jetzt biologisch sieht, könnte man´s vielleicht damit begründen, dass man jetzt sagt, Frauen ham diesen Mutterinstinkt und die [sind ...]
Cloé:	[Hmhm.]
Daniel:	... DOCH vielleicht in der Erziehung BESSER aufgehoben als Männer, also jetzt im Allgemeinen und du könntest aber auch kein so en zierliches Fräuch-, Fräulein auf en Bau schicken. Also [jetzt ...]
Cloé:	[Ja.]
Florian:	[Ja.]
Cloé:	[... das geht irgendwie von sich. Ja.]
Daniel:	[... das wären zwei verschiedene Berufe oder.]
Cloé:	Ja.
Daniel:	Es ist SCHON eigentlich im Allgemeinen so, dass jetzt das technische Verständnis oder solche Sachen od-, das wird wahrscheinlich auch weiter, ich mein, freilich Frauen integriert, aber ich denke mal SCHON, dass das so erhalten bleibt, dass jetzt in den nächsten f-, 100 Jahren daran in der Forschung und Entwicklung so Sachen immer noch en BISSCHEN mehr Männer und Erzieherinnen, wird freilich mehr Erzieher geben, aber ich denke mal, das wird immer noch en Überschuss an ERZIEHERINNEN bleiben.
Alina:	[Hmhm.]
Gaston:	[Da sollte] man die Klischees beiseiteschieben und dafür INDIVIDUELLE Wünsche und Interessen setzen.
Beatrice:	Auf jeden Fall.
Cloé:	Ja, auf jeden Fall.

Dieser Abschnitt zeigt, wie sich Fokus der gemeinsamen Diskussion ausgehend von einer kritischen Betrachtung begrenzender Geschlechterklischees zunehmend auf die Suche nach Erklärungsansätzen für bestehende Geschlechterunterschiede in Form der geschlechtlichen

Arbeitsmarktsegregation verlagert. Hierbei wird mit direkter Bezugnahme auf die Biologie Frauen generalisierend ein „Mutterinstinkt" als scheinbar natürliche Veranlagung unterstellt, aufgrund dessen sie im Vergleich zu Männern für die „Erziehung" von Kindern besser geeignet seien („die sind DOCH vielleicht in der Erziehung BESSER aufgehoben als Männer"). Mit der kontrastierenden Gegenüberstellung zum männlich konnotierten Baugewerbe wird die angeblich unterschiedliche Eignung von Frauen und Männern ergänzend zu stereotypen Annahmen über natürliche Kompetenz- und Wesensunterschiede nun auch anhand von normativen Körperbildern argumentiert („du könntest aber auch kein so en zierliches Fräulein auf en Bau schicken").

Vor dem Hintergrund der Annahme biologischer Unterschiede zwischen Frauen und Männern, die sich sowohl auf das Wesen als auch auf den Körper beziehen, kommen die Schüler*innen zu der Überzeugung, dass die berufliche Geschlechtertrennung trotz gewisser Annäherungstendenzen auch zukünftig Bestand haben wird („dass das so erhalten bleibt [...] in den nächsten 100 Jahren"; „freilich, Frauen integriert"; „wird freilich mehr Erzieher geben"). Mit der abschließenden Forderung, vorgefertigte Klassifizierungen zugunsten der Anerkennung individueller Unterschiede zurückzustellen, werden schließlich die ambivalenten Positionierungen in eine Synthese überführt („Da sollte man die Klischees beiseiteschieben und dafür INDIVIDUELLE Wünsche und Interessen setzen"), die auf allgemeine Zustimmung stößt („Auf jeden Fall"; „Ja, auf jeden Fall").

In dieser Sequenz wird die Naturalisierung von Geschlechterdifferenz im wechselseitigen Zusammenhang mit der geschlechtlichen Codierung von (Berufs-)Arbeit als ein wirkmächtiger Mechanismus der Aufrechterhaltung geschlechterdifferenzierender und -hierarchisierender Gesellschaftsstrukturen erkennbar (Becker-Schmidt, 2014, S. 98–99; Becker-Schmidt & Krüger, 2009, S. 25; Gildemeister & Wetterer, 1992, S. 219; Wetterer, 2002, S. 59–62; Winker, 2007, S. 2). Denn während mit der normierenden Zuschreibung intellektueller Fähigkeiten, wie technischem Verständnis an Männer, ihre Dominanz im statushohen Feld technikwissenschaftlicher Forschung und Entwicklung von den

Schüler*innen legitimiert wird, wird Frauen pauschalisierend Mütterlichkeit als angeborener, geradezu triebhafter Impuls unterstellt und damit eine natürliche Eignung für statusniedere Sorgeberufe zugeschrieben. Indem die angeblich unterschiedlichen Befähigungen als naturhafte Veranlagungen qua Geschlecht dargestellt werden, erscheinen Möglichkeiten zur Transformation tradierter Geschlechterrelationen in den Wahrnehmungsmustern der hier diskutierenden Schüler*innen begrenzt.

In der Weise, wie die Schüler*innen Vorstellungen von Weiblichkeit und Männlichkeit konstruieren, spiegeln sich anschaulich dualistische Denkmuster im Sinne von Rationalität und Emotionalität, Technik und Natur wider (Faulkner, 2000), die in ihrer vermeintlichen Gegensätzlichkeit ideologisch aufgeladen werden und die den konzeptionellen Ausgangspunkt für die Formierung gesellschaftlicher Geschlechterstereotype bilden. So wird mit Bezug auf Butler erkennbar, wie die jungen Frauen und Männer im alltagsweltlichen Sprechen über berufliche Orientierungen kulturelle Normen und Konventionen zitieren und aktualisieren, die durch eine ideologisierte Naturalisierung hierarchisch konstruierter Geschlechterrelationen und daran gebundener Rollenzuweisungen die Differenzierung der Gesellschaft entlang einer zweigeschlechtlichen Ordnung instituieren. Eindrücklich lässt sich an diesem Beispiel aus den Gruppendiskussionen nachzeichnen, wie „differenzsetzende Geschlechterklischees am Werk sind“ (Becker-Schmidt, 2014, S. 99), die die symbolische Ordnung stützen und im Zusammenspiel mit einer patriarchalorientierten Logik „männliche Privilegienstrukturen“ (ebd.) aufrechterhalten.

Dem gegenüber steht das gesellschaftlich normierte Prinzip geschlechtlicher Gleichstellung, das geschlechtsbezogene Ausschlüsse für unrechtmäßig erklärt (Heintz, 2001, S. 12). So werden von den Schülerinnen im Kontext der eigenen beruflichen Orientierung die wahrgenommenen Geschlechtergrenzen, die auf differenzierende und hierarchisierende Zuschreibungen rekurrieren, hinsichtlich ihrer regulierenden Einflussnahme auf die Orientierungs- und Handlungsmuster der Individuen immer wieder auch kritisch hinterfragt.

In der nachfolgenden Sequenz[7] aus einer anderen geschlechtshomogenen Gruppe mit Schülerinnen im Alter zwischen 17 bis 19 Jahren werden normative Vorstellung erkennbar, die konventionelle Weiblichkeit und Technik als inkompatibel ins Verhältnis setzen:

„… da bin ich en ziemlich untypisches Mädchen"

Daria: Also ich, wenn ich halt, Bionik ist ja immer noch so en Traumberuf [an sich …]

Eva: [((lacht))]

Daria: … und das ist ja Bio und Technik. Also, dass man eben, ja, das sind diese ganzen Sachen, die jetzt neu aufkommen, so, der Lotuseffekt bei irgendwie Scheiben oder Wandfarben, hm, dass man eben das, was man in der Natur sieht, versucht, eben zu übertragen auf und das irgendwie anzuwenden, sodass die Menschen damit gut leben können. Also es gibt jetzt ja auch immer ganz viel Versuche mit Geckos, wie die eben LAUFEN können mit ihren, äh, Füßen, dass man, da gibt´s jetzt auch Gecko-Klebeband, dass man eben irgendwie versucht, da das stärkste ((lacht)) [Klebeband der Welt] zu erfinden.

---

7 Die Transkriptionsregeln wurden in Anlehnung an Ralf Bohnsack, Iris Nentwig-Gesemann und Arnd-Michael Nohl (2013, S. 399–400) erstellt (Schmeck, 2019, S. 157):

Zeichen	Beschreibung	Bedeutung
[Text]	Text in eckige Klammern	Überlappung bzw. simultanes Sprechen
[…]	Punkte in eckigen Klammern	Auslassungen im Transkript
@Text@	Text in At-Zeichen	Lachendes Sprechen
TEXT	Text in Großbuchstaben	Betontes Sprechen
(unv.)	Abkürzung in einfachen Klammern	Unverständlichkeit
((Text))	Text in doppelten Klammern	Para- bzw. Außersprachliches sowie Anmerkungen zum äußeren Geschehen
-	Bindestrich	Wortabbruch
…	Drei Punkte	Unterbrechung und Fortführung einer Äußerung
/	Schrägstrich	Abruptes Anhalten oder Unterbrechung einer Äußerung

Eva: [((lacht))]
Daria: Ja, ich glaub, da ist schon en großer technischer An[teil.]
Eva: [Teil.]
Daria: Aber, [ja,] [also] ((lacht)) …
Eva: [Ja,]
Fiona: [Ähm …]
Daria: … an sich macht mir das auch viel mehr Spaß. Also so, solche Sachen wie SPRACHEN oder so, das KANN ich auch gar nicht. Also da bin ich, glaub ich bin [ziemlich …]
Eva: [Ja.]
Daria: … untypisches Mädchen.

Diese Sequenz zeigt beispielhaft, wie sich junge technikinteressierte Frauen im Zuge der Entwicklung eines beruflichen Selbstkonzeptes verstärkt mit neuen innovativen Wissenschaftsdisziplinen identifizieren („Bionik ist ja immer noch so en Traumberuf"; „das sind diese ganzen Sachen, die jetzt neu aufkommen"), in denen sie eine unmittelbare Relevanz zu ihrer alltäglichen Lebenswelt erkennen. In dem konkreten Fall handelt es sich um eine Forschungsrichtung, die biologische Erkenntnisse auf technische Entwicklungen transferiert.[8] In der obenstehenden Sequenz wird die Bionik über einen unmittelbaren Nutzen für den Menschen charakterisiert („sodass die Menschen damit gut leben können"), indem Lösungsmodelle aus der Natur in der Entwicklungen innovativer Technologien zur Anwendung kommen („der Lotuseffekt bei […] Scheiben oder Wandfarben"; „Gecko-Klebeband […] das stärkste Klebeband der Welt").

Ferner lässt sich an diesem Diskussionsabschnitt veranschaulichen, wie von den Schülerinnen unterschiedliche Weiblichkeitskonzepte aufgeworfen und als mehr oder weniger ‚typisch' verhandelt werden. Dabei zeugt die (Selbst-)Positionierung als „untypisches Mädchen" von einem geteilten Wissen darüber, was als ‚normale' weibliche Subjektivität Anerkennung findet, nämlich beispielsweise eine Neigung für „SPRACHEN", die hier als Gegenpol zum Interesse an Technik angeführt wird. Dabei ermöglicht die Abgrenzung von konventioneller Weiblichkeit eine Orientierung im

8 Unter den Naturwissenschaften erweist sich häufig das Fach Biologie als anschlussfähig für weibliche Berufsentwürfe (Benke, 2012, S. 217; Braunschweig et al., 2019; Driesel-Lange, 2011, S. 5–6). Dabei wird u.a. betont, dass die Biologie jungen Frauen einen verstärkten lebenspraktischen Bezug eröffnet.

(männlich codierten) technisch-naturwissenschaftlichen Feld, wobei der Subjektstatus zwar als abweichend von normativer Weiblichkeit markiert, jedoch – anders als in anderen Gruppendiskussionen[9] - in seiner grundsätzlichen Konstanz und Kontinuität nicht in Zweifel gezogen wird. Mit der strategischen Selbstverortung außerhalb konventioneller Weiblichkeitskonzepte werden normative Vorstellungen von der Inkompatibilität von Weiblichkeit und Technik unterwandert und eine technische Berufswahlorientierung plausibilisiert.

Im weiteren Verlauf der Diskussion wird von den Schülerinnen zunächst der Bezugsrahmen um anderweitige Technikbereiche erweitert („Maschinen, Autos") und vor dem Hintergrund eines impliziten Geschlechterwissens die Kompatibilität der eigenen weiblichen Identitätsposition mit einer technischen Berufswahlorientierung kontrovers verhandelt. Dabei zeigen sich in den Positionierungen der Schülerinnen mitunter starke Ambivalenzen, in denen sich widersprüchliche Anforderungen dokumentieren, die von den jungen Frauen bearbeitet werden:

„…ich interessier mich einfach überhaupt nicht für diese typischen MÄDCHENsachen"

Björk: Maschinen, Autos oder so? Nee, dafür interessier ich mich einfach nicht.
Eva: Ich [weiß auch nicht.]
Fiona: [Nee, ich auch nicht.]
Björk: [Ich bin das typische] Mädchen, Tanz und Klamotten, Schminke.
Eva: [Nee, ich weiß nicht.]
Daria: [((lacht))]
Eva: [Also ich mein …]
Björk: [Musik ((lacht)).]
Eva: … ich würd mich jetzt nicht so als total typisches Mädchen so halt, wie jemand immer noch dieses Bild halt im Kopf hat, so, das Mädchen mit

9 In anderen Gruppendiskussionen führt die Überschreitung der symbolischen Geschlechtergrenze im Sinne einer technischen Berufswahlorientierung junger Frauen zu einer Infragestellung des intelligiblen weiblichen Subjektstatus, indem technikaffine Frauen bspw. als „Mannsweiber" bezeichnet (Schmeck, 2019, S. 278–285) oder als abweichend von weiblichen Körpernomen markiert werden, indem ihr Äußeres als „nicht mehr weiblich" bezeichnet oder mit einem „Teddybär" verglichen wird (ebd., S. 270–278).

den Puppen und dem KLEID und den Jungen mit dem AUTO. Aber, ähm, ich WEISS nicht, es ist einfach, irgendwie hab ich mich nie so [für interessiert ...]

Aaina: [Ja]

Fiona: [Mir macht's auch nicht so] Spaß.

Eva: ...Autos zu bauen oder so was. Ich weiß nicht.

Carlotta: Ja, ich glaub, so wie andere Leute nicht daran interessiert sind, äh, ob die, ob jetzt irgendwie Klamotten schön sind oder so oder gern mit Mode zusammenarbeitet, sind andere eben nicht daran interessiert, äh, en Auto zusammen zu schrauben. [Also] ((lacht)) ...

Eva: [Ja.]

Aaina: ((lacht))

Daria: Ja. [Ich denke] auch, s'liegt ei-, ein-,einfach am Interesse.

Björk: [... das finde ich.]

Aaina: [Ja.]

Daria: [Also] ich meine, ich interessier mich einfach überhaupt nicht für diese typischen MÄDCHENsachen, für Schminke oder sonst [irgendwas.]

Eva: [((lacht))]

Daria: Ich weiß nicht mal, wie irgendwelche Schminke HEISST. Also [was man sich da ins Gesicht klatscht,] keine Ahnung ((lacht)). [((mehrere lachen))]

Daria: Aber halt, ja, es kommt einfach auf's Interesse drauf an.

Carlotta: [Ja.]

In dieser Sequenz wird die gemeinsame Diskussion auf technische Berufe im Allgemeinen gelenkt, die beispielhaft durch den Bezug auf „Maschinen" und „Autos" skizziert und als Berufswahloption verworfen werden („dafür interessier ich mich einfach nicht"; „Nee, ich auch nicht"). Im Zuge einer begründenden Argumentation wird dabei einerseits durch die affirmative (Selbst-)Klassifizierung „das typisches Mädchen" zu repräsentieren, was über die zugespitzte Bezugnahme auf traditionell weiblich konnotierte Ressourcen körperbezogener Darstellungspraxen im Sinne von „doing femininity" definiert wird („Tanz und Klamotten, Schminke"), eine Form stereotyper Weiblichkeit inszeniert, die den Ausschluss technischer Berufe zu plausibilisieren scheint. Indem ein Verständnis dessen, was in Hinblick auf die Erwägung einer technischen Berufswahlorientierung zum Ausdruck gebracht werden soll, voraussetzt und nicht näher erläutert wird, verdeutlicht sich ein normativer Geltungscharakter, der mit dieser Selbstaussage erhoben und durch das Ausbleiben von Nachfragen seitens der Gruppe bestätigt wird. In dem Ungesagten dokumentiert sich folglich ein kollektives Verständnis vor dem Hintergrund eines impliziten Orientierungswissens über machtvolle Geschlechterrelationen im Diskursfeld Technik und Geschlecht. Denn die hier erneut aufgerufene Widersprüchlichkeit zwischen konventioneller Weiblichkeit und einem technikinteressierten beruflichen Selbstkonzept ist keinesfalls selbsterklärend, sondern wird erst vor der Deutungsfolie einer polarisierenden Geschlechtersymbolik im kollektiven Verständnis kultureller Normativität konsistent. Sich als „typisches Mädchen" über die Bezugnahme auf „Tanz", „Klamotten", „Schminke" *und Technik* zu entwerfen, erscheint dabei geradezu unlogisch. Im Sinne Butlers wird damit die performativ inszenierte Verkörperung einer vermeintlichen Wesenhaftigkeit weiblicher Subjektivität als diskursives Produkt kollektiver Sinnkonstruktionen und damit als eine gesellschaftlich konstruierte Fiktion erkennbar (Butler, 2014, S. 200).

Andererseits wird der Geltungscharakter traditioneller Weiblichkeitskonzepte und ihrer Identitätspositionen innerhalb der hier diskutierenden Gruppe junger Frauen auch angefochten. Eine Orientierung an tradierten Weiblichkeitsnormen wird mehrmalig abgelehnt, stereotype Geschlechterbilder als identitätskonstituierendes Rahmenkonzept zurückgewiesen und deren Einflussnahme auf berufliche Orientierungen dementiert („Nee, ich weiß nicht"; „ich würd mich jetzt nicht so als total typisches Mädchen [...] wie jemand [...] dieses Bild halt im Kopf hat, das Mädchen mit den Puppen und dem KLEID und den Jungen mit dem Auto"). Stattdessen entwerfen sich die jungen Frauen als autonome weibliche Subjekte mit individuell unterschiedlichen Interessen und Neigungen, unberührt von gesellschaftlichen Zuschreibungen und Einflussnahmen („dafür interessier ich mich einfach nicht"; „so wie andere Leute nicht daran interessiert sind, [...] mit Mode zusammenarbeitet, sind andere eben nicht daran interessiert, en Auto zusammen zu schrauben").

Zugleich zeigt sich, wie über die Subvertierung stereotyper Weiblichkeitsinszenierungen Identitätspositionen um unkonventionelle Entwürfe erweitert werden und im Effekt eine kongruente Beziehung zwischen alternativ-weiblicher Geschlechtsidentität und einer beruflichen Orientierung im männlich codierten Bereich von Technik und Naturwissenschaft hergestellt wird („ich interessiere mich einfach überhaupt nicht für diese typischen MÄDCHENsachen"). Dabei fungiert die radikale Zurückweisung konventioneller Darstellungspraxen als Mittel der Abgrenzung eines alternativen Identitätsentwurfs jenseits hegemonialer Weiblichkeitskonstruktionen im Zusammenhang mit einer technisch-naturwissenschaftlichen Studienorientierung („ich weiß nicht mal, wie irgendwelche Schminke HEISST. Also was man sich ins Gesicht klatscht“). Erst vor diesem Hintergrund wird erkennbar, wie durch die Subvertierung stereotyper Ausdrucksweisen konventioneller Weiblichkeit normative Vorstellungen von einer vermeintlichen Inkompatibilität von Weiblichkeit und Technik unterwandert bzw. für die produktive Übersetzung auf ein alternatives Weiblichkeitskonzept nutzbar gemacht und auf diese Weise eine Kohärenz zwischen weiblicher Subjektposition und technisch-beruflichem Selbstkonzept hergestellt wird. Die Zurückweisung konventioneller Anerkennungsversprechen ermöglicht hier die Erweiterung weiblicher Identitätspositionen (King, 2002, S. 87–88) und ein Aufbrechen symbolischer Geschlechtergrenzen in den beruflichen Orientierungsmustern.

Etwas später im Diskussionsverlauf wird von den Schülerinnen derselben Gruppe der Beruf „Automechaniker“ ins Zentrum der Debatte um technische Berufswahloptionen gerückt und mit Bezugnahme auf weitere soziale Kategorien kontrovers verhandelt:

„…du kannst da RUM schrauben und dich einsauen“

Dana: Nee, also wenn´s gutes GELD dafür geben würde, also jetzt so für Automechaniker, also WIRKLICH RICHTIG [Geld …]
Carina: [Hmhm.]
Dana: … so, wie wenn ich studiert hätt, also ich würde eigentlich SCHON gerne studieren, aber ich weiß nicht, ich würde das SCHON machen, weil ich find das total cool, [wenn …]
Carina: [Ja.]
Dana: … du was PRAKTISCHES machen kannst, weil es ist halt eben nicht [langweilig.]
Carina: [Ja.]
Dana: Du sitzt nicht da, musst irgendwelches Zeug ausfüllen, du kannst da RUM [schrauben und dich einsauen ((lacht)).]
Carina: [Ist halt auch immer was ANDERES, weil] du hast ja IMMER andere Autos, die irgendwas [anderes …]
Dana: [Ja.]
Carina: immer kaputt haben oder so [oder so …]
Dana: [Oder wenn] du so Autos restaurierst oder lackierst [oder so, ist schon cool.]

Carina: [So beruflich] würde mich das AUCH reizen, sag ich mal, aber ich s-, ich würde halt SCHON lieber zu-, studieren, [mehr ...]
Dana: [Ja.]
Carina: ... Geld verdienen, sag ich mal, hm, ich glaub, das wär dann nur so...
Dana: Hobby.

Deutlich wird in diesem Abschnitt, wie die jungen Frauen im Kontext der Diskussion um technische Berufswahloptionen gesellschaftliche Vorgaben hinsichtlich einer gelungenen Berufswahlentscheidung bearbeiten und dabei die Dimensionen soziale Klasse und Geschlecht als Kategorien sozialer Differenzierung relevant machen. In den Fokus der gemeinsamen Diskussion wird dabei der Ausbildungsberuf Kfz-Mechatroniker*in gerückt und als Gegenentwurf zu normativen Anforderungen an eine angemessene Berufsqualifizierung von jungen Frauen aus der bildungsprivilegierten Mittelschicht verhandelt, der jedoch aufgrund zu geringer Verdienstaussichten verworfen wird („wenn´s gutes GELD dafür geben würde"; „WIRKLICH RICHTIG Geld"). Als Vergleichshorizont wird hierbei auf Einkommenschancen verwiesen, die von einer akademischen Laufbahn erwartet werden („wie wenn ich studiert hätt"). In der Nachdrücklichkeit, mit der hier die Höhe des späteren Einkommens als ausschlaggebendes Kriterium bei der Entscheidung für oder gegen einen technischen Beruf geltend gemacht wird, dokumentiert sich ein normatives Orientierungsmuster, das innerhalb der Gesellschaft hohe Legitimität besitzt. Dabei scheint bei der Absicht zu studieren weniger ein bestimmter Berufswunsch im Vordergrund zu stehen als vielmehr ein angestrebter beruflicher Status, den der Bildungshintergrund der Schüler*innen erwarten lässt und der im Kontrast zum Ausbildungsberuf „Automechaniker" wahrgenommen wird.

Doch übt gerade dieser Beruf auf die Schülerinnen einen besonderen Reiz aus („ich würde das SCHON machen"; „so beruflich würde mich das AUCH reizen"). In ihm sehen sie den Wunsch nach einer praktischen und abwechslungsreichen Tätigkeit realisiert, wie er von vielen Schüler*innen in verschiedenen Gruppendiskussionen in Abgrenzung zu einer Schreibtischtätigkeit immer wieder geäußert wird („was PRAKTISCHES machen"; „es ist halt eben nicht langweilig"; „Du sitzt nicht da, musst irgendwelches Zeug ausfüllen"; „Ist halt auch immer was ANDERES"). Dies mag einerseits erklären, warum die jungen Frauen allein den technisch-handwerklichen Ausbildungsberuf verhandeln, während die Möglichkeit eines Studiums in der Fachrichtung Maschinenbau und Fahrzeugtechnik ausgeblendet bleibt. Denn das, was für die jungen Frauen offenbar Attraktivität besitzt, ist die unmittelbar körperlich erfahrbare Auseinandersetzung mit (mechanischer) Technik, wie sie in der imaginierten Handlungspraxis des ‚Schraubens' erkennbar wird („du kannst da RUM schrauben"). Neben dem Reparieren von Autos wird in der Imagination der Schülerinnen der Aspekt eines kreativen Schaffens als Ausdruck von Individualität und Souveränität auf der Grundlage technischer Kompetenz aufgerufen und positiv bewertet („wenn du so Autos restaurierst oder lackierst oder so, ist schon cool").

Im Gegensatz zu einer als langweilig entworfenen Schreibtischtätigkeit ermöglicht die Arbeit in einer Kfz-Werkstatt in der Vorstellung der Schülerinnen körperliche Aktivität, frei von stereotypen und begrenzenden Verhaltenserwartungen, im Sinne einer passiv-reaktiven und sauber-gepflegten Körperinszenierung, die mit Mittelschichtsidealen bildungsprivilegierter Weiblichkeit korrespondiert („du kannst da RUM schrauben und dich einsauen"). Die Vorstellung von einer körperlichen und schmutzigen Arbeit im technisch-handwerklichen (Kfz-)Bereich eröffnet hier einen Möglichkeitsraum für einen lustvoll imaginierten subversiven Gegenentwurf zu gesellschaftlichen Konventionen und stereotypen Zuschreibungen, die von den jungen Frauen umgearbeitet werden und in denen sich gesellschaftliche Anforderungen intersektional überkreuzen, die sich sowohl auf den Bildungsstatus der angehenden Abiturientinnen als auch auf die Intelligibilität weiblicher Körper beziehen. Andererseits setzen die Gymnasiastinnen diesem Wunsch den zukünftigen Anspruch an ein gehobenes Einkommensniveau entgegen, welches sie durch ein Studium gesichert sehen und das mehrfach als ausschlaggebendes Argument zur Verwerfung des Berufs Kfz-Mechatroniker*in angeführt wird („ich würd halt SCHON lieber studieren, mehr Geld verdienen").

Eine mögliche Vereinbarkeit der widerstreitenden Orientierungen an einer praktischen Beschäftigung mit Kfz-Technik einerseits und einer höher dotierten, weil akademisch qualifizierten Berufstätigkeit anderseits, entwerfen die Schülerinnen abschließend im gedanklichen Experiment durch die Überführung in den ausschließlich privaten Freizeitbereich („das wär dann nur so" „Hobby").

Der voranstehende Diskussionsausschnitt verdeutlicht, wie die Koexistenz unterschiedlicher Diskurse Variationen in der Wiederholung normativer Vorgaben im performativen Prozess der Hervorbringung geschlechtlicher Identitäten ermöglicht, durch die der Bereich kultureller Intelligibilität neu verhandelt werden kann (Butler, 2014, S. 112). In diesem Zusammenhang erweisen sich die mit dem Artefakt Auto verbundenen symbolischen Repräsentationen von Autonomie und Souveränität als bedeutsam, die Bestrebungen nach Anerkennung und Unabhängigkeit in adoleszenten Identitätsbildungsprozessen entgegenkommen (King, 2002, S. 85–87). Denn während diese kollektiv geteilten Bedeutungsmuster einerseits mit konventionellen Weiblichkeitsidealen konfligieren, korrespondieren sie andererseits mit jugendlichen Autonomiebestrebungen (ebd.; Vobker, 2016, S. 154) und können somit als Moment der Zurückweisung begrenzender Gesellschaftsvorgaben für adoleszente junge Frauen eine starke Attraktivität besitzen.

Dieser Zusammenhang dokumentiert sich auch in anderen Gruppendiskussionen, die in ähnlicher Weise aufzeigen, wie die Vorstellung einer Teilhabe an männlich dominierter und damit prestigeträchtiger Kfz-Technik adoleszente Frauen dazu inspirieren kann, im Rahmen ihrer Identitätsarbeit alternative Selbstkonzepte zu entwerfen und dabei das denkbare Feld der Intelligibilität weiblicher Subjektpositionen zu erweitern. Dabei scheint es weniger darum zu gehen, konkrete Berufswahloptionen abzuwägen als vielmehr darum, Möglichkeitsräume zur subversiven Unterwanderung begrenzender Weiblichkeitsnormen und stereotyper Zuschreibungen auszuloten. Ohne dass Geschlecht in der voranstehenden Diskussion der Schülerinnen explizit thematisiert wird, zeugt das Lustvolle, mit dem die Schülerinnen Vorstellungen von einer körperlich-schmutzigen Arbeit als ‚Automechanikerin' imaginieren („kannst [...] dich einsauen"), von einem Moment renitenter Widerständigkeit gegen normative Anforderungen an intelligible Weiblichkeit (Schmeck, 2019, S. 350–354).

5 Fazit

Die Auszüge aus der Analyse der Gruppendiskussionen zeugen von einem impliziten Wissen über die Verhältnissetzung von Technik und Geschlecht, das entscheidend von der symbolischen Verwobenheit von Technik und

Männlichkeit als einer kollektiven Sinnwelt geprägt ist. Im Umkehrschluss werden vor der Deutungsfolie normativer Zweigeschlechtlichkeit und damit verwobener Differenzmarkierungen Ausschlusslogiken von Weiblichkeit und Technik in performativen Prozessen der Geschlechterkonstruktion erkennbar.

Während das Wissen über die Verhältnissetzung von Technik und Geschlecht eher präreflexiv die Selbstinterpretationen und Handlungsorientierungen der jungen Frauen (und Männer) rahmt, werden in den gemeinsamen Debatten auch stereotype Geschlechterbilder aufgerufen, aus denen vermeintlich natürlich differente Eigenschaften, Eignungen und Leistungsvermögen von Frauen und Männern abgeleitet, stilisiert und idealisiert werden. Während Sozialität und Fürsorge als weibliche Wesensmerkmale gelten, wird Technikkompetenz jenseits konventioneller Weiblichkeitskonzepte verortet und selbstverständlicher Männern zugeschrieben. Dabei tritt in den kontrovers geführten Debatten der Schüler*innen ein diskursives Ringen über Differenz und Gleichheit der Geschlechter zutage, die das geschlechterstereotype Berufswahlverhalten einerseits zu plausibilisieren und andererseits vor dem Hintergrund des gesellschaftlich verankerten Prinzips geschlechtlicher Gleichstellung als unzeitgemäße Beschränkung im Denken zu entlarven suchen.

Die Brüche in den Argumentationslinien lassen sich dabei als Ausdruck der Überlagerung konfligierender Diskurse über Geschlecht bzw. Geschlechterdifferenz als gesellschaftlichem Ordnungsprinzip einerseits und gegenwartsbezogenen Erwartungshaltungen an individuelle und authentische berufliche Entscheidungsfindungen andererseits begreifen. Denn während sich die geschlechtsbezogenen Darstellungen und Selbstinterpretationen vor dem Hintergrund stereotyper Geschlechterbilder entfalten, die als positiver wie negativer Gegenhorizont der Identifikation und Abgrenzung fungieren, ermöglicht die Rückbindung beruflicher Orientierungen an individuelle Interessen als gemeinsame Rahmenorientierung die Kohärenz in den Argumentationslinien zu (re-)stabilisieren.

Während technikorientierte Frauen außerhalb konventionell anerkannter Formen weiblicher Subjektivität situiert werden, sichert eine Selbstverortung im Bereich konventioneller Weiblichkeit über den konstitutiven Ausschluss des Technischen komplikationslos die kohärente Darbietung intelligibler Geschlechtlichkeit. Damit zeigt sich, dass die Performativität intelligibler Geschlechtlichkeit auch eine legitimatorische Funktionalität besitzt (Butler, 2014, S. 206), indem die Berufung auf klassische Weiblichkeitsideale die Ablehnung technischer Berufe ohne Weiteres als plausibel erscheinen lässt. Zugleich offenbart sich, wie durch eine strategische Abgrenzung gegenüber konventionellen Weiblichkeitsvorstellungen und damit verkoppelten stereotypen Zuschreibungen normative Anforderungen an die Kohärenz geschlechtlicher Identitäten zugunsten eines alternativen technisch-beruflichen Selbstkonzeptes umgedeutet und somit Begrenzungen gesellschaftlicher Normen und Konventionen überschritten werden können – auch wenn dies eine Selbstverortung im Bereich der Abweichung von hegemonialen Geschlechternormen und ihren gesicherten Anerkennungsstrukturen bedingt.

Zum einen wird damit deutlich, dass die Konstruktion konventionell anerkannter Formen von Weiblichkeit vor dem Hintergrund der binären Geschlechternorm die Abgrenzung zur Männlichkeit symbolisierenden Technik als „konstitutives Außen" (Butler, 1995, S. 23) verlangt. Zum anderen zeigt die Analyse in Anlehnung an Butler, dass diese Bedeutungen nicht festgeschrieben sind, sondern fortwährend neu ausgehandelt, bestätigt und verschoben werden. Hierbei treten die Schüler*innen selbst als Akteur*innen diskursiver Ordnung in Erscheinung, die das, was als intelligibler Entwurf geschlechtlicher Identität in Verbindung mit beruflichen Orientierungen anerkennbar ist, innerhalb der Gruppe Gleichaltriger in Auseinandersetzung mit gesellschaftlichen Vorgaben verhandeln und dabei normative Vorstellungen rund um Technik und Geschlecht kontextgeleitet aufrufen und bestätigen, aber auch anfechten und subversiv zu unterwandern suchen.

So zeigt die Analyse, dass eine Abgrenzung gegenüber konventioneller Weiblichkeit neue Formen der Anerkennung weiblicher Subjektivität diesseits des Technischen ermöglicht, wobei normative Anforderungen an die Kohärenz geschlechtlicher Identitäten und damit verbundene Begrenzungen zugunsten eines alternativen technisch-beruflichen Selbstkonzeptes angeeignet und umgeschrieben werden. Denn die Verhandlungen anerkennbarer beruflich-geschlechtlicher Identitätspositionierungen im Kontext Technik folgen nicht immer einer binärgeschlechtlichen Systematik, sondern finden auch im Binnenverhältnis unterschiedlicher Weiblichkeitskonzepte statt, entlang eines Rasters weiblicher Subjektivität im Verhältnis zum Technischen, innerhalb dessen unterschiedliche Identitätsentwürfe als typisch bzw. untypisch verortet und grundsätzlich, wenn auch in unterschiedlichem Ausmaß, anerkannt werden. Damit offenbaren sich produktive Lösungsansätze, mit denen adoleszente junge Frauen widersprüchliche Anforderungen an beruflich-geschlechtliche Identitäten in einen Zustand der Kohärenz überführen und damit zugleich den Boden für konventionsüberschreitende Neudefinitionen bereiten (King, 2002, S. 88).

Ferner lassen sich in der Bezugnahme auf alltagsweltliche (Technik-)Artefakte, die innerhalb der eigenen Referenzgruppe Gleichaltriger eine identitätsstiftende Bedeutsamkeit hinsichtlich adoleszenter Autonomiebestrebungen aufweisen, Möglichkeitsräume für alternative Identitätsentwürfe ausfindig machen (Schmeck, 2019, S. 324–363). Dabei geht es häufig weniger um konkrete Berufswünsche, als vielmehr darum, Gelegenheitsstrukturen für individuierende Weiblichkeitsentwürfe in Abgrenzung zu gesellschaftlichen Konformitätsanforderungen zu sondieren, losgelöst von stereotypen Attribuierungen und begrenzenden Vorgaben. Insbesondere die lustvolle Imagination von körperlicher und schmutziger Arbeit im technisch-handwerklichen, männlich konnotierten Kfz-Bereich bildet einen scharfen Kontrast zu (insbesondere bildungsbürgerlichen) Weiblichkeitsnormen in ihrer intersektionalen Überkreuzung mit akademisch orientierten beruflichen Aspirationen und somit eine wirkungsvolle Hintergrundfolie für subversive Gegenentwürfe weiblicher Identität (ebd., S. 383–386).

Es lässt sich zusammenfassen, dass die Beständigkeit stereotyper Berufs- und Studienwahlen junger Frauen (und Männer) im Zusammenhang mit wirkmächtigen Geschlechternormen sowie kollektiven Vorstellungen von Technik und Geschlecht zu betrachten sind, aus denen gesellschaftliche Anforderungen an beruflich-geschlechtliche Identitäten resultieren, die von jungen Frauen am Übergang von der Schule in eine berufliche Erstqualifizierung bearbeitet werden müssen. Dabei ist die wechselseitige Durchdringung gesellschaftlicher Strukturen, individueller Handlungsorientierung und symbolischer Repräsentationen hochkomplex, wodurch die Hartnäckigkeit des geschlechterdifferenten Berufs- und Studienwahlverhaltens aller bildungspolitischen Maßnahmen zum Trotz erklärbar wird. Denn konventionelle Formen der Anerkennung intelligibler Weiblichkeit vollziehen sich nach wie vor in Abgrenzung zum Technischen, was als Bestandteil eines kollektiv verwurzelten und vorreflexiv wirkenden Geschlechterwissens die Hervorbringung beruflich-geschlechtlicher Identitäten leitet. So macht der vorliegende Beitrag auf die Wirkmächtigkeit gesellschaftlicher Geschlechternormen im konstitutiven Zusammenspiel mit der symbolischen Repräsentation von Technik als Moment geschlechtlicher Differenzmarkierung innerhalb der binären Geschlechterordnung aufmerksam, aber auch auf Veränderungsdynamiken, die durch die kreative Umarbeitung normativer Vorgaben entstehen.

Literatur

Aulenbacher, B. (2010) „Gesellschaftsanalysen der Geschlechterforschung", in Dies., Meuser, M. & Riegraf, B. (Hg.) *Soziologische Geschlechterforschung. Eine Einführung*, Wiesbaden, Springer VS, S. 33–58.

Becker-Schmidt, R. (2003) „Umbrüche in Arbeitsbiographien von Frauen: Regionale Konstellationen und globale Entwicklungen", in Knapp, G.-A. & Wetterer, A. (Hg.) *Achsen der Differenz. Gesellschaftstheorie und feministische Kritik II*, Münster, Westfälisches Dampfboot, S. 101–132.

Becker-Schmidt, R. & Krüger, H. (2009) „Krisenherde in gegenwärtigen Sozialgefügen: Asymmetrische Arbeits- und Geschlechterverhältnisse – vernachlässigte Sphären gesellschaftlicher Reproduktion", in Aulenbacher, B. & Wetterer, A. (Hg.), *Arbeit. Perspektiven und Diagnosen der Geschlechterforschung*, Münster, Westfälisches Dampfboot, S. 12–41.

Becker-Schmidt, R. (2014) „Gesellschaftliche Verfügung über Arbeit – gelebte Praxen: Anstöße aus der Frauenbewegung zur Erforschung des widersprüchlichen Arbeitsensembles von Frauen", in Rendtorff, B., Riegraf, B. & Mahs, C. (Hg.) *40 Jahre Feministische Debatten. Resümee und Ausblick*, Weinheim/Basel, Beltz Juventa, S. 90–103.

Benke, G. (2012) „Gender im naturwissenschaftlichen Unterricht", in Kampshoff, M. & Wiepcke, C. (Hg.) *Handbuch Geschlechterforschung und Fachdidaktik*, Wiesbaden, Springer VS, S. 213–227.

Bohnsack, R. (2010) *Rekonstruktive Sozialforschung. Einführung in qualitative Methoden.* 8., durchgesehene Auflage, Opladen/Farmington Hills, Verlag Barbara Budrich.

Bohnsack, R., Nentwig-Gesemann, I. & Nohl, A. M. (2013) „Einleitung: Die dokumentarische Methode und ihre Forschungspraxis“, in Dies. (Hg.) *Die dokumentarische Methode und ihre Forschungspraxis. Grundlagen qualitativer Sozialforschung.* 3., aktualisierte Auflage, Wiesbaden, Springer VS, S. 9–32.

Braunschweig, L, Christoph, B. & Schreyer, F. (2019) „*Ingenieur- und Naturwissenschaften: In manchen MINT-Fächern dominieren Frauen*“, IAB-Forum 16. Dezember, Nürnberg, [Online]. Verfügbar unter https://www.iab-forum.de/ingenieur-und-naturwissenschaften-in-manchen-mint-faechern-dominieren-frauen/; (Zugriff am 20.06.2023).

Butler, J. (1995) *Körper von Gewicht. Die diskursiven Grenzen des Geschlechts*, Berlin, Berliner.

Butler, J. (2012) *Die Macht der Geschlechternormen und die Grenzen des Menschlichen*, 2. Auflage, Frankfurt a. M., Suhrkamp.

Butler, J. (2014) *Das Unbehagen der Geschlechter*, 17. Auflage, Frankfurt a. M., Suhrkamp.

Cockburn C. (1988) *Die Herrschaftsmaschine,* Berlin/Hamburg, Argument.

Döge, P. (2001) „Technik, Männlichkeit und Politik. Zum verborgenen Geschlecht staatlicher Forschung und Technologiepolitik“, in Döge, P. & Meuser, M. (Hg.) *Männlichkeit und soziale Ordnung. Neue Beiträge zur Geschlechterforschung*, Opladen, Leske und Budrich, S. 123–139.

Döge, P. (2006) „Vom Entweder-Oder zum Sowohl-Als-Auch. Wissenschafts- und Technikkulturen jenseits der Geschlechterpolarität“, in Dudeck, A. & Jansen-Schulz, B. (Hg.) *Hochschuldidaktik und Fachkulturen. Gender als didaktisches Prinzip*, Bielefeld, Universitätsverlag Webler, S. 47–55.

Drescher, K., Häckl, S. & Schmiedel, J. (2020) „MINTBerufe: Workshops mit Rollenvorbildern können Geschlechterstereotype abbauen“, *DIW Wochenbericht*, Deutsches Institut für Wirtschaftsforschung (DIW), Berlin, Vol. 87, Issue 13, S. 252–260 [Online]. Verfügbar unter https://doi.org/10.18723/diw_wb:2020-13-1.

Driesel-Lange, K. (2011) *Berufswahlprozesse von Mädchen und Jungen. Interventionsmöglichkeiten zur Förderung geschlechtsunabhängiger Berufswahl*, Berlin, LIT.

Faulkner, W. (2000) „Dualism, Hierarchies and Gender in Engineering“, *Social Studies of Science*, Vol. 30, No. 5, S. 759–792.

Faulkner, W. (2001) „The technology question in feminism: A view from feminist technology studies“, *Women's Studies International Forum*, Vol. 24, Issue 1, S. 79–95.

Faulkner, W. (2008) „The Gender(s) of 'Real' Engineers: Journeys around the Technical/Social Dualism“, in Lucht, P. & Paulitz, T. (Hg.), *Recodierung des Wissens. Stand und Perspektiven der Geschlechterforschung in Naturwissenschaft und Technik*, Frankfurt a. M./New York, Campus, S. 141–155.

Fenstermaker, S. & West, C. (2001) „'Doing Difference' revisited. Probleme, Aussichten und der Dialog in der Geschlechterforschung“, in Heintz, B. (Hg.), *Geschlechtersoziologie* (Kölner Zeitschrift für Soziologie und Sozialpsychologie, Sonderheft 41), Wiesbaden, Westdeutscher Verlag, S. 236–249.

Franzke, B. (2010) *Vermittlung von Berufsbildern– Wirkung und Relevanz von Rollenmustern und Geschlechterstereotypen bei der Beratung junger Menschen Konzeption eines Gendertrainings*, HdBA-Bericht Nr. 02 [Online]. Verfügbar unter https://www.professor-franzke.de/pdf/Franzke_Vermittlung_von_Berufsbildern_Gendertraining_07_2010.pdf; [Zugriff am 18.05.2023].

Frevert, U. (1982) „Frauen und Ärzte im späten 18. und frühen 19. Jahrhundert – zur Sozialgeschichte eines Gewaltverhältnisses“, in Kuhn, A. & Rüsen, J. (Hg.) *Frauen in der Geschichte*, Band 2, Düsseldorf, Schwann, S. 177–207.

Hagemann-White, C. (1984) Sozialisation: *Weiblich – Männlich?*, Opladen, Leske und Budrich.

Gildemeister, R. & Wetterer, A. (1992): „Wie Geschlechter gemacht werden. Die soziale Konstruktion der Zweigeschlechtlichkeit und ihre Reifizierung in der Frauenforschung“, in Knapp, G.-A. & Wetterer, A. (Hg.), *Traditionen, Brüche. Entwicklungen feministischer Theorie*, Forum Frauenforschung, Freiburg, Kore, S. 201–254.

Hartmann, J. (2001) „Bewegungsräume zwischen kritischer Theorie und Poststrukturalismus. Eine Pädagogik vielfältiger Lebensweisen als Herausforderung für die Erziehungswissenschaft“, in Fritzsche, B. & Hartmann, J. (Hg.), *Dekonstruktive Pädagogik. Erziehungswissenschaftliche Debatten unter poststrukturalistischer Perspektive*, Opladen, Leske und Budrich, S. 65–84.

Hausmann, A.-C. & Kleinert, C. (2014) „Berufliche Segregation auf dem Arbeitsmarkt: Männer- und Frauendomänen kaum verändert“, *IAB-Kurzbericht* 9 [Online]. Verfügbar unter https://doku.iab.de/kurzber/2014/kb0914.pdf; [Zugriff am 18. April 2023].

Heintz, B. (2001) „Geschlecht als (Un-)Ordnungsprinzip. Entwicklungen und Perspektiven der Geschlechtersoziologie“, in Dies. (Hg.), *Geschlechtersoziologie* (Kölner Zeitschrift für Soziologie und Sozialpsychologie, Sonderheft 41), Wiesbaden, Westdeutscher Verlag, S. 9–29.

Hobler, D., Pfahl, S. & Unrau, E. (2022) *Frauen und Männer in den 25 häufigsten Ausbildungsberufen 2020,* Wirtschafts- und Sozialwissenschaftliches Institut (WIS) der Hans-Böckler-Stiftung [Online]. Verfügbar unter https://www.wsi.de/data/wsi_gdp_bi-segregation-01.pdf; [Zugriff am 18.04.2023].

Hoffmann, U. (1987) *Computerfrauen. Welchen Anteil haben Frauen an der Computergeschichte?*, 2. Auflage, München, Rainer Hampp.

Janshen, D. & Rudolph, H. (1987) *Ingenieurinnen. Frauen für die Zukunft*, Berlin/New York, Walter de Gruyter.

King, V. (2002) *Die Entstehung des Neuen in der Adoleszenz: Individuation, Generativität und Geschlecht in modernisierten Gesellschaften*, 2. Auflage, Wiesbaden, Springer.

Kompetenzzentrum – Technik – Diversity – Chancengleichheit (2023) *Statistiken zu MINT und Gesundheits- und Sozialen Studienbereichen* [Online]. Verfügbar unter https://www.kompetenzz.de/service/datentool/datentool-studium; [Zugriff am 18.04.2023].

Micus-Loos, C., Plößer, M., Geipel, K. & Schmeck, M. (2016) *Normative Orientierungen in Berufs- und Lebensentwürfen junger Frauen*, Wiesbaden, Springer VS.

Paulitz, T. (2012) *Mann und Maschine. Eine genealogische Wissenssoziologie des Ingenieurs und der modernen Technikwissenschaften, 1850-1930*, Bielefeld, transcript.

Paulitz, T. & Ziegler, A. (2015) „Technik und Ingenieur – auf den Begriff gebracht! Zur Formierung eines ‚männlichen‘ bürgerlichen Berufsfeldes“, in Paulitz, T., Hey, B., Kink, S. & Prietl, B. (Hg.), *Akademische Wissenskulturen und soziale Praxis. Geschlechterforschung zu natur-, technik- und geisteswissenschaftlichen Fächern*, Münster, Westfälisches Dampfboot, S. 97–115.

Reskin, B. & Roos, P. (1990) *Job Queers, Gender Queues, Explaining Women`s Inroads into Male Occupations,* Philadelphia, Temple University Press.

Robak, B. (1992) „Schriftsetzerinnen und Maschinenführungsstrategien im 19. Jahrhundert“, in Wetterer, A. (Hg.) *Profession und Geschlecht. Über die Marginalität von Frauen in hochqualifizierten Berufen*, Frankfurt a. M./New York, Campus, S. 83–100.

Schmeck, M. (2019) *Diskursfeld Technik und Geschlecht. Berufliche Identitätsentwürfe junger Frauen im Spannungsfeld von Tradition, Transformation und Subversion*, Bielefeld, transcript.

Schwiter, K., Wehner, N., Maihofer, A. & Huber E. (2011) „Zur Hartnäckigkeit geschlechtersegregierter Ausbildungs- und Berufsverläufe. Konzeptionelle Überlegungen zu einer empirischen Untersuchung“ *Femina Politica*, Heft 2, S. 20–32.

Statista (2022) *Anzahl der Studierenden an Hochschulen in Deutschland nach Geschlecht in den Wintersemestern von 2002/2003 bis 2022/2023* [Online]. Verfügbar unter https://de.statista.com/statistik/daten/studie/1083380/umfrage/anzahl-der-studenten-an-deutschen-hochschulen-nach-geschlecht/; [Zugriff am 18.04.2023].

Statistisches Bundesamt (destatis) (2022) *Studierende in Mathematik, Informatik, Naturwissenschaft (MINT) und Technik-Fächern* [Online]. Verfügbar unter https://www.destatis.de/DE/Themen/Gesellschaft-Umwelt/Bildung-Forschung-Kultur/Hochschulen/Tabellen/studierende-mint-faechern.html; [Zugriff am 20.06.2023].

Thege, B. & Schmeck, M. (2015) „Alle Jahre wieder: Der Einfluss von Gender in der Berufswahl“, in Klebl, M. & Popescu-Willigmann, S. (Hg.) *Handbuch Bildungsplanung. Ziele und Inhalte beruflicher Bildung auf unterrichtlicher, organisationaler und politischer Ebene*, Bielefeld, W. Bertelsmann, S. 587–612.

Teubner, U. (2009) „Technik – Arbeitsteilung und Geschlecht“, in Wetterer, A. & Aulenbacher, B. (Hg.), *Arbeit. Perspektiven und Diagnosen der Geschlechterforschung*, Münster, Westfälisches Dampfboot, S. 176–192.

Villa, P.-I. (2012) *Judith Butler*, 2., aktualisierte Auflage, Frankfurt a. M., Campus.

Vobker, M. (2016) *Automobil und Geschlecht. Explorative Analysen jenseits stereotyper Zuschreibungen*, Wiesbaden, Springer VS.

Wajcman, J. (1994) *Technik und Geschlecht*, Frankfurt a. M./New York, Campus.

Wajcman, J. (2004) *TechnoFeminism*, Cambridge, Polity Press.

West, C. & Zimmerman, D. H. (1987) „Doing Gender", *Gender and Society*, Vol. 1, No. 2 (June), S. 125–151.

Wetterer, A. (2002) *Arbeitsteilung und Geschlechterkonstruktion. ‚Gender at Work' in theoretischer und historischer Perspektive*, Konstanz, UVK Verlagsgesellschaft mbH.

Wetterer, A. (2009) „Arbeitsteilung & Geschlechterkonstruktion – Eine theoriegeschichtliche Rekonstruktion", in Aulenbacher, B. & Wetterer, A. (Hg.) *Arbeit. Perspektiven und Diagnosen der Geschlechterforschung*, Münster, Westfälisches Dampfboot, S. 43–63.

Winker, G. (2005) „Ko-Materialisierung von vergeschlechtlichten Körpern und technisierten Artefakten: Der Fall Internet", in Funder, M., Dörhöfer, S. & Rauch, C (Hg.), *Jenseits der Geschlechterdifferenz? Geschlechterverhältnisse in der Informations- und Wissensgesellschaft*, München/Mering, Rainer Hampp, S. 157–178.

Winker, G. (2007) „Traditionelle Geschlechterordnung unter neoliberalem Druck. Veränderte Verwertungs- und Reproduktionsbedingungen der Arbeitskraft", in Winker, G. & Groß, M. (Hg.) *Queer-/Feministische Kritiken neoliberaler Verhältnisse*, Münster, Unrast, S. 15–49.

Wolffram, A. (2006) „Prozesse sozialer (Un-)Gleichheit durch Ko-Konstruktionen von Technik und Geschlecht", in Rehberg, K.-S. (Hg.) *Soziale Ungleichheit, kulturelle Unterschiede: Verhandlungen des 32. Kongresses der Deutschen Gesellschaft für Soziologie in München. Teilband 1 und 2*, Frankfurt a. M., Campus, S. 3107–3116.

Zachmann, K. (2004) *Mobilisierung der Frauen. Technik, Geschlecht und Kalter Krieg in der DDR*, Frankfurt a. M./New York, Campus.

Ingelore Welpe

Homo Technikus – Kann das Stereotyp seine Definitionsmacht in technischen Fachkulturen verlieren?

Eine Schaltung
ist eine Schaltung,
ist eine Schaltung.

One of the most important functions of culture is that it integrates inwards and has a hierarchical and exclusionary effect outwards. In technical cultures, this function is performed by the masculinity stereotype, Homo Technicus. The stereotype causes a conservative culture of high performance and exclusion. It aims to maintain a pre-modern stereotypical androcentric monoculture, which leads to barriers to entry and career risks, especially for women. Older feminist technology research has so far focused mainly on theoretical and abstract descriptions of gender-stereotypical technology relations. Empirical analyses of the content of stereotypes, especially the stereotype Homo Technicus, are lacking. As a result of the current technological revolutions with non-human technologies, gender identities can be produced and dissolved in a technologically fluid manner. It can be assumed that in the future technology will free itself from its stereotype Homo Technicus.

Keywords: Homo Technikus, Androzentrismus, feministische Technikforschung, female masculinity, Artificial Intelligence Technology

1 Einleitung

Technik lässt keine Wünsche offen. Was immer unsere gesellschaftlichen Wünsche und Phantasien sind, Technik setzt alles daran, sie zu erfüllen und zu realisieren. Sie hat Flüsse verlegt und Berge versetzt, kein Winkel der Erde ist ihr unerreichbar, keine Kultur kann ihr widerstehen. Denn, was könnte attraktiver sein als die Handlungsspielräume, die sie eröffnet. Sie baut die Biosphäre in eine Techniksphäre um mit physikalischen, mathematischen oder naturwissenschaftlichen Gesetzmäßigkeiten. Dem Homo Technikus erscheint nichts unmöglich.

Die technikgetriebenen Wirtschaftsunternehmen bieten zudem vielversprechende berufliche Karrieren. Fachleute für Mathematik, Informatik, Naturwissenschaft und Technik werden umworben, jedoch oft erfolglos gesucht. Die akademischen Bildungsinstitutionen sind nicht erfolgreich genug, die Zahl der Studienanfänger*innen in den entsprechenden Studiengängen bedarfsgerecht zu erhöhen. Noch schwerer als die MINT-Fächer (Mathematik, Informatik, Naturwissenschaften) tun sich die T-Fächer (Technik) auch bei der Rekrutierung von technikaffinen Frauen und Männern.

Seit mehr als zwanzig Jahren versucht Bildungs- und Geschlechterforschung die emotionalen, kulturellen und strukturellen Hindernisse für Chancengleichheit für Frauen in den MINT-Disziplinen zu identifizieren und der Bildungspolitik Grundlagen zu liefern für umfangreiche Förder- und Ermutigungsprogramme für Mädchen und Frauen sowie für Marketingstrategien, die die Attraktivität für MINT-Studiengänge erhöhen und ihr Image verbessern sollen.

Dennoch sank seit dem Höchststand 2015 die Zahl der Studienanfänger*innen und reduzierte sich im Jahr 2021 in den MINT-Fächern um 6,5 Prozent. 52,4 Prozent der Studierenden sind heute weiblich, außer in den MINT-Fächern, in denen es aktuell 35 Prozent sind. Den höchsten Frauenanteil hat das Fach Innenarchitektur (88,2 Prozent), den niedrigsten Stahlbau (2,2 Prozent). In den Kernfächern Technik stagniert der Frauenanteil bei 20 Prozent und EU-weit ist Deutschland hier Schlusslicht (DESTATIS/Statistisches Bundesamt, 2023).

Auf alte Fragen fehlen neue Antworten.

Warum haben wiederholte Spezialprogramme der Bildungspolitik für bessere Chancengleichheit von Frauen und Mädchen in sekundären und tertiären technischen Bildungsbereichen nicht die gewünschten Effekte?

Warum bewerben sich viel zu wenige Absolvent*innen eines Informatikstudiums oder einer IT-Ausbildung als Fachkräfte in Unternehmen?

Warum haben Ingenieurinnen besondere Karriererisiken und überzufällig häufig Karrierebrüche? Weil Potenziale und Kompetenzen weiblicher und männlicher Absolventen der Technikfächer stereotyp ungleich bewertet und genutzt werden?

Eine aktuell neue Studie der ETH Zürich von Osterloh und Rost, die 9.000 Studentinnen befragte, beschreibt, dass diese konservative Rollen und traditionelle Familienbilder bevorzugen und auf anspruchsvolle oder männerdominierte Berufe oder akademische Toppositionen „keine Lust" haben.[1]

Die Autorinnen der Studie fragen, ob nach solchen wiederholten Befunden Frauenförderprogramme auf „Biegen und Brechen" überhaupt zielführend sind und verweisen auf das Gender Equality Paradox (Stoet & Geary, 2018). Es besagt, dass die Unterrepräsentation von Frauen in MINT-Disziplinen in Ländern mit hohem Bildungs- und Lebensstandard und gender-egalitären Konzepten größer ist als in Ländern mit ökonomischer Armut und Bildungsarmut. Es scheint zudem, dass in Ländern mit starker Orientierung an Geschlechtergerechtigkeit unerwartet und seit 1974 stereotypes Berufswahlverhalten und die Rollenklischees nicht nur nicht bestehen bleiben und zunehmen, sondern, dass sich Frauen und Männer immer unähnlicher (Stoet & Geary, 2022; Charles & Bradley, 2009) und ihre Präferenzen unterschiedlicher werden. Oder sind Präferenzen und Entscheidungen für Studienfächer und Berufswahlen deshalb stereotyp, weil *„die meisten von uns gar nicht... wissen, was sie lieben werden oder worin sie gut sein werden (besonders als Heranwachsende). Also ist es am einfachsten, auf stereotype Vorstellungen..."* (Charles[2] zit. n. Luerweg 2022, o. S.) zurückzugreifen? Wie spielen endogener und sozialer Kontext bei solchen Entscheidungen unbemerkt vom Individuum wie ein einengendes Korsett zusammen?

„Geschlechter definieren sich sehr stark über ihre Unterschiede. Wenn zum Beispiel die politische Gleichheit zunimmt, dann muss die Abgrenzung

---

1 SRF-Interview mit Margit Osterloh vom 08.05.2023: „Frauen ohne Lust auf Uni Karriere: ‚Einstellung sehr konservativ'" [Online]. Verfügbar unter https://www.srf.ch/kultur/gesellschaft-religion/studie-zur-gleichstellung-frauen-ohne-lust-auf-uni-karriere-einstellung-sehr-konservativ; [Zugriff am 06.06.2023].

2 GenderSciLab: "Gender Stereotypes, Gendered Self-Expression, and Gender Segregation in Fields of Study: A Q&A with Professor Maria Charles", (Originalzitat Maria Charles: *"Most of us don't know in advance what we will love or be good at (especially in adolescence), so it's easy to fall back on stereotypes about what people like us love."*), 14 February 2020 [Online]. Verfügbar unter https://www.genderscilab.org/blog/gender-stereotypes-gendered-self-expression-and-gender-segregation-in-fields-of-study-a-qampa-with-professor-maria-charles; [Zugriff am 06.06.2023].

auf einer anderen Ebene erfolgen". Gruhlich (2019) bezeichnet das als Gleichheitstabu, das die Geschlechterstereotype verfestigt.

Je gleichberechtigter, desto stereotyper? Sind es gar nicht ungleiche Chancen für Frauen, sondern die Möglichkeiten für ihre (stereotype) zufriedenstellende Selbstverwirklichung? Entscheiden sich Mädchen bei gleichem naturwissenschaftlichem Leistungsvermögen wie Jungen gegen MINT und für Fächer, in denen sie ihre eigentlichen Stärken und Interessen wahrnehmen? Lassen Stereotype als sozialer Druck es überhaupt zu, sich „frei" für Fächer und Rollen zu entscheiden und verstärkt das Männlichkeitsstereotyp, Homo Technikus, zusätzlich die Unattraktivität der Technik für zu viele Frauen (und auch Männer) augenscheinlich?

2 Kulturmuster

Eine der wichtigsten Funktionen von Kultur ist es, dass sie nach innen integriert und nach außen hierarchisch und ausgrenzend wirkt (Nünning, 2008). Durch besondere Ausprägung ihrer Kultur bilden und sichern Gruppen ihre Identität, ihre Kreativität, Werte, Denkstile, Normen und Strukturen und die öffentliche Selbstdarstellung. Jede Kultur bildet Stereotype aus (Tjafel, 1982), die sowohl der Einschätzung und Zuordnung sozialer Kontexte als auch der sozialen Unterscheidung von Mitgliedern und Nichtmitgliedern einer Kategorie dienen (Abrams & Hogg 1999, S. 9). Die Kategorien stellen den Mitgliedern ein selbstreferentielles Bezugssystem für kulturelle Identität zur Verfügung. Technikkulturen bieten dafür das Männlichkeitsstereotyp und eine Subtypvariante, den Homo Technikus, an.

In Wissenschaft und Wirtschaft findet sich in typischen Kulturmustern dieses Stereotyp, das Folgen für Nichtmitglieder hat. Bei Studien zum Zusammenhang zwischen Weiblichkeitsstereotypen und Karriereeinbrüchen von Frauen in technikgetriebenen Dax-Unternehmen identifizierten Schraudner et al. (2012, S. 8) vier unterschiedliche Unternehmenskulturen, in denen das Stereotyp Männlichkeit auch Personalpraktiken bestimmt und damit benachteiligende Effekte produziert. In der konservativen *Ausschlusskultur* begründet das traditionelle Geschlechterstereotyp den alleinigen Zugang von Männern zu Machtressourcen und zu führenden Positionen und infolge Monokulturen. Die konformistische *Formalkultur* praktiziert interne formale Verhaltensnormen und spricht Frauen stereotyp Führungskompetenzen ab. Die veränderungsorientierte *Bewahrungskultur* kennzeichnet Ambivalenz. Immerhin aber gibt es hier Gleichstellungsziele für Frauen. Die *Hochleistungskultur* verbindet Offenheit, Flexibilität mit extrem hoher Leistungsorientierung ohne Berücksichtigung der für Frauen geschlechtstypischen familiären Lebensphasen. Alle vier Kulturmuster signalisieren Frauen besondere Eintritts- und Ausschlussrisiken und erwartbare Karrierehindernisse. Daher wählen Frauen für ihre Karriereziele sozialwirtschaftliche oder technikfreie Organisationen anstelle von Technikunternehmen aus.

3 Vormoderne Monokultur und obskure Männerbünde?

Anders als Organisationen, die bei Personalprozessen Transparenz, Diversität und Diskrimierungsfreiheit verfolgen, sind technische Fachkulturen weitgehend Monokulturen. Das Stereotyp sendet Signale an passende (männliche) Bewerber, um die Homogenität der Personalstrukturen zu sichern. In der betriebswirtschaftlichen Forschung wird das als soziale Homophilie der Organisation beschrieben (Welpe, 2014). Die Strategie, bei Personalmarketing und Personalauswahl Selbstähnlichkeit, damit Passung und Gruppenhomogenität zu erhalten, führt in der Praxis zu rigiden Selektionskriterien, Bewährungsphasen nach Aufnahme von Bewerber*innen und zu definierten Verhaltenserwartungen in der Interaktion und Kommunikation mit den die Organisation dominierenden, hier stereotypgeprägten männlichen Gruppen. Rastetter (1998) beschrieb das Resultat als Männerbünde, als "vormodernes, gar archaisches Prinzip“ und als konstitutives internes Merkmal von Organisationsmanagement, um z.B. Frauen an Führungspositionen zu hindern. Männerbünde bewertet Gibel (2020) als organisationssoziologischen Sonderfall obskurer Organisationen, weil sie die modernen Anforderungen an Offenheit, Hierarchiefreiheit, professionelle Objektivität und an Chancengleichheit insgeheim ignorieren.

Die Auswirkungen von Männerbünden („boy groups“) in Vorständen und Aufsichtsratsgremien in dax-notierten Technikkonzernen, u. a. Bosch, Thyssen Krupp, Telekom, Siemens, SAP, Lufthansa, zeigt aktuell das mehrfache kurzfristige Scheitern von Topmanagerinnen in höchsten Vorstandspositionen schon in der ersten Vertragslaufzeit (Reitz, 2023).

Die Signale für technikaffine weibliche Nachwuchsführungskräfte, die sich in Karriere- und Fördernetzwerken wie „Mission Female“ und „Generation CEO“ organisieren, sind entmutigend eindeutig. In Technikkulturen dauern Männerbünde und ihre Ausschlusspraktiken fort.

In einer biografisch orientierten Studie zu Berufs- und Ausstiegsbiografien von zwölf Ingenieurinnen machte Erlemann (2002, S. 32) die Annahme, dass eine Ingenieurin männliches Dominanzstreben auf drei Ebenen widerlegt. Sie ist berufstätig. Sie ist qualifiziert und häufig führend tätig. Sie bewährt sich auf einem männlichen Gebiet. In Technikkulturen mit Männern zu konkurrieren, aus denen Frauen lange Zeit ausgeschlossen waren, kumulieren sich Widerstände und Herausforderungen für Frauen als Führungskräfte. Als Ausstiegsgründe nannten die Ingenieurinnen Aberkennung der Kompetenz, mangelnde Anerkennung, sexuelle Belästigung, aber auch, dass Eckpfeiler des Fachs nicht mit ihren zentralen persönlichen Werten vereinbar waren. Die angeführten Ausstiegsgründe korrespondieren mit Beobachtungen, dass trotz einer zunehmenden Öffnung gegenüber weiblichen Führungskräften emotionale Barrieren und das Führungsverständnis in Technikunternehmen Frauen ausschließen (Neuberger, 2002). Geschlechterstereotype beziehen sich nicht auf konkretes Verhalten, sondern auf Erwartungen von geschlechtstypischen Eigenschaften von Frauen und Männern. In der soziologischen Männlichkeitsforschung existiert das Stereotyp Männlichkeit in einer Vielzahl von Substereotypen, darunter „untergeordnete, marginalisierte und komplizenhafte Männlichkeiten“ (Connell, 2015, S.72). Hegemoniale Männlichkeit, mit der die börsennotierten Wirtschafts- und Technikunternehmen geführt werden, wird einem kleinen Teil der Grundgesamtheit Männer zugeschrieben. Sie grenzt sich gegenüber anderen Männlichkeiten und Weiblichkeit ab, führt zur doppelten Dominanz (Meuser, 2015, S.12) und gilt stereotyp als Ideal. Empirisch ist mit internationalen Studien (Schein et al., 1996) belegt, dass ein stereotyp männlicher Eigenschaftskatalog mit 92 Zuschreibungen eine signifikant hohe Übereinstimmung (Signifikanzniveau $p< 0,01$) mit Führungskraftprofilen hat und nur eine geringe, nicht signifikante mit stereotyp weiblichen Eigenschaften. Mit steigendem hierarchischem Status, sowohl bei Frauen und Männern als auch weiblichen und männlichen Studierenden, nimmt die Präferenz für das idealtypische Männlichkeitsstereotyp zu (Gmür, 1997). In konkreten Auswahlsituationen werden männliche Bewerber von männlichen Führungskräften gegenüber weiblichen umso mehr als ideal bevorzugt, je unspezifischer die Stellenanforderungen formuliert sind.

4 Homo Technikus

Historisch liegen die Wurzeln hegemonialer Männlichkeit in der seit der Antike wiederkehrenden Idee vom „homo faber" und seiner Herstellungskompetenz, seiner Vernunft und seinem Willen zur (Gestaltungs-)Macht.

Techne *(altgriechisch)* ist das Produkt des „homo faber" (lat. der schaffende Mensch) aus einer sich spielerisch betätigenden Mathematik (z.B. Archimedes[3]) für nützliches Anwendungswissen in Kunst, Wissenschaft und Technik und ein Konzept von Praxis (Aristoteles[4]). Die Neuzeit sieht den Menschen, anders als die rein philosophierende scholastische Metaphysik[5], als ein Wesen, das sich selber und seine Macht durch technisches Handwerk und künstlerische Technik schafft. Mit der Vorstellung vom Menschen als „Gott im Kleinen" und mit der Entwicklung des Bewusstseins vom „Herr-Sein" formt sich die Idee des heutigen gesellschaftlichen Humanismus, der mit Technik-Rationalismus verknüpft ist. Die gesellschaftliche Ausformung des alten Konzepts „homo faber" (Scheler, 1960) erfolgte im 20. Jahrhundert unter der wissenschaftsgetriebenen Technikentwicklung, der Rationalisierung, der Arbeitsteilung in den industriellen Revolutionen und dem Selbstbewusstsein durch Technikkompetenz. Dank der Hand ist der Mensch Homo Faber ein technisches Wesen (Blumenberg, 2006), das die Welt begreifen, in Sprache und Bildern fassen und formen und Handlungskontrolle ausüben kann.

Historische Ereignisse, darunter militärische Entwicklungen, technische Erfindungen und naturwissenschaftliche Entdeckungen des 18. und 19.

---

3 Archimedes, ca. 287 v. Chr., bedeutendster Mathematiker, Physiker, Ingenieur der Antike, dessen Werke noch bis in das 17. Jahrhundert für die Technikentwicklung bedeutsam waren.

4 Aristoteles, ca. 384 v. Chr., Universalgelehrter, der auch die Philosophie der Wissenschaft begründete.

5 Metaphysik diskutiert erkenntnistheoretisch, ohne Bezug auf empirische Evidenz, zu rein gedanklich Sinn und Zweck der Existenz, Geist und Natur, Gott und Welt.

Jahrhunderts, haben in Europa und Nordamerika das Bild vom Ingenieur als „Mann der Macher“, der industrialisierten Technik als maskuline Domäne und die Gründung von formalen Ingenieursschulen – MIT und Caltech sind heute die weltweit renommiertesten akademischen High-Tech Institutionen – bestimmt. Am Ende dieses Prozesses waren der Beruf des Ingenieurs, Karrieren in Technikunternehmen und Managementpositionen exklusiv, sexistisch und rassistisch reserviert für den „weißen Mann“ (Oldenziel, 1999). Das Schema Ingenieur dominiert in der Arbeitswelt zugleich die Schemata für Arbeitsstil und Karrieren.

In der modernen technischen Kultur wird der alte „homo faber“ Mensch durch Maschinen und technologische Systeme ersetzt und mit ihnen zum „Homo Technicus“, der (männliche) Entscheidungsträger für technische Systemarchitekturen, für Auswahl der Simulationsprogramme, für die Kriterien und den Einsatz von Technologien und der, der den Fortbestand stereotyper Technikkulturen sichert. Als „homo technicus ludens“ setzt er Technik als Mittel für Kreativität und Erweiterung von Technikspielräumen ein. Als hybrides Stereotyp „homo technicus alter deus“ ist er heute mit Technologien der künstlichen Intelligenz in der Lage, Natur und Gesellschaft zu zerstören (Hubig, 1990). Für die „neue menschliche Agenda“ in den kommenden Jahrzehnten spricht Harari (2017) vom „Homo Deus“, der mit algorithmischen Datentechnologien derzeit menschliche Funktionen und Fähigkeiten mitsamt Vorurteilen und Stereotypen an Künstliche Intelligenzen übergibt.

Im konservativen Selbst- und Fremdbild technischer Fachkulturen gilt *„Eine Schaltung ist eine Schaltung, also, was hat das mit Männern und Frauen zu tun? Frauen brauchen immer eine Sonderbehandlung, Frauen fehlt einfach das Technikgen.“* Sie sind als konservative Hochleistungs- und Ausschlusskulturen stolz auf ihre Zugangsbarrieren, *„entweder man ist richtig begabt für das Fach oder lässt es bleiben“* und sieht sich elitär den sozialen Disziplinen überlegen *„Kultur und Technik sind doch getrennte Bereiche.“*

Anders als es ihrem Autostereotyp – rational und cool – entspricht, sind Techniker*innen ziemlich emotional, wenn sie von ihren Fächern reden und schwärmen. Nur vordergründig erscheinen sie beeindruckend cool, weil sie öffentlich Emotionalität und Sachlichkeit trennen. Sachorientierung gilt als Schlüsselqualifikation in der Theorie und Praxis der Technik;

Sachorientierung ist im Geschlechterstereotyp der Männlichkeit zugeordnet. Das bewirkt in Bewerbungssituationen, dass technikaffine Personen, Frauen wie Männer, in einem Selbstselektionsprozess ihre Eignung selbstkritisch und defizitorientiert reflektieren. Vor allem technikinteressierte Frauen befinden in Entscheidungskonflikten, dass sie nur „second best" ins Bild des Homo Technikus passen.

5 Blinder Fleck. Technik ist doch gender-neutral

„Am I a lady or an engineer?" Während sie in Munitionsfabriken und Kriegsindustrien arbeiten durften, richteten britische Frauen 1918 nach dem Ende des Weltkriegs I diese Frage an sich selbst, nachdem ihnen nach Kriegsende der geforderte Verbleib in und der Zugang zu technischen Berufsfeldern verwehrt wurde.

Nicht nur die Frauen in England hatten bis weit nach dem Weltkrieg II um den barrierefreien Zugang zu einem technischen Studium und zu technischen Berufen zu kämpfen, die noch *„safe from an invasion of women"* waren. Über die unverheiratete britische Elektroingenieurin Caroline Haslett (1942), die die Women's Engineering Society in Britain gründete und führte, wurde in der Westminster Gazette 1925 (21. August) geschrieben:

„Miss All Alone, the self-sufficing bachelor girl of 1925,... working hard in trade or profession, she finds time to equip and run a little home."[6]

6 "... under the headline 'A cosy flat for one', a newspaper reporter in 1925 dubbed Haslett 'Miss All Alone, the self-sufficing bachelor girl of 1925,... working hard in trade or profession, she finds time to equip and run a little home. Everything in it is the expression of her independent personality.' After describing the electrical appliances (she and Margaret Partridge had wired the flat themselves), the reporter asked rhetorically: 'Lonely? Not a bit of it! "There's a gramophone there,"' he quotes Haslett as saying, '" a homemade one. Friends come in. We just take this out of the way, and this, and dance to it on the stained floor. I have friends coming to dinner tonight." The reporter concluded, 'Miss All Alone is now the head of a new engineering organisation for women, with all the world before her and the friendship of women who are doing things in the trades and professions.' In at least this one view, Haslett was not a figure of pity, shackled by a career in a male profession, but a bright new social type, the independent 'Bachelor Girl.'" (Pursell, 1993, S. 95).

Was aber wäre der neue soziale Typ Frau, der zu den Ingenieurswissenschaften und Technikfächern passt? Selbst Ingenieurinnen, die ihre Weiblichkeit recht unkonventionell, liberal und wenig disparat zum Ingenieurstereotyp sehen, sind noch nicht der richtige Typ Frau (Cech, 2007, S. 47). Reklamieren technische Fachkulturen ihr fachliches Neutralitäts- und Objektivitätspostulat auch für Sex und Gender?

Für liberale feministische Technikkritik ist die Technik selbst neutral (van Zoonen, 1992). Sie betrachtet Frauen und Männer als gleich und als gleichermaßen rational. Weiblichkeit und Männlichkeit eigenen sich Frauen und Männer als reine Stereotypen während ihrer Sozialisation an. Sie beeinflussen ihre beruflichen Präferenzen und die Selbsteinschätzung ihrer Leistungspotenziale. Auch durch die unkritische Akzeptanz des eigenen Weiblichkeitsstereotyps hält ein Großteil der Frauen ihre Technikdistanz aufrecht.

Die methodische Technikforschung betont, dass Technik nicht neutral, sondern androzentrisch ist. Um das zu ändern, wird für Entwicklungs- und Designteams Diversität gefordert, damit Interessengruppen ihre Lebenserfahrungen, ihre Vorstellungen und ihre Wissensbestände in Technik einbringen, mit Technikprodukten experimentieren und dabei die Genderthematik gruppenspezifisch und subjektiv reflektieren. Traditionelle technische Sichtweisen auf Technik sollen damit revidiert und innoviert werden (Balsamo, 2014). Diese experimentelle Methode könnte die stereotyp wahrgenommene Verknüpfung zwischen männlicher Technikdominanz und weiblicher technischer Inkompetenz mindestens schwächen und kontinuierlich angewandt Technikkulturen auch inkrementell biasfreier werden lassen.

Die Forderung der feministischen Technikforschung seit den 1990er Jahren, die „vergeschlechtliche Technik“ (Saupe, 2002) zu überwinden, ist theoretisch unzureichend fundiert. Zur Beurteilung, ob und wie Technik mehr und weniger gender-neutral ist oder wird, ist es notwendig, den komplexen Technikbegriff informationstheoretisch präzise zu definieren, ebenso Technikaffinität und Technikdistanz und insbesondere die vielfältigen differenzierten Reaktionsformen von Frauen und Männern auf Technik und Technologien empirisch zu untersuchen (Stauber & Walther, 1998, S. 33). Das sind wesentliche Anforderungen für eine praxisrelevante Technikkritik unter Geschlechteraspekten.

6 Female Masculinity, männliche Weiblichkeit und non-identity

Ein anderer Denkansatz, um die Exklusivität und Privilegien hegemonialer Männlichkeit zu reduzieren, findet sich bei Halberstam (2005). Anstatt eine Utopie von genderblinden Kulturen zu verfolgen, sei es ein nächster Schritt, sex und gender neu und alternativ zu kombinieren für female masculinity und männliche Weiblichkeit. Diese Substereotype sind zu propagieren, medial und real darzustellen, um variable Weiblichkeit in ihren Differenzen wahrnehmbar zu machen. In einer kulturwissenschaftlichen Analyse von Roman- und Filmmaterial beschreibt Halberstam (1998) eine differenzierte Taxonomie „weiblicher Maskulinitäten" mit Transgender Frau zu Mann Beispielen, mit Bildern und Beschreibungen von Tomboys, Butch-Lesben oder drag kings für öffentliche Sichtbarkeit. Weibliche Maskulinität ist nicht als „misidentification" oder als Nachahmung von Männlichkeit zu betrachten, sondern als Augenöffner für die Entkopplung von Körper und Maskulinität. Um Akzeptanz für weibliche Männlichkeit zu erreichen, muss auch männliche Weiblichkeit gezeigt und wertgeschätzt werden. Nach der Gendertheoretikerin Sedgwick (1985) sind das entscheidende Voraussetzungen, um hegemoniale Männlichkeit, Homosozialität und Männerbünde in Kulturen zu verändern.

Weil evidenzbasierte Erkenntnisse für dieses Problemfeld weiterhin fehlen, fordert Degele (2008) wissenschaftstheoretisch innovativere Ansätze. Auf die in feministischen Technikdebatten verwendeten Weiblichkeits- und Männlichkeitsstereotype muss konsequent verzichtet werden, weil das Modell Zweigeschlechtlichkeit mit Männlichkeit und Weiblichkeit ohne Kontextbezug nicht als Analysekategorie taugt, sondern seine Verwendung zur Reproduktion führt. Männlichkeit und Weiblichkeit wird zu viel zugeschrieben, was weder exklusiv männlich, noch exklusiv weiblich ist. Solange die Kategorien Männlichkeit und Weiblichkeit nicht radikal zerlegt sind und deren Inhalt mit der Empirie nicht übereinstimmen, bleiben sie ungeprüft leere Begriffe. Damit werden die Stereotype, die man aufzulösen wünscht, verfestigt. Wenn jedoch alternative Weiblichkeiten und Männlichkeiten im Sinne von Halberstam nur Repräsentationen sind und das Autostereotyp „Weiblichkeit" selbst nicht als Schlüsselthema beforscht wird, dann bleibt die Genderhierarchie in allen gesellschaftlichen Feldern und für alle Fälle unverändert.

Der vielfältige globale „Dritte Welt-Feminismus" sieht anders als westliche feministische Forschung nicht Genderstereotype, sondern die intersektionalen Beziehungen zwischen Kolonialismus, Rassismus, sozialen Klassen, Nationalismus, Heimat und Kapitalismus als primäre Dreh- und Angelpunkte, als Eingriffspunkte an (Castro Varela & Dhawan, 2009). Die in akademischen Debatten der „Postcolonial Studies" (Ashcroft et al., 2007) auch in Zusammenhang mit Gender vielfach kritisierten Stereotype verdecken die historisch und aktuell unterschiedlichen Lebensqualitäten sozialer Majoritäten und sozialer Minoritäten jenseits aller geographischen und kulturellen Grenzen. Weil „dritte Welt Weiblichkeiten und Männlichkeiten" mehrfach eingebettet sind in den kulturellen Kontext kolonialer, religiöser, gesetzlicher und familiärer Strukturen, sind sie ungleich diverser als die eurozentrischen Geschlechterstereotypen der „ersten Welt" und so ergiebiger, von Gender binär zu individualisierten Identitäten zu kommen und analytisch ergiebiger für den Standpunkt „non-identity" (Grosz, 2005). Das Ziel von „non-identity" ist es, ein Identitätspuzzle zu werden. Die Person versteht sich als Synthese aus der Vergangenheit, die vom eigenen Geschlecht, der sozialen Klasse, der Ethnie und politischen und persönlichen Lebensereignissen bestimmt war, und Ereignissen in der Zukunft.

7 Hat feministische Technikforschung Effekte für Technikkulturen?

Betrachtet man die Veränderungsresistenz, die monokulturelle Stabilität und die wirksame Exklusionspraxis der technischen Fachkulturen und das signifikant schwache Desinteresse sowohl von Frauen als auch Männern an technischen Studiengängen und Ausbildungen, kann gefragt werden, warum die Erkenntnisse der feministischen Technikforschung seit den 1970er Jahren zur Verknüpfung von Technik und Geschlecht offensichtlich wenig soziale und kaum kulturell reformatorische Wirkungen zeigen und die kritisierten Probleme der Berufskarrieren und Ungleichheit weiterbestehen. Eine soziale Theorie entsteht aus dem Stoff des realen Lebens und aus abstrakten Debatten von Theoretiker*innen. Wie alle Forschung hat auch die feministische Technikkritik Limitierungen, die nicht nur in Technikkulturen als Widerstände sichtbar werden. Wenn eine Theorie wahrnehmbare und messbare Wirkungen haben soll, dann muss die Theorie zurück in die tägliche Lebenspraxis (Connell, 2001, S. 193).

Alle Theorie des Feminismus dreht sich um zwei Hauptargumente. Um Differenzen und Beziehungen im Verhältnis zu Männern und um Gleichheit und Ungleichheit von Frauen. Jeweils kontingent zum zeitlichen Kontext beschreibt sich Feminismus mehrdeutig und mit heterogenen Etiketten, darunter sind rationalistisch, utopisch radikal, liberal, politisch, europäisch, angloamerikanisch, postmodern, strukturalistisch, Black, alt, rassistisch, neu und wahr. In der gesellschaftlichen Alltagskommunikation und Wahrnehmung wird Feminismus plakativ reduziert auf eine politische, auch diskreditierte ambitionierte Ideologie für parteiliche Frauenpolitik. Wird ein Begriff zur stereotypen Klassifizierung, so sind die Frauen, so die Männer, so ist Technik, so sind Ingenieure, wird er wegen Widersprüchlichkeiten und gegenteiliger Erfahrungen weitgehend abgelehnt.

Wie kritisch die Ambiguität des Begriffs Feminismus ist, macht ein historisches Beispiel anschaulich.

„Was hilft uns der Feminismus-Begriff zum Verständnis der dramatischen Gegensätze zwischen Pariser Marktfrauen oder Fischweibern, die manche für Vorläuferinnen des Feminismus halten, intellektuellen Pariserinnen, die als Feministinnen gelten, revolutionären Republikanerinnen, die auf politische Gleichberechtigung drängten, und höchst autonom agierenden Frauen der Provinz, die sich auf die Seite der Priester schlugen – zumal ihre Gegensätze nicht nur theoretische waren, sondern handgreifliche und oft lebensgefährliche Konflikte“ (Bock, 2005, S. 342).

Nicht nur für Technikkulturen, auch für die diverse Gesellschaft löst der opake Begriff Feminismus unklare Vorstellungen, ambivalente Gefühle und konfliktreiche Auseinandersetzungen aus. Nach der Eigengesetzlichkeit der Technik – und nicht in nur dieser Gruppe – wird akzeptiert, was klar definiert wird. Derzeit erscheint Technikkulturen der Begriff Feminismus lediglich wie eine frühe technische Produktidee, eher wie ein Suchkonzept oder eine (Gleichheits-)Schablone mit begrenztem Realisierungspotential.

Technologische Entwicklungen durchlaufen definierte Phasen. Ideenfindung, Konzeptentwicklung, Wachstum, Reife und Alter gehen einher mit der Überprüfung der Qualitätskriterien Anwendungstauglichkeit, Akzeptanz, Kosten und Gewinn.

Wenn man das Bild der Technik auf Feminismus anwendet, lässt sich Feminismus als eine „Emerging Technology“ auffassen, als einen entstehenden oder sich entwickelnden Prozess, an dem ein steigendes soziales Interesse besteht und der prominent werden kann. Die Merkmale emergenter Technologien sind radikale Neuheit, relativ schnelles Wachstum, bedeutende Wirkung und Unsicherheit über das Ausmaß der Einflussnahme. Nicht nur die frühen feministischen Bewegungen waren radikal und neu, ihre heutigen Schnittstellen mit queer und non-identity sind wiederum radikal neu. Seit nun fünfzig Jahren hat der Feminismus auch bedeutsame politische Auswirkungen, insbesondere auf die Rollen und Positionen von Frauen. In der digitalisierten Welt hat er sich als globaler Megatrend verbreitet. Damit scheint nun seine Wachstumsphase beendet zu sein. Für den Übergang in die Reifephase sind Anwendungstauglichkeit und Ausmaß der Adoption durch Zielgruppen entscheidende Qualitätskriterien für die Zukunft des Feminismus.

Dafür müssen die feministischen Ideen und Konzepte mehr als die bisherigen es politisch leisten, die Anwendungstauglichkeit, z.B. auch für die Technik, nachweisen. Der Adoptionsprozess für deutlich mehr gesellschaftliche Akzeptanz ist zu optimieren, insbesondere für die Gruppen, die aus Interessenskonflikten Distanz halten, die Feminismus als unvereinbar mit ihrer patriarchalen, geschlechterstereotypen Identität ablehnen oder die die Kosten einer diskriminierungsfreien egalitären Gesellschaft über ihren Nutzen stellen. Die Unterschiede der gesellschaftlichen Gruppen hinsichtlich ihrer Gründe für Akzeptanz, Distanz und Ablehnung sind vielfältig groß. Sie stellen für einen Feminismus, der anwendungsreif werden will, komplexe Probleme dar, für die sowohl theoretisch als auch konkret spezifische Lösungen erwartet werden, erdacht und erprobt werden müssen.

Als Technologie verstanden liefert der Feminismus bisher zwar ein konzeptionelles Design für Diskriminierungsfreiheit und Gleichheitsziele. Mit seinem bisherigen Wissen kann er jedoch die Unsicherheit der Zielerreichung für ein erwünschtes Ergebnis (hier z.B. stereotypfreie Technikkulturen und Auflösung des Stereotyps Homo Technikus) kaum reduzieren. In der Technik setzt man zur Unterstützung und für die Verbreitung und Konsolidierung einer Entwicklung auf öffentliche Aufmerksamkeit mithilfe von

Hype. Es ist eine spektakuläre, mitreißende publicitywirksame Werbung, die Begeisterung für ein Produkt auslöst. Eine politische Offensive wie ehemals das europäische Gender Mainstreaming[7] ist dafür keine Blaupause. Sie diente eher der Selbstbestätigung des Feminismus. Und ein Hype, der das Männlichkeitsstereotyp insbesondere in Technikkulturen auflöst, ist nicht in Sicht.

8 „Gute“ und „schlechte“ Maskulinität?

Seit auf dem ersten feministischen Kongress in Paris 1892 die Begriffe Feminismus und Maskulinismus erstmals nebeneinandergesetzt wurden (Offen, 1988), gelten beide in der Technikkritik immer noch als voneinander abhängige Antagonisten.

Mit unterschiedlichen Fragestellungen haben sich Masculinity Studies und feministische Theorie unter Einbeziehung von Texten zu Queer und Critical Race mit dem Stereotyp Männlichkeit, der Praxis gesellschaftlicher Dominanz über Frauen und gegenüber Männern, mit der Diversität der Männer und deren Lebensrealität und Krisen kritisch befasst (Gardiner, 2001). Die Befunde dazu, teilweise in Essays erarbeitet, beschreiben, in wessen Interesse welche Männlichkeit ist und welche für den Weg zu egalitären Geschlechterbeziehungen notwendig ist.

In den Gründungsdokumenten der Identitätspolitik wie dem Combahee River Collective[8] Statement „all men have oppressed women“ (Robin et al., 1970) gilt, Männer haben sich zu ändern und ihre Privilegien abzugeben. Spätere „Feminists of colour“ wechseln die Perspektive. Nicht

---

7 Der Sachverständigenbericht für den Europarat von 1998 definiert Gender Mainstreaming wie folgt: „Gender Mainstreaming besteht in der (Re-)Organisation, Verbesserung, Entwicklung und Evaluierung der Entscheidungsprozesse, mit dem Ziel, dass die an politischer Entscheidung beteiligten Akteurinnen und Akteure den Blickwinkel der Gleichstellung zwischen Frauen und Männern in allen Bereichen und auf allen Ebenen einnehmen.“

8 Das *Combahee River Collective*, eine Black Feminist Bewegung, wies Argumente im Redstockings Manifesto radikaler Feministinnen, dass sich Frauen für ihre Gleichstellung mit Männern verändern müssten, zurück, wie ebenso, dass Männer die Unterdrückung der Frauen verursachen. Ursächlich dafür seien vielmehr Rassismus, Sexismus, Heterosexualität und die Klassengesellschaft.

Männer als Individuen benachteiligen Frauen, sondern die strukturellen Verbindungen von Klasse und Rasse in Gesellschaften sind für soziale hierarchische Über- und Unterordnung verantwortlich (Nicholson, 1997).

Maskulinismus als misogyne Männlichkeitsbewegung zur Bekräftigung männlicher Überlegenheit und Herrschaft (Abrams & Hogg, 1999, S. 9) sehen Männer als Opfer, nicht als Täter. Die kleinere profeministische Männerbewegung von untergeordneten, homosexuellen und „men of colour" teilen feministische Sexismus- und Machtanalysen und fühlen sich von hegemonialer Männlichkeit in ihrem Selbstkonzept und ihren Lebensentwürfen beschädigt (Pleck, 1981). Profeministisch sein verlangt „refusing to be a man" und stattdessen ein geschlechtsloser Mensch mit einem Penis zu sein und patriarchale Dividenden aus Privilegien zu teilen. Erfahrungsberichte von nordamerikanischen Hochschullehrer*innen, die Masculinity Studies unterrichten, sprechen von schwierigen emotional herausfordernden Debatten mit indifferenten männlichen Studierenden über „gute" und „schlechte" Männlichkeit. Da dominante Maskulinität Männer in „winners und losers" einteilt, ist es alternativen Männern erschwert, erfahrene Benachteiligungen öffentlich zu thematisieren. Ob alternative Männlichkeiten Veränderungspotential für das Männlichkeitsstereotyp haben, ist zweifelhaft. Vor allem dann, wenn sie mit nationalen oder rassifizierten Identitäten gekoppelt sind (Awkward, 2001).

Was hat Maskulinität damit zu tun, dass Männern und Frauen Rechte, Befähigungen und Positionen ungleich zugesprochen werden? Solange es zur Auflösung stereotyper Maskulinität nur feministische und moralphilosophische Argumente oder Quotierungsforderungen gibt, so lange werden Technikkulturen die Forderung nach alternativer Männlichkeit – welche denn? – als nur rhetorisch, als nicht ausreichend begründet und als nicht authentisch bewerten.

Bei dieser Lage wird auch der Homo Technikus seine Autonomie und Freiheitsrechte weiter verteidigen, vor allem auch deshalb, weil Konfliktfelder der modernen Gesellschaft, z.B. bei der Organisation von Ehe und Familie, bei Verteilung politischer Entscheidungsmacht, bei Gleichheitsstrategien, bei der Verteilung von knappen Positionen und Ressourcen für den Paradigmenwechsel bisher ungewöhnliche kooperative Gratwanderungen zwischen egoistischen Interessengruppen erfordern. Es ist fraglich, ob aufkommende gesellschaftlich transformative, z.B. sozial-ökologische

Bewegungen im Namen von Gender noch möglich, tatsächlich produktiv oder überhaupt wünschenswert sind.

9 Digitale Experimente und interdisziplinäre Methoden

Könnten denn digitalisierte und mächtige emergente Technologien wie Artificial Intelligence (AIT)[9] androzentrische, sozioökonomische Macht- und Dominanzfelder und damit auch Technikkulturen neu modellieren? Werden Technikkulturen attraktiver und zugänglicher, wenn Neues auf die Agenda kommt?

Oudshoorn et al. (2004) gingen der Frage nach, wie männliche Ingenieurcommunities Nutzer in Designprozessen und für Softwareentwicklungen, wie z.B. bei New Topia, einer TV Reality Show aus dem Jahr 2015, in der ausgewählte Personen ihre perfekte Welt und eine neue Gesellschaftsform schaffen, definieren. Die anfängliche Absicht der Ingenieure und Entwickler, Designs zu gestalten, die für „jeden" brauchbar funktionieren, endete mit der „I-Methodology". Die männlichen Designer gingen autostereotyp davon aus, dass alle Nutzer, wie sie selbst, junge Männer mit expliziten Technikinteressen sind und verwendeten sich selbst als geeignetes Modell für Nutzer. In der feministischen Technikforschung werden nun zunehmend Methoden für Technologieentwicklung und Technologiezugang erprobt, um stereotype Barrieren zwischen Technik, sex und gender besser zu verstehen und aufzulösen. Mit einer Methode für technische Innovationsprozessse, dem „Hermeneutic Reverse Engineering", bei der ein technisches Produkt zerlegt wird, um seine Modellierung, Konstruktion und Programmierung zu verstehen, sollen technische Vorstellungsfähigkeiten und Technikkompetenz gestärkt werden. In den

9 AIT, Artificial Intelligence Technology, ist ein Teilgebiet der Informatik, das sich mit der Modellierung und Automatisierung von sprachlichem und intelligentem Verhalten und maschinellem Lernen befasst. Die Potenziale von AIT sind gesellschaftlich weitreichend, ebenso die Gefahren. Für die gesellschaftliche Stabilität ist die Kontrolle der Firmen, die mit Millioneninvestitionen AIT Technologie entwickeln und verwenden, gefordert. Das Programm ChatGPT kann auf Stichwörter hin eigene Geschichten, Essays oder Gedichte verfassen. Es hat mehr als 100 Millionen Nutzer*innen und ist damit die schnellste Verbraucheranwendung in der Geschichte.

Entwicklungs- und Designteams, die diese Methode z.B. zur Analyse von Computerspielen nutzen, gilt Diversität für die Zusammensetzung der Gruppe, um die Gestaltungs- und technische Vorstellungsvielfalt zu vermehren. Für die Praxis beim Entwickeln und Konstruieren technischer Produkte hilft ein Leitfaden „Gender for Design“ (Cojocaru et al., 2014, S. 165). Wenn Entwickler*innen sich zugleich als Nutzer*innen verstehen und erproben, dann sollte die maskuline I-Methodology von einer We-Methodology abgelöst werden können.

Schon das „Manifest für Cyborgs“ Haraways (1995) war von der Idee geleitet, die Geschlechterdichotomie zu überwinden, weil es für die historisch entstandenen Verknüpfungen von Männlichkeit und Technik keine materiellen oder sachlogischen Argumente mehr gibt. Die Leitfigur Cyborg, die explizit außerhalb des Stereotyps der heterosexuellen Matrix steht, sollte dichotome Denkschemata wie Natur-Technik, Mensch-Tier, Objekt-Subjekt, alle Stereotypen und Mann-Frau-Identitäten infrage stellen, vermischen und neue Vorstellungen von Technologie und Konstruktionspraxis erzeugen.

Digitale Informations- und Kommunikationstechnologien sind „queering space for new subjects“ (Landström, 2007) und für digitale Experimente geeignet, um sich von stereotypen Geschlechteridentitäten zu lösen. In Chatrooms, Onlinediskussionen, Onlineforen oder Webblogs können Personen ihre Identität verbergen oder neu gestalten, sich als cyber subject produzieren und das, was sie sein wollen. Es sind Möglichkeiten, sich im Denken und Handeln mit fluiden Identitäten vom Geschlechterstereotyp zu emanzipieren und auch technologisch erzeugte Identitäten auszuprobieren. Welche Potenziale und konkreten Effekte das individuelle und kollektive digitale Experimentieren mit hybriden Subjektivitäten auch für Technikkulturen und die Technikmotivation von Frauen und Männern haben kann, ist offen.

Weitere Fortschritte zur Auflösung von Geschlechterstereotypen verspricht das radikale Theoriekonzept „actor-network hybrid“ (Sofoulis, 2002). Der Ansatz der Aktor-Netzwerk-Theorie nimmt an, dass Technologie und Gesellschaft gleichermaßen aus Netzwerken bestehen und auch künstliche Technologien handeln können. Als neueste Entwicklung gilt die Sprach- und Textsoftware ChatGPT (Open AI), die selbstständig Strukturen und Regeln einer komplexen Welt erkennt und logisch verarbeitet.

Ähnlich wie das cybersubject versteht das „actor-network hybrid“ subjektive Identität als Beziehungen und erweitert dies auch auf Beziehungen zwischen humans und non-humans und künstlicher Intelligenz für eine cyber-like Existenz. Die kommenden Mensch-Maschinen-Verhältnisse enthalten Potenziale zur Abkehr vom sozialisationstheoretischen Verständnis von hierarchischer Über- und Unterordnung und zur Revision von sex und gender assoziierten binären Geschlechterstereotypen. Technologische Communities werden im Cyberspace nächste Schritte zur Veränderung und zu schließlich gender- und hierarchiefreien Technikkulturen ausprobieren, in denen „Männlichkeit“ nicht mehr gebraucht sein wird.

Einen noch wenig genutzten Weg, stereotype Identitäten zu verlassen, eröffnet die Queer-Theorie (Kennedy, 1994), die für einen anti-identity Standpunkt argumentiert zur Ablösung aller sexueller und genderkonformen Identitäten. Wie die Objekte der Technologie sich auf ihrer Entwicklungskurve mobil, fluid und veränderungsoffen bewegen, bewegen sich Personen unabhängig von Geschlecht, Ethnie und Klasse und anderen sozialen Konstellationen, die ihre Vergangenheit bestimmten, queer auf neuen transformativen Bahnen (Grosz, 1994). Cyber subjects und queer könnten auch den Homo Technikus zurück in die Vergangenheit projizieren.

10 Anti Stereotyp oder genderblind?

Mit der nunmehr hundertjährigen These *„Die ganze Menschheitsgeschichte, genau geprüft, löst sich zuletzt auf in die Geschichte immer neuer Werkzeuge.“* hat Kapp (1877 [2018]) die Grundlinie der Technikphilosophie gesetzt. Seine visionären Reflexionen nehmen an, dass der menschliche Körper und der Geist sich als blueprints in Technik projizieren und selbst das Framework für Institutionen, für Staatsbildung und Kultur schaffen.

„Was wir machen, macht uns.“ Das heißt, kulturelle Objekte und Strukturen resultieren aus technischem Tun. Die Entwicklung z.B. des Telegraphennetzes, das in der 2. Hälfte des 19. Jahrhunderts entstand und Europa mit Amerika verband, ist nach Kapp ein Beispiel für die Analogie von neuronaler vernetzter Informationsverarbeitung und wie neue Technik eine neue Kommunikationskultur schafft. Auch die heutige technische High-End Artificial Intelligence-Forschung entwickelt und denkt Maschinenintelligenz isomorph zur kortikalen Hirnstrukturen. Das technikkritische Statement

von Cockburn (1992) *„Gender is a social achievement. Technology too."* mit der Vorstellung, dass auch Technik ein sozialer Sachverhalt ist, setzt sich in Technikkulturen nicht durch, weil es für sie missverständlich und sachlich falsch ist. *„Der Kausalpfeil nimmt seinen Ausgang in der Technik und führt zum Sozialen; eine umgekehrte Richtung ist nicht vorgesehen"* (Grunwald, 2007, S. 68).

Es lässt sich vermuten, dass die Kommunikation zwischen feministischer Technikforschung und Technik nicht nur sachlich, sondern auch emotional gestört ist.

Sind es emotionale Gründe für die Veränderungsresistenz der Technik, wie irrationale Furcht vor einer Femininisierung der Technikfächer? Vermutet man dann die Minderung der eigenen Reputation, befürchtet man Produktivitätsverluste und Richtungsänderungen in der Technikforschung oder Zunahme der Technikfeindlichkeit? Gibt es die Befürchtung, dass die Technikberufe schlechter bezahlt werden könnten, wenn da mehr Frauen tätig sind? Jede der Fragen braucht eigene Antworten.

Eine Idee, mit der auch gedanklich experimentiert wird, ist es, auf Genderblindheit zu setzen als ein Mittel gegen Geschlechterdiskriminierung und für Fairness in Technikkulturen. Diskriminierung lässt sich am besten vermeiden, so ist die Annahme, wenn man das diskriminierbare Merkmal, Frau oder Mann, bei Entscheidungen über Personen nicht berücksichtigt.

Aber gleich, ob algorithmische Entscheidungssysteme oder Personen anonymisiert und blind in unterschiedlichen Informationsquellen wie Social Media Plattformen, Technikforen oder beim Surfverhalten von User*innen im Netz nach technikaffinen Bewerber*innen suchen, kommt es schon da und danach bei Auswahlentscheidungen zu Diskriminierungen für beide Gruppen. Auch Genderblindheit kann diskriminieren, weil sie nämlich andere, persönlich relevante Informationen über Bewerber*innen übersieht. Was fair ist, ist getrennt für Frauen und Männer sowie situationsabhängig und personenspezifisch zu sehen, weil das geschützte Merkmal Geschlecht mit Variablen wie Kindererziehung, Weiterbildungsauszeiten oder Angehörigenpflege korrelieren kann. Es ist unfair, solche Faktoren als negativ für Eignung zu werten.

11 Artificial Intelligence Technology (AIT). Das Neue auf der Agenda

Wenn Technik, Informatik und Naturwissenschaften mit ihren Eigendynamiken und Eigengesetzlichkeiten die gesellschaftliche Organisation führen, kann es auch geschehen, dass es die Technik selbst ist, die die Kulturen schließlich vom Männlichkeits- und Weiblichkeitsstereotyp und weiteren Gruppenstereotypen befreit?

Wird AIT die diskriminierenden Stereotypen löschen oder wenigstens unter Kontrolle halten für mehr Geschlechtergerechtigkeit?

Algorithmen wie ChatGPT, ein Beispiel für lernende Künstliche Intelligenz, die denken und verstehen soll, sind technologische Revolutionen mit radikalem wirtschaftlichem, wissenschaftlichem und sozialem Transformationspotential (Stanford University Human-Centered Artificial Intelligence, 2023). Kapitel 7 des Reports zu Diversität beschreibt, dass und wie AIT zunehmend für Problemlösungen und Entscheidungen in der Alltagswelt eingesetzt wird. Es ist nicht überraschend, dass zwischen den Gruppen und Individuen, die AIT entwickeln und denen, die sie nutzen Ungleichheit herrscht. Die AIT Forscher und die Wissenschaften und Unternehmen in Nordamerika sind zudem monokulturell männlich weiß. Das Stereotyp Homo Technikus bestimmt folgenreich auch die Programmierung der Algorithmen. Die fehlende Diversität und die mangelnde Berücksichtigung der Ergebnisse der Stereotypenforschung und der Erkenntnisse des Feminismus sind risikoreich bei Entscheidungen für und Beurteilungen von Menschen, z.B. bei der Personalauswahl. Die Digitale Phänotypisierung (Baumeister & Montag, 2019) spürt digitale Spuren von sehr privaten Daten auf aus dem natürlichen Lebensumfeld aus Social-Media-Plattformen, Smartphones, Smart Devices, aus Labordaten, Selbstberichten und Fremdeinschätzungen für Data Mining, Deep Learning und Künstliche Intelligenz. Das Ergebnis ist ein reales Ambulatory Assessment von Personen (van Roekel et al., 2019) und deren bio-psycho-soziale und verhaltensbezogene Daten für eine präzisere personalisierte Diagnostik und AIT-basierte Datenanalyse. Fallbeispiele aus der medizinischen Versorgung, der Psychopathologie, dem Justizvollzug, bei der sicherheitstechnologischen Gesichtserkennung in den USA oder bei Arbeitslosenbeurteilungen in Österreich demonstrieren hautfarben-, geschlechter-, alters- oder gruppenbezogen Ungleichbehandlung durch Diskriminierung und Exklusion durch logarithmische Entscheidungssysteme.

Stereotypgeleitete Benachteiligungen aus der Vergangenheit setzen sich in der algorithmischen Zukunft, die Millionen von Daten interessengeleitet durchsucht, bisher verstärkt fort. Weil AIT Personen- und Gruppenmerkmale völlig neu kombinieren oder neue hinzufügen kann, entstehen bisher unbekannte Korrelationen, die zu neuen Stereotypen (gute, verdächtige oder gefährliche Bürger*innen) und weiteren Diskriminierungsmöglichkeiten führen (Beck et al., 2019, S.12). Weitere Ursachen für maschinelle Diskriminierung sind die absichtliche Übertragung von Vorurteilen in die Software, Übernahme alter Personendaten wie etwa Bewegungsprofile, Bankdaten oder Aktivitäten in Social Media oder aber technische Vorgaben, z.B. nur die Ergebnisse für Personen von ersten Seiten einer Suchmaschine zu nutzen oder falsche statistische Interpretationen von Daten, wenn sich die Bewertung von Daten gesellschaftlich verändert hat. Schließlich, weil Entwickler*innen den Lernprozess der Maschinen nicht vollständig kontrollieren können und die Ergebnisse von Rechenvorgängen weder im Voraus exakt definierbar noch im Nachhinein exakt verständlich sind.

Die gute Absicht, AIT zur Kosten- und Zeitersparnis sowie zur Entscheidungsoptimierung in Institutionen und Unternehmen einzusetzen, kann, wie ein Sprichwort sagt, der „Weg zur Hölle“ für algorithmische Ungleichbehandlung sein. AIT liefert hierfür potenziell viele schädliche Szenarien (Pistono & Yampolskiy, 2016).

Nicht jede Unterscheidung von Gruppen und Personen (z.B. berufliche Qualifikationen, Einkommenshöhe) ist eine problematische Diskriminierung, sondern nur dann, wenn Unterscheidungen zu ungerechtfertigter Ungleichbehandlung und zu Scheinkorrelationen führen. In diesem Zusammenhang gibt es eine zentrale Frage. Soll maschinelles Lernen und das Training der Künstlichen Intelligenz auf Beurteilungen verzichten oder sollen Beurteilungen begründet erlaubt sein (Beck et al., 2019, S. 11)?

Wie könnten künstliche Intelligenzsysteme auf diskriminierungsfreien Kurs gebracht werden? Maschinen tun bisher nur das, was man ihnen einprogrammiert. Ihre Schöpfer bestimmen ihren Output. Der Homo Technikus kann ihnen die Aufgabe geben, Modelle für Diskriminierungsfreiheit zu erstellen, er kann sie auch auf Diskriminierungsfreiheit programmieren, er kann Maschinen menschliches Feedback geben, ob die Modelle die Gütekriterien für Vorurteilsfreiheit zufriedenstellend erfüllen, er kann Korrekturprogramme einbauen, sie lernen lassen und den Maschinen in diesem Zusammenhang die beste aller Frage stellen:

Frage an AIT: Kann vorurteilsfreie Behandlung ein Ziel für maschinelles Lernen werden, wie kann sich das Stereotyp Homo Technicus auflösen und verschwinden?

Die Antwort einer guten AIT wäre:

„Ich weiß es noch nicht, aber es wäre hilfreich, wenn nicht Geschlecht, Geld, Effizienz oder Wettlauf und nicht Du allein meine Programmierung bestimmten, sondern andere mit queeren Ideen für soziale Fairness.“

12 Fazit offen

Feministische Technikkritik hat umfangreiches Wissen über die Determinanten der Entstehung und Aufrechterhaltung der Geschlechterstereotypen Männlichkeit und Weiblichkeit erarbeitet. Das Wissen ist wertvoll; es wird jedoch von Technikkulturen, in denen das Stereotyp Homo Technikus, dominiert, nicht aufgenommen. Denn als Produkt betrachtet, genügt es wesentlichen Qualitätskriterien in der Technik, wie Anwendungstauglichkeit oder Akzeptanz der Zielgruppen, nicht.

Digitale und emergente Technologien wie Artificial Intelligence eröffnen es der feministischen Forschung Alternativen zum Geschlechterbegriff zu finden. Mit ihren Erkenntnissen über geschlechterstereotype Diskriminierungsprozesse gibt es Chancen, die Programmierung algorithmischer Entscheidungssysteme zu beeinflussen und damit einen Beitrag für stereotypfreiere Technikkulturen zu leisten. Kooperation anstelle von wechselseitigen stereotypen Zuschreibungen und Erwartungen wäre die innovative Form der Beziehung zwischen Technik und Feminismus, die zur Überwindung bisheriger Akzeptanzbarrieren führen kann. Das würde nicht nur die gesellschaftliche Position feministischer Richtungen erhöhen, sondern auch die Wertschätzung für Technik, die weiter Problemlösungen für Bedürfnisse der Menschen finden muss.

Sam Altman, Chef von Open AI:

„Der technologische Fortschritt, den wir in den nächsten 100 Jahren machen, wird weit größer als das, was wir seit der Erfindung des Rades und der Kontrolle des Feuers erreicht haben.“

Kooperation als Neuorientierung der bisherigen Antagonisten Feminismus und Technik ist die Voraussetzung für die Risikokontrolle im Maschinenraum der Künstlichen Intelligenz. Das enthielte Veränderungspotenziale für eine Gesellschaft ohne Schubladendenken.

Literatur

Abrams, D. & Hogg, M. A. (eds.) (1999) „Social Identity and Social Cognition. Historical background and current trends", in Abrams, D. & Hogg, M. A. (eds.) *Social Identity and Social Cognition. An Introduction*, Oxford, Blackwell Publishers Ltd., S. 1–25.

Ashcroft. B., Griffiths, G. & Tiffin, H. (2007) *Postcolonial Studies: The Key Concepts*. London, Routledge.

Awkward, M. (2001) „Black Male Trouble: The Challenges of Rethinking Masculine Differences", in Gardiner, J. K. (ed.): *Masculinity Studies & Feminist Theory. New Directions*, New York, Columbia University Press. S. 290–304.

Balsamo, A. (2014) „Gendering the technological imagination", in Ernst, W. & Horwarth, I. (eds.), *Gender in Science and Technology. Interdisciplinary Approaches*, Bielefeld, transcript, S.19–39.

Baumeister, H. & Montag, C. (eds.) (2019) *Digital Phenotyping and Mobile Sensing. New Developments in Psychoinformatics*, Cham, Springer.

Beck, S., Grunwald, A., Jacob, K. & Matzner, T. (2019) *Künstliche Intelligenz und Diskriminierung. Herausforderungen und Lösungsansätze*. White Paper aus der Plattform Lernende Systeme, München [Online]. Verfügbar unter https://www.plattform-lernende-systeme.de/publikationen-details/kuenstliche-intelligenz-und-diskriminierung-herausforderungen-und-loesungsansaetze.html; [Zugriff am 05.06.2023].

Blumenberg, H. (2006) *Arbeit am Mythos*, Berlin, Suhrkamp.

Bock, G. (2005) *Frauen in der europäischen Geschichte. Vom Mittelalter bis zur Gegenwart*, München, C. H. Beck.

Castro Varela, M. & Dhawan, N. (2009) „Europa provinzialisieren? Ja, bitte! Aber wie?", *Femina Politica*, Feministische Postkoloniale Theorie. Gender und (De-) Kolonialisierungsprozesse, S. 9–18.

Cech, E. A. (2007) „Dilbert in Stilettos. The Character of Deterrents Facing Women in Engineering", in Welpe, I., Reschka, B. & Larkin, J. (eds.): *Gender and Engineering: Strategies and Possibilities,*

Schriftenreihe Angewandte Genderforschung/Gender Research Applied, Band/Vol. 3, Frankfurt am Main, Peter Lang GmbH, Europäischer Verlag der Wissenschaften, S. 35–50.

Charles, M. & Bradley, K. (2009) „Indulging our Gendered Selves? Sex Segregation by Field of Study in 44 Countries“, *American Journal of Sociology*, Vol. 114, No. 4, January, S. 924–976.

Cockburn, C. (1992) „The Circuit of Technology: Gender, Identity and Power“, in Silverstone, R. & Hirsch, E. (eds.) *Consuming Technologies: Media and Information in Domestic Space*, London and New York, Routledge.

Cojocaru, E., Ernst, W., Hehenberger, P., Holl, H. & Horwarth, I. (2014) „Design for Gender: Bedienergerechte Maschinenentwicklung durch Expertise von MaschinenbedienerInnen“, in Weg, M. & Stolz-Willig, B. (Hrsg.), *Agenda Gute Arbeit: geschlechtergerecht!*, Hamburg, VSA Verlag, S. 158–168.

Connell, R. W. (2001) *The Men and the Boys*, Berkeley, Los Angeles, University of California Press.

Connell, R. (2015) *Der gemachte Mann: Konstruktion und Krise von Männlichkeiten*, 4., durchges. und erw. Auflage, Wiesbaden, Springer VS.

Degele, N. (2008) *Gender/Queer Studies: Eine Einführung*, 1. Auflage, Stuttgart, utb GmbH.

DESTATIS/Statistisches Bundesamt (2023) *6,5 % weniger Studienanfängerinnen und -anfänger in MINT-Fächern im Studienjahr 2021*, Pressemitteilung Nr. N004 23.1 [Online]. Verfügbar unter https://www.destatis.de/DE/Presse/Pressemitteilungen/2023/01/PD23_N004_213.html; [Zugriff am 06.06.2023].

Erlemann. C. (2002) *Ich trauere meinem Ingenieurdasein nicht mehr nach. Warum Ingenieurinnen den Beruf wechseln; eine qualitative empirische Studie*, Bielefeld, Kleine Verlag.

Gardiner, J. K. (ed.) (2001) *Masculinity Studies & Feminist Theory. New Directions,* New York, Columbia University Press.

Gibel, R. (2020) *Obskure Organisationen. Logen, Clubs und Männerbünde als organisationssoziologische Sonderfälle*. Bielefeld, transcript.

Gmür, M. (1997). Geschlechterstereotypen in der Führungskräfteauswahl, in *Management Forschung und Praxis*, 19, S.1–17.

Grosz, E. (2005) *Time Travels: Feminism, Nature, Power*. Durham, NC: Duke University Press.

Grosz, E. (1994) *Volatile Bodies: Toward a Corporeal Feminism*, St. Leonards, NSW, Indiana University Press.

Gruhlich, J. (2019) „Weibliche Führungskräfte: Anzeichen für den Abbau androzentrischer Arbeitsstrukturen oder für die Anpassungsleistung der Subjekte?" in Burzan, N. (Hg.) *Komplexe Dynamiken globaler und lokaler Entwicklungen. Verhandlungen des 39. Kongresses der Deutschen Gesellschaft für Soziologie in Göttingen 2018*, Band 39, (August).

Grunwald, A. (2007) „Converging technologies: Visions, increased contingencies of the conditio humana, and search for orientation", *Futures*, Volume 39, Issue 4, S. 380–392.

Halberstam, J. (1998) *Female Masculinity*. Durham and London, Duke University Press.

Halberstam, J. (2005) *In a Queer Time and Place. Transgender Bodies, Subcultural Lives*, New York and London, New York University Press.

Harari, Y. N. (2017) *Homo Deus. Eine Geschichte von Morgen*, München, C. H. Beck.

Haraway, D. (1995) „Ein Manifest für Cyborgs: Feminismus im Streit mit den Technowissenschaften", in Haraway, D., *Die Neuerfindung der Natur. Primaten, Cyborgs und Frauen*, Frankfurt am Main, Campus, S. 33–72.

Haslett, C. (1942) *Munition girl. A Handbook for Women of the Industrial Army*, London, English Universities Press,

Hubig, C. (1990) „Ökologische Ethik und Wissenschaft. zur Problematik ästhetischer Naturerfahrung". in Faulstich, M. & Lorber, K. E. (Hg.), *Ganzheitlicher Umweltschutz*, Stuttgart, Hirzel, S. 33–46.

Kapp, E. (author), Kirkwood, J. W. & Weatherby, L. (eds.) (1877 [2018]) *Elements of a Philosophy of Technology. On the Evolutionary History of Culture,* 3rd ed., Minneapolis, University of Minnesota Press.

Kennedy, R. (1994) „The Gorgeous Lesbian in LA Law: The present Absence?", in Hamer, D., Budge, B. & Ahmer, D. (eds.) *The Good, the Bad and the Gorgeous: Popular Culture's Romance with Lesbianism*. London, Pandora, S. 132–141.

Kimmel, M. (ed.) (1995) *The Politics of Manhood: Profeminist Men Respond to the Mythopoetic Men`s Movement (and the Mythopoetic Leaders Answer)*, Philadelphia, Temple University Press.

Landström, C. (2007) „Queering space for New Subjects", *Kritikos*, Volume 4, November – December [Online]. Verfügbar unter https://intertheory.org/clandstrom.htm; [Zugriff am 30.03.2023].

Luerweg, F. (2022) „Das Paradox der Gleichberechtigung", Spektrum.de, 29.10. [Online]. Verfügbar unter https://www.spektrum.de/news/geschlechterunterschiede-das-paradox-der-gleichberechtigung/2071002; [Zugriff am 06.06.2023].

Meuser, M. (2015) „Hegemoniale Männlichkeit im Niedergang? Anmerkungen zum Diskurs der Krise des Mannes", in Mahs, C. Rendtorff, B. & Warmuth, A.-D. (Hg.) *Betonen – Ignorieren – Gegensteuern. Zum pädagogischen Umgang mit Geschlechtstypiken*, Weinheim und Basel, Beltz Verlag, S. 93–105.

Neuberger, O. (2002) *Führen und führen lassen*, 6., völlig neu bearb. und erw. Aufl., Stuttgart, Lucius & Lucius.

Nicholson, L. (1997) (ed.) *The Second Wave: A Reader in Feminist theory*, New York Routledge.

Nünning, A. (2008) *Metzler-Lexikon Literatur- und Kulturtheorie. Ansätze –Personen – Grundbegriffe*, Stuttgart, J. B. Metzler.

Offen, K. (1988) „Feminism: Comparative Historical Approach, *Signs: Journal of Women in Culture and Society*, Vol. 14, No. 1, S. 119–157.

Oldenziel, R. (1999) *Making Technology Masculine. Men, Women and Modern Machines in America, 1870-1945*, Amsterdam, Amsterdam University Press.

Oudshoorn, N., Rommes, E. & Stienstra, M. (2004) „Configuring the User as Everybody: Gender and Design Cultures in Information and Communication Technologies", *Science, Technology & Human Values*, Vol. 29, No. 1, S. 30–63.

Pistono, T. & Yampolskiy, R. V. (2016) „Unethical research: How to create malevolent Artificial Intelligence", *Proceedings of Ethics for Artificial Intelligence Workshop* (AI-Ethics-2016), New York, NY (July 9 – 15), S. 1–7 [Online]. Verfügbar unter https://doi.org/10.48550/arXiv.1605.02817.

Pleck, J. H. (1981) *The Myth of Masculinity*, Cambridge, MIT Press.

Pursell, C. (1993) „'Am I a Lady or an Engineer?' The Origins of the Women's Engineering Society in Britain, 1918-1940", *Technology and Culture*, Jan., Vol. 34, No. 1 (Jan.), S. 78–97 [Online]. Verfügbar unter https://doi.org/10.2307/3106456.

Rastetter, D. (1998) „Männerbund Management. Ist Gleichstellung von Frauen und Männern trotz wirksamer archaischer Gegenkräfte möglich?" *German Journal of Human Resource Management*, Vol. 12, Issue 2, S. 167–186.

Reitz, U. (2023) „SAP, Bosch & Co. Das Scheitern von Top-Managerinnen wird zum Männer-Problem", ntv.de, 01.04. [Online]. Verfügbar unter https://www.n-tv.de/wirtschaft/kommentare/Das-Scheitern-von-Top-Managerinnen-wird-zum-Maenner-Problem-article24027641.html; [Zugriff am 06.06.2023].

Robin M. (1970) (ed.) *Sisterhood is Powerful: An Anthology of Writings from Women`s Liberation Movement*, New York, Vintage.

Saupe, A. (2002) *Verlebendigung der Technik. Perspektiven im feministischen Technikdiskurs*, Bielefeld, Kleine Verlag.

Schein, V. E., Mueller, R. Lituchy, T. & Jiang Liu, J (1996) „Think Manager – Think Male: A Global Phenomenon?", *Journal of Organizational Behavior*, Vol. 17, No. 1 (Jan.), S. 33–41.

Scheler, M. (1960) *Probleme einer Soziologie des Wissens*, Bern, München, Francke-Verlag.

Schraudner, M., Kaiser, S., Hochfeld, K. & Gertje, E. (2012) *Unternehmenskulturen verändern – Karrierebrüche vermeiden*, Fraunhofer, Stuttgart.

Sedgwick, E. K. (1985) *Between Men: English Literature and Male Homosocial Desire*, New York, Columbia University Press.

Sofoulis, Z. (2002) „Post-, nicht- und para-Human: ein Beitrag zu einer Theorie soziotechnischer Personalität", in Angerer, M., Peters, K. & Sofoulis, Z. (Hg.) *Future Bodies. Zur Visualisierung von Körpern in Science und Fiction*, Wien, New York, Springer-Verlag, S. 273–300.

Stanford University Human-Centered Artificial Intelligence (2023) *Artificial Intelligence Index Report 2023* [Online]. Verfügbar unter https://aiindex.stanford.edu/wp-content/uploads/2023/04/HAI_AI-Index-Report_2023.pdf; [Zugriff am 05.06.2023].

Stauber, B. & Walther, A. (1998) „Lebenslanges Lernen in Europa – ein offenes Konzept zwischen normativem Überschuß und sozialer Ungleichheit?“ in Walther, A. & Stauber B. (Hg.) *Lebenslanges Lernen in Europa – Optionen der Vereinbarung von Leben, Lernen und Arbeiten/Lifelong Learning in Europe: Options for the Integration of Living, Learning and Working*? Tübingen, Neuling, S. 30–52.

Stoet, G. & Geary, D. C. (2022) „Sex differences in adolescent`s occupational aspirations: Variations across time and place“, *PlosS ONE*, 17(1):e0261438. [Online]. Verfügbar unter https://doi.org/10.1371/journal.pone.0261438.

Stoet, G. & Geary. D. C. (2018) „The Gender Equality Paradox in Science, Technology, Engineering, and Mathematics Education“, *Psychological Science*, Vol. 29, Issue 4, S. 581–593.

Tjafel, H. (ed.) (1982) *Social Identity and Intergroup Relations*, Cambridge, Cambridge University Press.

Van Roekel, E., Keijsers, L. & Chung, J.M. (2019) „A review of current ambulatory assessment studies in adolescent samples and practical recommendations“, *Journal on Research of Adolescence*, Volume 29, Issue 3, S. 560–577 [Online]. Verfügbar unter https://doi.org/10.1111/jora.12471.

Van Zoonen, L. (1992) „Feminist Theory and Information Technology“, in *Media, Culture and Society*, Vol. 14, Issue 1, S. 9–29.

Welpe, I. (Hg.) (2014) Personalentwicklung 2020. Wie die Megatrends Gender, Diversität und Quotierung die Personalentwicklung transformieren, Schriftenreihe Angewandte Genderforschung/Gender Research Applied, Band/Vol. 6, Frankfurt am Main, Peter Lang GmbH, Europäischer Verlag der Wissenschaften.

Welpe, I, Reschka, B & Larkin, J. (eds.) (2007) *Gender and Engineering: Strategies and Possibilities*, Schriftenreihe Angewandte Genderforschung/Gender Research Applied, Band/Vol. 3, Frankfurt am Main, Peter Lang GmbH, Europäischer Verlag der Wissenschaften.

Eva Tolasch & Lotte Rose

Schweres Leben?! Einblicke in die Selbstführungsstrategien von Menschen mit hohem Körpergewicht entlang der Abnehm-Praktiken in einer dickenfeindlichen Gesellschaft

Being overweight has spread as a social crisis scenario, as an urgent issue that seems to require control and resolution. In fact, the average weight of individuals has increased in recent decades. This empirical fact is now narrated as a threat to humanity, rather than a sign of food security, prosperity, and survival resources as it was previously seen. This symbolic shift in perceiving overweight bodies reflects changes in food dynamics, particularly in countries of the global North, where food shortages and hunger are no longer prevalent. It also reflects the dynamization of social relationships in general. In the course of this, body weight has become a relevant social arena of social labeling and position allocation, determining superiority and inferiority. Reputation, participation, and power are now influenced by the proper weight. In analogy to other "-isms", discrimination-critical fat research has coined the terms fatism or fatphobia. This article analyzes discourse figures of "obesity" as modes of constructing fatist power relations and to the lives of those affected. For this purpose, the article draws upon a study involving interviews with fat people. The primary focus is on narratives of weight reduction practices, which are theoretically framed as governmental self-management strategies.

Keywords: Fatism, Körper, Körpergewicht, Gouvernementalität, Gewichtsreduktion, Selbstführungsstrategien

1 Hohes Körpergewicht als Problem-Narrativ: Stigmatisierungen und Stereotypisierungen

Die Daten zur Gewichtszunahme der Bevölkerung sind Anlass, um performativ einen Kulturuntergang zu erzählen, wenn das ‚Dicken-Problem' nicht gelöst wird. Im dramatisierenden Duktus ist von der „Epidemie der Dicken" (Mackert, 2017) die Rede, u. a. in gesundheitspolitischen

Kampagnen zur Adipositasbekämpfung wie „Fit statt fett“ oder „IN FORM“, die in Medien und Wissenschaft reproduziert und verstärkt werden.

Dabei verschiebt sich der strategische Fokus der Gesundheitspolitik „von der Heilung von Krankheit hin zur Vermeidung derselben durch Gesundheitsförderung und Vorbeugung, also Prävention“ (Wirtz, 2010, S. 46; vgl. auch Möhring, 2006). Es gilt vor allem vorzubeugen, dass Menschen (zu) dick werden. Dies ist gekoppelt an neoliberale Responsibilisierungen der Individuen wie Wirtz (2010, S. 47) feststellt: „... wer nicht gesund lebt, [schadet] nicht nur sich selbst [...], sondern ebenso der Wirtschaft und dem Staat.“ Gesundheit wird als Faktor für Wirtschaftlichkeit, gesellschaftliche Partizipation und Leistung etc. bestimmt. Vor diesem Hintergrund wird es plausibel und legitim, Menschen mit hohem Körpergewicht zu disqualifizieren. Sie werden stereotypisiert als Menschen, die nicht willens sind, sich um ihre Gesundheit zu kümmern, und somit nicht nur schuld sind an ihrer eigenen verminderten Lebensqualität, sondern auch an den Kosten, die sie dem Staat, den Krankenkassen und der Wirtschaft verursachen (ebd., S. 47; vgl. auch Rose & Schorb, 2017, S. 7). Sie fügen – absichtlich – dem gesellschaftlichen und individuellen Wohl Schaden zu, so die diskreditierende Zuschreibung.

Damit einher geht, hohes Körpergewicht als individuelles Versagen zu deuten (Mata & Hertwig, 2018). Vor diesem Hintergrund verwundert nicht, dass Studienteilnehmende umso deutlicher dafür waren, dass Behandlungskosten von den Betroffenen selbst gezahlt werden sollten, je stärker für sie Dickleibigkeit selbstverantwortet war (ebd.). In Deutschland und den UK waren es etwa ein Drittel der Befragten, die dieser Aussage zustimmten und in den USA nahezu 45 Prozent (ebd., S. 6).

Diese Narrative der Haftbarmachung von Dicken für ihre nichtnormgerechten Körper führt nicht zuletzt dazu, dass Menschen mit hohem Körpergewicht in einen „diskriminierenden Aufmerksamkeitsfokus“ (Rose & Schorb, 2017, S. 7) geraten, der sie nicht nur als „gesellschaftliche Belastung“ etikettiert, sondern ihnen auch unterstellt, nicht angemessen Sorge für sich und die Gemeinschaft zu tragen. Damit wird es legitim, Dicken das Recht auf Existenz, Anerkennung und Gleichberechtigung zu entziehen. „Ihre Körper sollen nicht existieren“ (Herrmann et al., 2022). Sie dürfen nicht so sein, müssen anders werden.

Wie sehr Menschen mit hohem Körpergewicht in Partnerschaft, Familie, sozialem Umfeld, Bildung, Erwerbsarbeit, Medizin stigmatisiert werden, ist empirisch vielfach belegt (ebd.; Hilbert, 2008; Puhl & Heuer, 2009; Sikorski et al., 2016; Beigang et al., 2017a; Rothblum, 2017). „Trägheit, Faulheit, Unattraktivität, Leistungsverweigerung" sind weit verbreitete, alltägliche Stereotype gegenüber dick gelesenen Menschen (Kinzl, 2016). Betroffene in Deutschland berichten vor allem von Diskriminierungserfahrungen im Gesundheitsbereich (Beigang et al., 2017a). Nachgewiesen ist, dass Professionelle die Behandlung von dicken Menschen meiden, weil sie sich ekeln (Vartanian & Novak, 2011). Menschen – vor allem Frauen – mit hohem Körpergewicht sind einem erhöhten Stigmastress ausgesetzt, wenn sie Kinder bekommen wollen oder haben, weil ihnen – qua Körper – schädliche Wirkungen auf das Kind unterstellt werden (Tolasch, 2022; Herrmann & Tolasch, 2022; Pape, 2022). Ähnliches deutet sich für dicke pädagogische Fachkräfte an, die im Verdacht stehen, die Dickleibigkeit der von ihnen betreuten Kinder zu fördern (Rose, 2022a), oder auch für dicke Besitzer*innen von Haustieren (Rose, 2022b).

Es gibt zudem zahlreiche Hinweise darauf, dass die Stigmatisierung des dicken Körpers intersektional verstärkt wird durch anderweitige soziale Differenzen. „Besonders Mädchen und Frauen erleben sich durch ihr Übergewicht stärker sozial ausgegrenzt und als Opfer von Hänseleien und negativer Stereotypien" (Kinzl, 2016; vgl. auch Villa, 2022). Ähnliches ist für *class* und *race* nachweisbar. Für Menschen in prekären Lebenslagen und *people of color* steigert sich die Diskriminierung ihrer normabweichenden Körper in einem Bündel von zirkulär auf sich verweisende Stigmata (Brückmann, 2022; Kim et al., 2019; Schorb, 2022; Strings, 2020). Ihre soziale Deklassierung wird plausibilisiert mit ihrer Dickleibigkeit – nach dem Motto: wenn ihr schlank wäret, wäre eure soziale Position besser. Umgekehrt wird ihre Dickleibigkeit zur Folie der Verschärfung des beschämenden Sprechens über sie.

Auch wenn also Hochgewichtigkeit Anlass zu sozialen Abwertungen und Ausschlüssen ist, hat dies bislang – zumindest in Deutschland – noch nicht zu sozialen und politischen Gegenbewegungen geführt, wie dies für viele andere Diskriminierungsdimensionen der Fall ist. Während Frauenbewegung, Schwulen- und Queerbewegung, Behindertenbewegung und antirassistische Bewegungen erfolgreich dafür gesorgt haben, sexistische, heteronormative, rassistische, ableistische Herrschaftsverhältnisse öffentlich zu brandmarken, empowernde Gegenkulturen zu etablieren, für die Anerkennung von Vielfalt zu sensibilisieren und Maßnahmen der Gleichstellung und des Diskriminierungsschutzes auf den Weg zu bringen bis hin zur Verankerung des Allgemeinen Gleichstellungsgesetzes (AGG), ist das Stigma des hohen Körpergewichts davon noch relativ unberührt geblieben.

So kann nicht verwundern, dass Menschen mit hohem Körpergewicht sich beispielsweise im Gegensatz zu Menschen mit körperlichen Beeinträchtigung gegen erfahrene Zurückweisungen weit weniger zur Wehr setzen: Bei 65,7 Prozent, also zwei Drittel, blieb eine Reaktion auf Gewichtsdiskriminierung ganz aus (Beigang et al., 2017b). Würde Gewicht, so die Einschätzung dieser Untersuchung, als Diskriminierungsmerkmal rechtlich verankert, etwa im Allgemeinen Gleichbehandlungsgesetz und Grundgesetz, würden sich aufgrund der Sanktionierungsmöglichkeiten vermutlich andere Reaktionen einstellen.

Dies alles hat zur Folge, dass das Ringen um Gewichtsreduktion in der Bevölkerung – nicht allein der dicken – weit verbreitet ist. Knapp die Hälfte der deutschen Bevölkerung (45 Prozent) würde gerne abnehmen, wobei Männer (39 Prozent) den Wunsch seltener äußern als Frauen (51 Prozent). Bei Befragten mit sehr hohem Körpergewicht ist der Wunsch noch höher (84 Prozent). Besonders interessant: „Aber auch fast jede vierte ›Normalgewichtige‹ – jede dritte Frau im Vergleich zu jedem zehnten Mann – würde gerne abnehmen“ (Institut für Demoskopie Allensbach, 2014). Das zeugt von einem hohen körperlichen Normierungs- und Normalisierungsdruck – insbesondere bei Frauen – hinsichtlich des eigenen Körpergewichts. 82 Prozent aller Frauen und Männer in Deutschland haben in den letzten zwei Jahren eine Diät zur Gewichtsabnahme gemacht (Statista, 2019). Die wenigen Daten zu Ernährungs- und Fitness-Apps verweisen darauf, dass die mobile Selbstüberwachung stetig zunimmt und es eine breite Angebotspalette gibt (Scherenberg & Kramer, 2013). Neben konventionellen Therapien der Diäten oder Ernährungs- und Bewegungstherapien wird zunehmend auch auf bariatrische Chirurgie der Magenverkleinerung, des Magenbands oder des Magenbypass gesetzt (AWMF, 2017). Der Wunsch nach der angemessenen Figur speist zudem einen stetig wachsenden Wirtschaftszweig (vgl. u. a. Karsch, 2015). Darauf verweist nicht zuletzt der Börsengang von Weight Watchers International, das enorme Gewinne einfährt.

Menschen mit hohem Körpergewicht stehen also inmitten eines biopolitischen Dispositivs am Schnittpunkt von Gesundheit, Schönheit, Fitness und Leistung. Hier bündeln sich diverse normative Ordnungen, in denen die richtigen und falschen, die schönen und hässlichen, die fitten und schwachen, die leistungsstarken, -bereiten und die versagenden, faulen Körper erst denkbar und erlebbar werden können. Entlang dieser Ordnung bilden sich strukturell-institutionelle Stereotypen heraus, die dem Individuum einen Platz zuweisen, der nicht selten mit Ausschluss und Verwerfung einhergeht. Im Fall der fatistischen Stereotypen erfolgt dies mit Bezug auf das Gewicht des Körpers.

2 Empirische Einblicke in die Selbstführungsstrategien des Abnehmens von Menschen mit hohem Körpergewicht

Nachfolgend wird beleuchtet, wie Individuen mit (ehemals) hohem Körpergewicht sich in einer dickenfeindlichen Gesellschaft entlang der Frage des Abnehmens positionieren und sich zu fatphoben Stereotypierungen ins Verhältnis setzen. Damit richten wir unseren Blick auf die *gouvernementalen Selbstführungsstrategien* der Individuen (Lemke et al., 2000; Bröckling, 2013).

Das Adjektiv ‚gouvernemental' verweist auf das Foucault`sche Konzept der Gouvernementalität (Foucault, 1996, S. 118; Lemke et al., 2000, S. 8), das auf eine spezifische bevölkerungspolitische Regierungsweise anspielt. Regieren meint die „Gesamtheit der Institutionen und Praktiken, mittels deren man die Menschen lenkt, von der Verwaltung bis zur Erziehung" (Foucault, 1996, S. 118; Lemke et al., 2000, S. 7; Opitz, 2004, S. 26). Dabei verzahnen sich Techniken des Selbst- und Fremdführens. Die „Lenkung der Individuen durch andere" ist „mit der Weise ihrer Selbstführung verknüpft" (Lemke et al., 2000, S. 29). Das gouvernementale Konzept basiert darauf, dass Individuen „durch bestimmte Rationalitäten und Technologien des Regierens einer Weise des Selbstbezuges, der Bezugnahme auf sich selbst und andere unterworfen – eben subjektiviert – werden" (Krasmann, 2000, S. 195). Der Prozess der Subjektivierung geht allerdings über die simple Unterwerfung hinaus. Es ist auch der Prozess der Ermächtigung, der Handlungsfähigkeit ermöglicht. Die Praktiken der Selbstführung organisieren die Selbsteinfügung in die gesellschaftliche Ordnungs- und Anforderungsmatrix und eröffnen gleichzeitig damit Teilhabe, Entwicklung und Anerkennung.

Charakteristisch für die Gouvernementalität der Gegenwart ist ihre marktförmige Kunst des Regierens im Neoliberalismus (Lemke et al., 2000, S. 15). Neoliberalismus ist hier nicht gemeint als „Kampfbegriff", wie Martschukat (2019, S. 10) formuliert, sondern als Verweis darauf, dass Marktlogiken zentrales Strukturierungsprinzip des Sozialen geworden sind. Das „unternehmerische Selbst" (Bröckling, 2013) folgt dem „Postulat permanenter Optimierung". Es ist für Erfolg und Misserfolg des eigenen Handelns allein verantwortlich und in dieser Rationalität subjektiviert: „Sich selbst zu managen […] besteht vor allem in der Fähigkeit, sich selbst als Unternehmen zu begreifen und entsprechend zu führen" (ebd., S. 154). Diese Gouvernementalität erscheint im rhetorischen Gewand der Leistung, Risikoabwägung, Wahl, Selbstbestimmung, Motivation, Effizienz und vor allem des Wettbewerbs und all dieses unter der Bedingung der Freiheit und Autotomie. Nicht zufällig hat der fitte und schlanke Körper in der neoliberalen Gesellschaft seinen Siegeszug als Zeichen von sozialer Überlegenheit angetreten, während die Dickleibigkeit als Symbol der Unfähigkeit, des Versagens und der Deklassierung gelesen wird (Martschukat, 2019, S. 12).

Das Konzept der Gouvernementalität eröffnet den Blick dafür, wie Individuen sich im Sinne des Selbstführens als abnehmende oder abnehmen-wollende diskursiv und praktisch hegemonialen Normalisierungsanforderungen unterwerfen, wie sie aber möglicherweise diese auch sabotieren, um nicht „dermaßen regiert zu werden" (Foucault, 1992, S. 12; vgl. auch Foucault, 2007, S. 81).

Unter Selbstführungsstrategien sind „gewusste und gewollte Praktiken" zu verstehen, „sich selber zu transformieren, sich in ihrem besonderen Sein zu modifizieren und aus ihrem Leben ein Werk zu machen suchen, das gewisse ästhetische Werte trägt und gewissen Stilkriterien entspricht" (Foucault, 1968, S. 18). Das Individuum ist damit nicht nur Unterworfenes, sondern Handelndes, das selbst Praktiken vollzieht, um das zu werden, was es sein will (u. a. Villa, 2008, S. 8). Die „vermeintliche äußerliche

Körperarbeit [ist] immer und unausweichlich Arbeit am sozialen Selbst" (ebd.). Körper und Selbst sind damit aufs Engste miteinander verknüpft.

Crossley (2005) hat hierfür den Begriff der reflexiven Körpertechniken geprägt. Damit bezeichnet er

> „techniques of the body, performed by the body and involving a form of knowledge and understanding that consists entirely in embodied competence, below the threshold of language and consciousness; but they are equally techniques for the body, techniques that modify and maintain the body in particular ways." (ebd., S. 10).

Es sind Körpertechniken, „whose primary purpose is to work back upon the body, so as to modify, maintain or thematize it in some way" (ebd., S. 9).

Vor diesem theoretischen Hintergrund untersuchen wir die Bearbeitungen des Selbst von Menschen mit hohem Körpergewicht, wie sie sich in Erzählungen zum Abnehmen abbilden, als gouvernementale Selbstführungsstrategien. Wir interessieren uns dabei für die empirische Frage, wie Menschen entlang welcher Techniken zu Subjekten im Abnehm-Diskurs werden (Foucault, 1994, S. 243; Foucault, 1968, S. 18). Dabei stehen die in den „Selbstthematisierungen" (Bührmann & Schneider, 2007) eingelassenen gouvernementalen Selbstführungsstrategien im Fokus.

2.1 Forschungsdesign

Die Untersuchung basiert auf ethnografisch-sequentiellen Berichten zu 124 biografischen Interviews, die von Studierenden des BA-Studiengangs Soziale Arbeit an der Frankfurt University of Applied Sciences im Zeitraum von 2012 bis 2017 im Rahmen einer Modulprüfung verfasst wurden.[1]

Interviewt wurden Personen, die akut oder ehemals hohes Körpergewicht hatten, wobei keine Gewichtsgrenzen festgelegt waren. Aufgabe für die Studierenden war, entsprechende Personen selbst ausfindig zu machen und für ein Gespräch zu gewinnen. Die Gesprächsführungstechniken für die Durchführung eines biografisch-narrativen Interviews wurden im

1 Die Studie wurde 2018-2019 vom Hessischen Ministerium für Wissenschaft und Kunst gefördert. Als Forscherinnen beteiligt waren die beiden Autorinnen und Judith Pape, Doktorandin am Promotionszentrum Soziale Arbeit Hessen.

Rahmen des Seminars vermittelt, ebenso die Regeln zur Verschriftlichung eines ethnografisch-sequentiellen Interviewberichts (Detka, 2005).

Die Berichte haben den Charakter von ethnografischen Protokollen zu den Interviews, d.h. sie paraphrasieren das Erzählte mit eigenen Worten unter punktueller Zuhilfenahme von transkribierten Interviewpassagen, die als O-Ton besonders eindrücklich und aufschlussreich sind. Die Textstruktur folgt dem Erzählverlauf der Interviewten, verdichtet aber auch zentrale Themen der Erzählung, wenn sie zu verschiedenen Interviewzeitpunkten wiederholt auftauchen. Das der Untersuchung zugrunde liegende Datenmaterial sind also nicht die Transkripte der Erzählung, sondern die *Berichte* dazu. Es sind also ‚Konstruktionen zweiter Ordnung': die methodisch geleiteten studentischen Konstruktionen zu den biografischen Selbstkonstruktionen der Befragten im Gespräch.

Die interviewten Personen sind zwischen 20 und 90 Jahre alt. Der überwiegende Teil weist hohes Körpergewicht zum Zeitpunkt des Interviews auf. Der andere Teil hatte sein Gewicht reduziert. Die Interviewten entstammen unterschiedlichen sozialen Milieus und sind überwiegend weiblich, wie auch die Interviewerinnen.

Im Rahmen der interpretativen Erschließung der Textdaten wurde mit dem Konzept des Deutungsmusters gearbeitet (Keller, 2011, S. 108). Deutungsmuster werden verstanden als sozial gemachte – auf historischem Boden – klassifizierbare und vorstrukturierte Interpretationsschablonen, die ihre Wirkungskraft durch machtvolle Re-Zitation erlangen. Dabei sind Deutungsmuster niemals fixiert und statisch, sondern stets in Bewegung. Die Deutungsmuster verdichten, verknüpfen, verdrängen sich gegenseitig und tragen zu Recodierungen – inhaltlichen Bedeutungsverschiebungen von Begriffen, Ereignissen etc. im Diskurs – bei. Deutungsmuster verweisen auf den Möglichkeitsraum des Denkbaren, Sagbaren etc. der Akteur*innen im Feld: „Der Begriff des Deutungsmusters visiert den sozial typischen Sinn einer Aussageeinheit an, also gesellschaftlich vorübergehend konventionalisierte Deutungsfiguren", wobei sich hier diverse „Bedeutungselemente zu einer kohärenten (nicht notwendig: konsistenten) Deutungsfigur, die in unterschiedlicher manifester Gestalt auftreten kann", verbinden (ebd.).

Auch der (zu) dicke Körper ist in solche Deutungsmuster eingelagert, der erst ein biografisches Sprechen über das eigene Dicksein und Abnehmen ermöglicht. Damit sind biografische Erzählungen immer sozio-kulturell durchtränkt: »Individuen *haben* nicht eine Biographie, sondern diese wird in konkreten gesellschaftlichen Kontexten als Biographie *produziert*« (Tuider, 2007, Abs. 19). Was Dicksein – und der Kampf dagegen – biografisch bedeutet, entspringt folglich weniger den Erzählenden selbst, sondern wird im Rückgriff auf kulturelle Wissensvorräte aktualisiert.

Problemorientiert wurden die Berichte basierend auf den Codierstrategien der Grounded Theory (Strauss & Corbin, 1996) und der »minimalen und maximalen Kontrastierung« (ebd.) diskursanalytisch ausgewertet (Keller, 2011, S. 113). Ausgehend von den Choreografien der Deutungsmuster wurde gefragt, wie Individuen mit hohem Körpergewicht sich zu den Abnehm-Anrufungen erzählerisch ins Verhältnis setzen. Dabei lag der Fokus auf der Diskursivierung der *gouvernementalen Selbstführungsstrategien* der Individuen mit hohem Körpergewicht: Wie regieren sich dick gelesene Individuen selbst im stereotypisierenden dickenfeindlichen Diskurs.

2.2 Befunde

Alle Berichte durchzieht ein charakteristisches gemeinsames Deutungsmuster: Die Bearbeitung des eigenen Körpers ist unhintergehbar erforderlich. Sie dient dazu, sich selbst und/oder anderen gerecht zu werden, indem ein gesunder, fitter, schöner, aktiver Körper, der den Normen entspricht, erschaffen wird. Die zugrunde liegenden Idealmaße sind dabei durchaus in gewissen Grenzen dehnbar und werden von den Interviewten individuell unterschiedlich gefasst. Nicht zulässig ist jedoch eine spezifische physische Textur – nämlich die weiche Textur. Der Körper darf nicht ‚schwabbelig' sein (Tolasch, 2017, S. 103; Villa, 2022). Die Gewichtsreduktion erscheint in den Berichten als Sinnbild und Versprechen für ein schönes, besseres und diskriminierungsfreies Leben (Posch, 2009, S. 12). Zu erreichen ist es mit Hilfe von Willen, Anstrengungsbereitschaft, Wissen und der Unterstützung von Expert*innen, Professionellen oder auch spezifischen Technologien.

Bei allen Gemeinsamkeiten lassen sich im Berichtsmaterial typologisch vier unterschiedliche Deutungsvarianten der Abnehm-Erzählung rekonstruieren, die nachfolgend vorgestellt werden: die verdeckte Selbstführungsstrategie im Privaten, die durch Expert*innen oder Technologien assistierte Selbstführungsstrategie, die Selbstführungsstrategie mit Hilfe medizinisch-operativer Interventionen und die panoptisch überwachte Selbstführungsstrategie.

Abnehmen allein für sich und aus eigener Kraft

Typisch für diese Erzählvariante ist, dass das Abnehmen als persönliche Arbeit dargestellt wird, die auf sich allein gestellt beschlossen, geleistet und nicht öffentlich kommuniziert wird. Das Abnehmen wird präsentiert als selbstverfügtes, privates Projekt der Selbstveränderung, das Züge des verborgenen Intimen trägt. In diesem Deutungsmuster sind die Menschen mit hohem Körpergewicht selbst die entscheidenden Expert*innen und Akteur*innen, die autonom ihren Weg gehen. Die Erzählung von Frau Mint repräsentiert dieses Deutungsmuster. Im Bericht heißt es:

„Es sei ihr […] stets klar gewesen, dass sie für ihr eigenes körperliches Wohlbefinden abnehmen müsse, was sie dazu veranlasste, mithilfe von kontrollierter Ernährung Gewicht zu verlieren. Nach kurzer Denkpause stellte Frau Mint klar, dass sie wüsste, dass sie auch heute noch kräftig sei, sie sich jedoch viel wohler als zur damaligen Zeit fühlte. […] Kurze Zeit später habe sie ihren Kindern ihren neuen Lebensgefährten vorgestellt, welche diesen schnell ins Herz schlossen.“[2]

Auch wenn sie zugesteht, noch immer „kräftig“ zu sein, also die ideale Gewichtsnorm nicht erreicht hat, entsteht keine Geschichte des Versagens, sondern ganz im Gegenteil eine des Erfolgs. Sie hat viel erreicht – nämlich ein höheres Wohlbefinden im Vorher-Nachher-Vergleich und als Folgeeffekt familiäres Glück. Damit eignet sie sich den Problemdiskurs zur Hochgewichtigkeit eigensinnig an. Sie zeigt sich zum einen kundig zu den herrschenden Gewichtsstandards, zum anderen macht sie sich aber unabhängig von ihnen, definiert die Erfolgskriterien ihres Abnehmens selbst. Sie fühlt sich „wohler“. Damit macht sie ein Kriterium stark, dass nur sie selbst bewerten kann. Schließlich kann nur sie wissen, wann sie sich wohlfühlt. Dieses leibliche Wissen ist dem Körper eingeschrieben und nicht objektivierbar bzw. durch gängige klinische Methoden messbar.

---

2 Die im Folgenden zitierten Berichtspassagen wurden anonymisiert. Orthografische und grammatikalische Fehler sowie Fehler der Interpunktion in den Berichten wurden belassen.

Wie sie abgenommen hat, dazu werden in dieser Passage nur wenige Worte verloren. „Kontrollierte Ernährung" wird genannt, aber was das heißt, bleibt hier und an anderen Stellen häufig unsichtbar. Offenbar ist die Ernährungsmaßnahme etwas Privates und Intimes, das nicht öffentlich werden soll und muss. Entscheidend für die Narration ist vielmehr die Figur einer linearen Kausalitätskette, die durch die Gewichtsabnahme ausgelöst wird: Gewichtsabnahme – Wohlgefühl – neuen Partner kennengelernt – Partner wird durch die eigenen Kinder akzeptiert – Familienglück. Der Maßnahme des Abnehmens wird damit eine konsensfähige Sinnhaftigkeit verliehen. Sie rechtfertigt sich durch das schlussendlich erreichte private Beziehungsglück.

Anders stellt es sich bei Herrn Orange dar. Auch er präsentiert eine Geschichte privatisierten Abnehmens. Als Erfolgskriterium wird jedoch in diesem Fall nicht ein sozialer Benefit im Liebes- und Familienleben, sondern die Gewichtsreduktion als solche exponiert.

»Herr Orange berichtet von einer ›Notbremse‹, die er gezogen hat, als er an der Hochschule anfing. Wiederholend erwähnt er 40 kg abgenommen zu haben. Er lächelt und schaut mich stolz an ‚FDH, die radikalste aller Diäten [...] friss die Hälfte radikal, rabiat, aber wirkungsvoll'. Er berichtet daraufhin, seine Essgewohnheiten komplett umgestellt zu haben und ist davon überzeugt, dass sonst 40 kg nicht weggegangen wären. Dabei wirkt er stolz. Nennenswert findet er, dass er noch unterstützend dazu schwimmen geht: ›Ja, Wasser und ich, das passt auch zusammen.‹ Wiederholend vergleicht er diese Situation mit einer vergangenen Zeitspanne: ›Kein Mensch hätte das damals geglaubt.‹«

Die Erfolgsgeschichte folgt dem Deutungsmuster des erzählten Wettkampfes mit dem ‚generalisierten Anderen' (Mead, 1969): Er hat etwas geschafft, was das soziale Umfeld ihm nicht zugetraut hat. Dies potenziert den Leistungsgrad des erreichten Abnehmerfolgs. Herr Orange hat nicht allein sein Gewicht erheblich verringert, sondern damit auch die defizitären Zuschreibungen seines Umfeldes demontiert. Abgenommen zu haben ist auch der Beweis dafür, dass er fähiger und anders ist als andere ihn sehen.

Seine Leistung wird darüber hinaus symbolisch noch einmal vergrößert, dass „FDH" als die „radikalste aller Diäten" eingesetzt wurde. Damit wird die Gewichtsreduktion als Vorgang von massiver Härte gegen sich selbst gerahmt. Das alltagstheoretisch verankerte Wissen, dass Abnehmen mit erheblichen Zumutungen für die Betroffenen verbunden ist, erfährt auf diese Weise eine zusätzliche Dramatisierung, die die Großartigkeit des Erzählers textimmanent steigert. Die hierbei eingesetzte Figur der Härte gegen sich selbst steht wiederum in gewissem Kontrast zur Romantisierung der Erzählung zum Schwimmen. Die Aussage „Ja, Wasser und ich, das passt auch zusammen" aktualisiert das Bild einer verschmelzenden Liebesbeziehung.

Des Weiteren spielt der Verweis auf die benutzte FDH-Diät auch auf Simplizität an. Die Prozedur der Gewichtsbekämpfung wird nicht präsentiert als eine Arbeit, für die ernährungsmedizinische Expertise entwickelt und Diätaufwand betrieben werden muss, sondern sie ist sehr einfach und letztlich von jedem Laien umzusetzen. Damit wird das Abnehmen demonstrativ als ein ‚anti-expertokratischer' Akt erzählt – ein Vorgang, der gewisse geschlechtersymbolische Züge trägt. Angesichts der weiblichen Berufsdominanz im Diätgeschäft und der Ernährungsberatung lässt sich der Bezug auf das Konzept FDH als Geste der spezifischen Herstellung von Männlichkeit lesen (Connell, 2020). Auffällig dabei ist das Wording, das im Kürzel FDH steckt. ‚Friss die Hälfte' konnotiert die Nahrungsaufnahme animalisch und damit verächtlich.

Warum abgenommen wird, wird nicht weiter ausgeführt. Dass man abnehmen will, scheint völlig plausibel zu sein, bedarf keiner Begründung im Interview, zumindest hat der Berichterstatter sie nicht dokumentiert. Wenn es eine Begründung gegeben haben sollte, schien sie offenbar nicht berichtenswert, weil auch für die interviewende Person klar ist, dass Menschen mit hohem Körpergewicht ‚natürlich' abnehmen wollen. Die Metapher der „Notbremse" rahmt aber auch diese Entscheidung wieder dramatisch als rabiate Rettungsmaßnahme, die eine enorme Gefahr für Leib und Leben rechtzeitig abwendet.

Assistierte Gewichtsreduktionsmaßnahmen

Charakteristisch für diesen Erzähl-Typus der Selbstführung ist die Kollaboration mit helfenden – dinglichen und personellen – Akteur*innen für die Gewichtsreduktion. Dies kann in unterschiedlichen Settings erfolgen: angefangen bei Überwachungen via Fitness-Apps, über die Mitgliedschaft im Fitnesscenter, die Beteiligung an Ernährungsprogrammen bis zum Heranziehen von Para-Expert*innen für Ernährung, wie im Fall von

Herrn Grau. Berichtet wird, dass sein Wohlbefinden durch sein Körpergewicht gelitten habe und dass die bisherigen Abnehmversuche ohne langfristigen Erfolg gewesen seien. Im Anschluss heißt es weiter:

„Während seines Auslandssemesters habe er mit Sport angefangen. Zurück in Deutschland hätte Herr Grau ein bisschen Leerlaufzeit gehabt, in welcher er sich entschlossen habe, seinen Körper in Angriff zu nehmen. Ein befreundeter Sportstudent habe ihm dann einen Trainings- und Ernährungsplan erstellt. Momentan arbeite er daran, seinen Körper auszuformen, da sich die ›Überreste‹ [›Hautlappen‹] des Übergewichts ›leider Gottes‹ nicht zurückgebildet hätten. [seufzt] Als er vor einem Jahr seine Freundin kennenlernte, habe Herr Grau Angst vor ihrer Reaktion gehabt. Sie habe ihm später auch gesagt, dass dies erstmal gewöhnungsbedürftig gewesen sei. Doch habe sie gemeint, dass dies nicht schlimm gewesen sei, da er sonst ziemlich gut ausgesehen habe. [lacht] Herr Grau verweist drauf, dass sich durch das Abnehmen sein Selbstbewusstsein enorm gesteigert habe. Er sei davor sehr still gewesen und habe sich zurückgezogen. ›Mittlerweile, ich weiß nich, ob du das auch merkst, bin ich relativ offen und kann auch ohne Probleme über viele Sachen sprechen. Das ist halt, wenn man ganz anders von seiner Umgebung wahrgenommen wird, das färbt halt auf einen ab.‹ Dies sei auch das gewesen, was seine Freundin letztlich beeindruckt habe, glaubt Herr Grau.«

Abnehmen wird in diesem Text konstruiert als ein Vorgang, mit dem der Körper „in Angriff" genommen wird, um ihn nach Plan „auszuformen". Es ist mit diesen Worten einerseits eine kämpferisch-aggressive Handlung, andererseits aber auch eine handwerklich gestaltende. Der Körper wird zu einer modellierbaren Materie, die in die richtige Form gebracht werden kann und muss. Dies bedarf als Voraussetzung des klaren persönlichen Entschlusses – es vollzieht sich also nicht einfach so beiläufig. Es ist aber auch eine Arbeit, die Unterstützung durch Expert*innen und ihr Wissen braucht. In diesem Fall ist dies ein Sportstudent.

Die „Hautlappen", die sich als Folge der Gewichtsreduzierung bilden, werden zwar problematisiert, aber nicht als kritische Infragestellung der Maßnahme der Gewichtsreduktion, sondern als Makel beim Aufbau einer heterosexuellen Beziehung. Trotz dieser fatalen ‚Nebenwirkung' wird das Abnehmen weiterhin als sinnvoll und richtig berichtet. Die ‚Nebenwirkung' veranlasst stattdessen nur zur Fortsetzung der Arbeit am Körper, um den Fehler am Ende zu bereinigen und über einen schlanken *und* straffen Körper zu verfügen. Dass der Hautlappen ein Fehler ist, muss nicht erläutert werden. Hier kann der Bericht auf einen diskursiven Konsens zu Schönheitsidealen zurückgreifen und Einigkeit zwischen Interviewten und Interviewenden unterstellen.

Bezeichnenderweise ruft dieser Fehler eine sexuelle Geschichte auf. Seine besondere Dramatik zeigt sich in dem Moment, wo es um das Begehren nach einer Frau geht und aufgrund des Körpermakels eine Ablehnung droht. Zwar tritt das Befürchtete nicht ein. Dennoch bleibt das Deutungsmuster erhalten, als dicker Mann beim Aufbau einer Liebesbeziehung mit besonderen Widrigkeiten zu kämpfen zu haben. Gleichzeitig bietet diese Geschichte den Rahmen dafür, das Abnehmen als Erfolgsgeschichte zu untermauern. Nicht nur wurde der eigene unwürdige Körper bezwungen und in einen würdevollen verwandelt, auch hat dieser Prozess eine innere Verwandlung ausgelöst hin zu einem offenen, gesprächigen und beeindruckenden Mann, der sozial attraktiv ist.

Im Bericht zum Interview mit Frau Schwarz ist es ein kostenpflichtiges Ernährungsprogramm, das bei der Gewichtsreduktion assistiert. Geschildert wird, dass Frau Schwarz dick geworden ist aufgrund einer falschen Ernährungssozialisation in der Familie, weil die Eltern als Angehörige der „Nachkriegsgeneration" immer Angst hatten, zu wenig Essen zu haben, und deshalb zu fürsorglich beim Essen waren. Berichtet wird weiter:

„Sie äußert, dass ihr das Gewicht ›wie ein Berg‹ vorkam, sie aber keine Vorstellung gehabt habe, wie sie das Gewicht ohne Unterstützung reduzieren solle. Sie habe es schon bei einigen Programmen probiert, habe ihr Gewicht aber nie halten können. Bei einem Besuch im Krankenhaus habe sie Plakate von dem [Abnehm-]Programm gesehen. Als sie ›irgendwann die Schnauze voll‹ gehabt habe, habe sie sich Informationen darüber geholt. Sie habe längere Zeit darüber nachdenken müssen, ob sie das Programm besuchen solle, da die Voraussetzungen, um teilnehmen zu können, sehr hoch gewesen seien. Außerdem habe das Programm 3000 Euro gekostet, wobei einige Krankenkassen die Hälfte übernehmen, ihre jedoch nur die Kosten von 130 Euro für die Ernährungsberatung übernommen habe. Auch habe sie Selbstzweifel gehabt, ob sie es schaffen würde, aber die leitende Ärztin des Programms habe sie dazu motiviert. Auch sei die begleitende psychologische Therapie eine große Stütze gewesen. Sie habe in dem Programm

auch wieder Sport getrieben, was ihr große Freude bereitet habe und dann auch privat mit dem Sport angeknüpft. Zum jetzigen Zeitpunkt (Gewicht 80 kg) sei sie vor allem sehr glücklich darüber, dass sie viele Dinge im Alltag durch ihre Aktivität besser bewältigen kann.“

Zu Beginn der Prozedur des Abnehmens steht bei Frau Schwarz – wie bei Herrn Grau – eine dramatische, emotionale Zäsur. Sie hat die „Schnauze voll“, eine Formulierung, die – ähnlich wie die „Notbremse“ bei Herrn Grau – auf eine krisenhafte Eskalation anspielt. Die Aufgabe, das eigene Gewicht zu verringern, wird als „Berg“ etikettiert, eine Metapher, die auf einen voraussetzungsreichen und anstrengenden Weg verweist. Abzunehmen ist nicht erzählbar als Bagatelle einer zufälligen, simplen Entwicklung, sondern nur als Folge sich zuspitzender Drangsal, die den Druck so unerträglich macht, dass der Start der Körperbearbeitung zu einem persönlichen Befreiungsschlag wird. Die Zeit des Dickseins wird damit als enorme Belastung reproduziert, der Entschluss zum Abnehmen als Erweckung der eigenen Souveränität und Beginn eines besseren Lebens.

Wie Herr Grau greift auch Frau Schwarz auf Expertise von Spezialist*innen zurück, um ihren Körper zu optimieren. In diesem Fall handelt sich aber um eine weitaus aufwendigere und kostspieligere Variante. Das Ernährungsprogramm, das sie nutzt, umfasst ein Konzept multiprofessioneller Hilfen in einem institutionellen Kontext. Erwähnt werden die Begleitung von Ärztin, Psychologin und Ernährungsberatung. Damit wird das Abnehmen als anspruchsvolle Aufgabe diskursiviert, die nicht allein und laienhaft zu bewerkstelligen ist, vielleicht unterstützt durch den Rat vom „Mann auf der Straße“, sondern es braucht ausgefeiltes und vielschichtiges „Experten-Wissen“ (Schütz, 1972). Diese Kontextualisierung des Abnehmens bestätigt einmal mehr das hohe Körpergewicht als etwas, dem nicht nur ohne Hilfe anderer nicht beizukommen ist, sondern das auch ein hohes Maß an Professionalität dieser Hilfen bedarf. Plausibilisiert wird dies alles durch die Darstellung der positiven Effekte des durchlaufenen Ernährungsprogramms: Frau Schwarz hat ihre Zweifel überwunden, abgenommen und treibt wieder mit Freude Sport. Sie erfüllt also alle Kriterien guter Lebensführung.

Das Deutungsmuster der assistierten Selbstführung kann aber auch ambivalent präsentiert werden. Im Bericht von Frau Gelb tauchen professionelle Hilfen zum Abnehmen auf, die jedoch konflikthaft sind.

„In der Rehabilitationsmaßnahme wurde sie von einer Ärztin betreut [...]. Sie nahm in den fünf Wochen 7 kg ab, war dennoch mit dem Ergebnis nicht zufrieden. Das Ärzteteam baute sie auf und erklärte ihr, dass Abnehmen langsam geschehen muss. Nach der Rehabilitationsmaßnahme meldete sie sich in einem Fitnessstudio an, welches sie dreimal wöchentlich besuchte. Zudem spazierte sie täglich mit ihrem Hund, sie nahm dadurch 42 kg ab. Wog dennoch über 100 kg. [...] Irgendwann verschwand die anfängliche Motivation der Rehabilitationsmaßnahme. Sie nahm wieder zu und aus dem Grund entschied sie sich, das XY-Abnehm-Programm auszuprobieren. Also meldete sie sich dort an und das Programm half ihr, 10 kg abzunehmen. Sie kündigte irgendwann die Mitgliedschaft dort, weil ihr der Beitrag zu teuer war.“

In diesem Fall werden die professionellen Support-Angebote im Modus der kritischen Verbraucherin verhandelt. Die genutzten Hilfen – eine des medizinischen Versorgungssystems und eine des Gesundheitsmarktes – werden wie Konsumprodukte nach ihrem Outcome bewertet. Offenbar gibt es eine Idee davon, in welcher Zeitspanne wie viel Gewicht schnellstmöglich (fünf Wochen für 7 kg erscheint zu wenig) zu verlieren ist. Ob Frau Gelb die Rehabilitationsmaßnahme tatsächlich erfolgreich beendet hat, ist unklar. Klar ist aber, dass sie durch die Maßnahme zunächst noch motiviert war, sich an die erlernten Regeln gesunder Selbstführung zu halten: Sie bewegt sich beim Ausführen des Hundes und im Fitnessstudio. Das Ergebnis stellt sie am Ende jedoch nicht zufrieden. Sie bricht ab, nimmt deshalb zu, kauft sich bei einer anderen Maßnahme zum Abnehmen ein. Aber auch hier steht der finanzielle Einsatz für sie nicht im angemessenen Verhältnis zu dem, was sie an Gewichtsreduktion dafür bekommt. In diesem Bericht wird zwar auch die gewichtsreduzierende Lebensführung als selbstverständliches Anliegen dicker Menschen gerahmt, aber es wird als Frage des richtigen Produkts verhandelt. Frau Gelb konnte nicht erfolgreich dünn werden, weil beim ersten Produkt der gewichtsreduzierende Effekt zu gering war und beim zweiten Produkt der Effekt zu teuer bezahlt war. Das ernüchternde Ergebnis der Abnehmbemühungen wird externalisiert.

Medizinisch-operative Interventionen als Hilfe beim Abnehmen
Das Aufkommen chirurgischer Praktiken zur Veränderung der physiologischen Nahrungsverarbeitung eröffnet neue Möglichkeiten, den dicken Körper normgerecht zu verschlanken. Charakteristisch für diese Technologie ist, dass die Körperbearbeitung hier vollständig an externe Akteur*innen delegiert wird. Zwar sind auch hier spezifische Regeln der Lebensführung nach dem Eingriff einzuhalten, um Folgerisiken zu minimieren und tatsächlich eine Gewichtsabnahme auf Dauer zu erreichen. Aber der primäre Motor der Gewichtsreduktion ist die physische Manipulation eines Körperorgans durch einen klinischen Eingriff.

In den Berichten zu den Interviews werden operative Maßnahmen immer wieder erwähnt als Möglichkeiten des Abnehmens. Sie gehören somit zum etablierten Wissen der Menschen mit hohem Körpergewicht und zum Arsenal der möglichen Körperbearbeitungstechniken. Im Bericht zu Frau Grün heißt es:

„Es kam ihr in den Sinn, ihren Magen zu verkleinern, um noch erfolgreicher beim Abnehmen zu sein. Sie erkundigte sich bei ihrer Krankenkasse und bei ihrem Hausarzt. Die Kriterien dafür erfüllte sie, also wurde ihr die Operation genehmigt. Kurze Zeit später entschied sie sich dagegen, da sie mitbekommen hatte, dass eine Bekannte von ihr daran gestorben war. Sie entschied sich, eine Rehabilitation zu machen."

Die Magen-OP wird hier als Unterstützungsmaßnahme eingeführt: Sie soll das Abnehmen „noch erfolgreicher" machen, also die Körperbearbeitungspraktiken flankierend optimieren, nicht ersetzen. Frau Grün wird sichtbar in der Position der „informierten Entscheiderin" (Duden & Samerski, 2006), die „Erkundigungen" an verschiedenen Stellen zu dem Eingriff einholt. Dass vom medizinischen Prüfungssystem der Eingriff bei ihr genehmigt wird, weil sie die Voraussetzungen erfüllt, exponiert sie als nicht nur als ‚gute' Patientin, sondern auch als eine, bei der es allein mit den konservativen Verfahren nicht klappen wird.

Der Bericht positioniert Frau Grün als selbstverantwortliche, wachsame Patientin. Die Meldung zu einem Todesfall nach der Magenoperation veranlasst sie, sich gegen den Eingriff zu entscheiden. Nach Morgan (2008, S. 165) werden „Risiko-Abschätzungen und Körperumfang miteinander verbunden". Für Frau Grün überwiegen die Risikofaktoren des Eingriffs die Vorteile, die er bei der Gewichtsreduktion verspricht. Ihre Abwägung hat insofern eine hohe Überzeugungskraft als der Verweis auf das Sterberisiko aufgrund der existentiellen Dramatik kaum kritisch hinterfragbar ist. Die Bezugnahme darauf macht weitere Begründungen der Ablehnung der Operation nicht notwendig, wie es auch verhindert, ihr fehlenden Mut und Willen für diesen Eingriff zu unterstellen. Es wäre durchaus der Vorwurf denkbar, sie sei zu ‚feige' für den Eingriff. Stattdessen erscheint sie in dem Bericht als verantwortlich Handelnde, die den besten Weg zur Reduzierung des Fettes unter Berücksichtigung von Risikofaktoren geht.

Während die konservativen Verfahren des Abnehmens – Diät und Bewegung – in den Interviewberichten durchgängig als funktional gedeutet werden, was nicht heißt, dass sich in den Einzelfällen immer einlöst, was sie versprechen, sind die Narrative zu den operativen Maßnahmen gebrochener. Dies wird bereits im Bericht von Frau Grün deutlich, in dem der Eingriff als riskanter verhandelt wird, bei dem kompetent abgewogen werden muss. Im Bericht von Frau Lila erfährt diese Ambivalenz eine drastische Zuspitzung. Hier heißt es:

„Aktuell arbeitet Frau Lila nicht mehr, da sie seit zwei Jahren krank ist. Der Grund für ihre Erkrankung ist eine negativ verlaufende Magenverkleinerung [...] Bis dahin wog Frau Lila noch knapp 186 kg. Durch eine Schlauchmagenverkleinerung erhoffte sie sich eine Verringerung ihres Körpergewichts, was auch eintrat. lhr aktuelles Gewicht beträgt 81 kg. Aufgrund von Komplikationen nach der Operation folgten jedoch 40 weitere operative Eingriffe in der Magengegend. [...] lm Jahr xxx war sie für sechs Monate erstmals in der Psychiatrie aufgrund einer Borderline-Persönlichkeitsstörung."

In dieser Geschichte wird der Eingriff am Magen zum Auslöser einer langandauernden manifesten medizinischen Krise, die schließlich in einer psychiatrischen Erkrankung endet. War die Operation zunächst noch gewollt und führte sie auch zu den erwünschten Ergebnissen, kommt es doch auch zu erheblichen Komplikationen, verbunden mit enormen körperlichen und psychischen Belastungen für Frau Lila. So kann der erreichte große Gewichtsverlust nicht als persönliche Triumph-Geschichte erzählt werden, wie das in anderen Berichten vorfindbar ist. Stattdessen sind Arbeitslosigkeit und Psychiatrie Anfang und Ende dieser Erzählung. Bezeichnend ist dabei der fatalistische Duktus: Angeklagt wird niemand, es ist eher das medizinische ‚Pech', an dem entlang die persönliche Leidensgeschichte als schicksalhaft figuriert wird. Umgekehrt wird auf diese Weise aber auch die eigene Arbeitslosigkeit und psychiatrische Erkrankung externalisiert: Ursache waren die Unbilden des chirurgischen Eingriffs, die nicht vorhersehbar waren.

Panoptische Überwachung der Arbeit am Körper

Eine Ausnahmeerscheinung in den Berichten ist die panoptische Selbstführungsstrategie. Charakteristisch für sie ist, die Arbeit am eigenen Körper öffentlich vor einem Publikum zu inszenieren. Im Bericht zum Interview mit Frau Blau wird diese Strategie zum Thema:

„Die Ernährungsberaterin habe ihr empfohlen, ihre Abnehm-Bemühungen weiter mit Sport inklusive diverser Bluttests zu versuchen und parallel dazu ein öffentliches Tagebuch in Form eines Blogs zu führen. Sie erläuterte dazu: ›Ich öffentlich? (lachend) Ich habe nie mein Leben preisgegeben, weil ich das immer gerne für mich behalten habe und mich nicht so einfach in den Vordergrund stellen wollte.‹ Nach einiger Bedenkzeit habe sie sich dann dafür entschieden und plötzlich sei alles ganz schnell gegangen. ›Blutabnahme, Trainingsplan, Personal Trainer, Blog.‹“

Gerahmt wird die Blog-Veröffentlichung zum eigenen Abnehmen als Initiative von außen: Der Vorschlag kommt von der Ernährungsberaterin und löst einen Prozess der ‚Überwältigung' aus, so wird berichtet. Frau Blau stimmt zwar dem Blog zu, doch stellt sie dies als halbherzige Entscheidung dar. Sie erzählt sich als eine, die ‚eigentlich' ungern öffentlich sichtbar wird, ihr Leben für sich „behalten“, nicht im „Vordergrund“ stehen, privat geschützt bleiben will. Nach ihrer ‚halbherzigen' Zusage geht „alles ganz schnell“. Dass sie zur Blog-Schreiberin wird, vermittelt sich als ein Vorgang, den sie nicht selbst steuert und antreibt, sondern andere, der aber letztlich dennoch in ihrem Sinne ist. Warum, dies wird im weiteren Text plausibilisiert:

„Dabei wären es weniger die positiven Kommentare von Lesern im Sinne ›du schaffst das‹ gewesen, sondern eher der Ehrgeiz, allen anderen, die vermutlich schadenfroh ein Scheitern hätten sehen wollen, das Gegenteil zu beweisen. Dazu sagte sie: ›Da habe ich noch mehr Ehrgeiz entwickelt, gerade denen zu beweisen, dass ich es durchziehen werde und ich diesen Weg schaffe, egal wie steinig er wird.‹“

Deutlich wird, inwiefern sie von dem Blog auf dem Weg der Gewichtsreduktion profitiert. Da ist zum einen die ermutigende, bestätigende Resonanz des Blog-Publikums für das, was sie tut. Da ist zum anderen aber auch – und dies wird als besonders relevant markiert – der durch die mediale Selbstoffenbarung und Dauerbeobachtung erhöhte Druck durchzuhalten. Die Angst, vor den Augen aller zu versagen, wird zur wichtigen Ressource, um ausreichend „Ehrgeiz“ für den „steinigen“ Weg der Gewichtsreduktion zu mobilisieren. Die Zurschaustellung der Arbeit am eigenen Körper wird gedeutet und legitimiert als effektive Schutzmaßnahme gegenüber der eigenen Schwäche.

Diese Selbstführungsstrategie erinnert an das Panoptikum-Prinzip im Foucault'schen Sinne (Foucault, 1995) als Disziplinartechnik der Selbst- und Fremdführung (Möhring, 2006, S. 289; Villa, 2008, S. 262). Dieses Prinzip, das auf Gefängnisbauten zurück geht, basiert auf der Herstellung von architektonischen Räumen, die es ermöglichen, von zentralen Türmen mit Rundumblick Individuen permanent zu überwachen und damit zu steuern, ohne dass der überwachende Blick für die Individuen transparent ist. Auch der Blog organisiert einen solchen ‚panoptischen Blick‘ auf die Blog-Autorin, der dafür sorgt – so wird berichtet – sich richtig zu verhalten und nicht aufzugeben angesichts der Zumutungen des ‚steinigen‘ Wegs.

Mit Foucault kann das öffentliche Tagebuch, das sie führt, zudem als moderne Form des Geständnisses, der Beichte, gelesen werden, entlang derer Individuen im Fall des Scheiterns zur Rechenschaft gezogen werden. Je härter die drohende Strafe für das Scheitern, desto größer die Chance, mit eigenem Willen, der durch die Angst vor dem Urteil des Publikums angetrieben wird, ans Ziel zu kommen – nämlich dünn zu werden.

Der Bericht präsentiert dieses Verfahren der Sicherung von Disziplin fürs Abnehmen intelligibel. Zwar bedarf es im ersten Moment für Frau Blau Selbstüberwindung, sich in dieser Weise öffentlich zu machen. Doch nachfolgend wird dieser Schritt als völlig sinnvoll und zielführend vermittelt. Frau Blau führt sich selbst durch den disziplinierenden Blick der anderen.

3 Diskussion der Ergebnisse

Die Untersuchung zeigt, dass Individuen mit hohem Körpergewicht angehalten sind, Rechenschaft über sich selbst – wie auf der

Anklagebank – abzulegen, für den eigenen Körper – als Spiegel des eigenen Lebens – Sorge zu tragen und ihn als „unternehmerisches Selbst" richtig zu managen und zu optimieren (Bröckling, 2013). In den Berichten zu den Interviews tauchen immer wieder – fast regelhaft, möchte man sagen – Passagen auf, in denen das Gewicht des eigenen Körpers verhandelt wird. Dass das so ist, verweist auf einen starken Selbstverschuldungs- und Haftbarmachungsdiskurs in einer dickenfeindlichen Gesellschaft. Körperfett wird zu einem Indiz der eigenen unangemessenen Lebensführung. Es braucht in diesem Fall soziale Selbst- und Fremdkontrolle und Selbst- und Fremdüberwachung. Dabei wird das Abnehmen als extrinsische Anforderung von außen wie auch intrinsischer Wunsch nach Transformation in ein neues, häufig besseres Leben verhandelt, das Entstigmatisierung und sozialen Aufstieg verspricht (Posch, 2009, S. 12). Mit dem Verlust der Kilos verbessert sich – so wird immer wieder berichtet – das eigene Selbstbild, das Selbstbewusstsein, das Leben mit Liebe, Familie und Arbeit. Abnehmen wird positiv codiert und der schlanke(re) Körper als das eigentlich Authentische des normalen Körper-Selbst präsentiert.

So kann es nicht verwundern, dass das Abnehmen in vielen Berichten Thema ist. Es gibt einen starken gesellschaftlichen Druck zur Schlankheit, der auf Menschen mit Körpergewicht lastet. „Wer sich nicht optimiert, wer nicht dauernd an der Verbesserung seines Körpers und damit seiner selbst arbeitet (hart arbeitet), verdient keine Anerkennung" (Villa, 2008, S. 12). Im dickenfeindlichen Diskurs verdienen dicke Menschen so lange keine Anerkennung, bis sie sich zumindest bereit zeigen, in die eigene Körperoptimierung zu investieren. Dieses Netz von Verweigerung und Versprechen von Anerkennung organisiert in den Individuen die Zustimmung zur Selbstunterwerfung unter fatistische Normative und die ideelle ‚Alternativlosigkeit' der Verschlankungsbemühungen.

Die Abnehm-, Gewichts- und damit auch Schönheits- und Gesundheitsnormen wirken, wie am Material ablesbar, niemals deterministisch als eindimensionale Prägung des Individuums, sondern sie werden individuell und eigensinnig vor dem Hintergrund eines dickenfeindlichen Gesellschaftsdiskurses angeeignet. Dabei wird ein Kontinuum an persönlichen Arrangements sichtbar: von der Identifikation mit normativen Botschaften – z.B. ein gesunder Körper ist schlank und fit – über Adressierungen, die neu recodiert werden, bis hin zur Ablehnung und Zurückweisung der hegemonialen Anrufungen, wobei dies in den Berichten insgesamt weniger zu finden ist.

Um so zu werden, wie man sein will und soll, werden unterschiedliche *gouvernementale Selbstführungsstrategien* aktiviert: Sie reichen von der Verschlankungsarbeit am eigenen Körper für sich im Privaten über kollaborative Strategien mit professionellen und dinglichen Expert*innen, chirurgischen Eingriffen bis hin zum sich-selbst-Aufliefern der panoptischen Überwachung. Sie lassen sich differenzieren nach dem Grad der öffentlichen Sichtbarkeit, der persönlichen Autarkie, der Expertisierung und Professionalisierung wie auch der Technologisierung.

Das Abnehmen wird nicht nur gedeutet als Prozess enormer persönlicher Anstrengungen, sondern eben auch als ein anspruchsvoller, der kaum im Alleingang zu bewerkstelligen ist. Die Erzähler*innen selbst müssen Expertise entwickeln und sie brauchen Assistenz diverser anderer Expert*innen: Professionelle wie Ernährungsberater*innen, Ernährungswissenschaftler*innen, Ärzt*innen, Psycholog*innen. Sie brauchen schließlich auch Technologien des Abnehmens: Berichtet wird von psychologischen Gesprächen, Beratung, medizinischen Untersuchungen, Sport- und Fitnessprogrammen, Ernährungsplänen, Formula-Nahrung, Teilnahme an Einzel- und Gruppensitzungen mit anderen Betroffenen, Blog-Tagebuch bis hin zu medizinischen Eingriffen.

Die Gewichtsreduzierung wird erzählerisch gerahmt als Vorgang, in dem die gesamte Lebensführung unter Selbst- und Fremdbeobachtung steht und der als solcher sinnhaft, nicht anders vorstellbar, erzählbar ist. Dennoch führt er nicht immer zu dem erhofften Ziel. Es gibt zum einen die Erzählungen der siegreichen Gewichtsreduktion und Verwandlung, aber auch die des Scheiterns. Im letzteren Fall muss dies den Interviewenden gegenüber immer in irgendeiner Weise plausibilisiert werden – ein Indikator dafür, dass das Skript der Abnehm-Erzählung ‚eigentlich' ein anderes Ende vorsieht.

Dabei gibt es zwei Schlüsselthemen in den Berichten, die textchoreografisch eine prominente Rolle spielen: die *Willenskraft,* an sich arbeiten zu wollen und zu können, und die *informierte, reflektierte Entscheidung* zum Abnehmen (Duden & Samerski, 2006). In allen Deutungen gibt es, auch wenn graduell an den eigenen Erwartungen und denen anderer gescheitert wird, kein „absolutes Scheitern" im Hinblick auf den Willen (Junge, 2013,

S. 17). Wenn etwa am ersten Diätprogramm gescheitert wird, kommt das nächste, dann wieder das nächste usw. Dabei erscheinen die Menschen mit (ehemals) hohem Körpergewicht in den Deutungen zum Abnehmen nicht als Gescheiterte, denn die Willenskraft ist da, es wird aufs Neue versucht. Oder aber sie haben es geschafft und ihr Ziel durch ‚harte Arbeit' am Körper erreicht, womit sie Anerkennung, Respekt, ein besseres Leben und häufig auch sozialen Aufstieg erreicht haben. Letztlich sind (fast) alle Geschichten des Erfolgs entlang eines nur „graduellen Scheitern[s]" (ebd.) konstruiert, das die Existenz der eigenen Willensstärke niemals gänzlich infrage stellt. Dies lässt sich als Indiz dafür lesen, dass damit stereotypisierende Zuschreibungen an Menschen mit hohem Körpergewicht wie Dummheit, Bequemlichkeit und Antriebslosigkeit abgewehrt werden können.

Die zweite Schlüsselfigur der Texte ist die der informierten und reflektierten Entscheidung. Das eigene Projekt der Gewichtsreduktion muss erläutert und plausibilisiert werden als Ergebnis von Wissensaneignung, Auseinandersetzung, Abwägung und Kompetenz. Die Erzählenden weisen nach, dass sie rational alle Möglichkeiten durchdacht und eine angemessene Entscheidung getroffen und umgesetzt haben (Maasen, 2008, S. 111; Bröckling, 2013), ganz im Sinne des „unternehmerischen Selbst" des Neoliberalismus, das frei und selbstbestimmt den besten Weg zur Selbstoptimierung geht.

Dabei ist die Arbeit am Körper-Selbst, wie Villa (2008, S. 8) formuliert, nicht so privat selbstverfügt, wie es vordergründig scheinen mag, sondern im höchsten Maße normativ vergesellschaftet. Denn die Bewertungsschablonen, mit denen die Individuen sich selbst – bei aller Eigensinnigkeit – mit den Augen der anderen lenken und führen, haben sie nicht selbst erschaffen, sondern sie gehen ihnen als Maßgabe voraus. Degele (2013) schreibt zum menschlichen Schönheitshandeln, dass Menschen dies vornehmlich als etwas begründen, das sie nur für sich selbst und nicht für andere tun. Dies findet sich auch in den Berichten als Deutungsmuster wieder. Auch hier ist das Bemühen groß, die Gewichtsreduktion nicht als Anpassung an herrschende Schlankheitsnormen erscheinen zu lassen, sondern als ausschließlich subjektiv motiviert zur schlichten Verbesserung des Wohlgefühls. Hierüber lässt sich erzählerisch die eigene Souveränität bewahren und der Nachweis liefern, sich subversiv „nicht dermaßen regieren zu lassen“ (Foucault, 1992, S. 12).

Dass die studentischen Berichte zu den biografischen Interviews so umfangreich Textpassagen zu gewichtsreduzierenden Selbstführungsstrategien der Befragten enthalten, legt beredtes Zeugnis zur Persistenz fatistischer Normalitätsmuster ab. Auch wenn eine fatismuskritische soziale Bewegung allmählich in Deutschland Fahrt aufnimmt und Forderungen nach Anerkennung körperlicher Vielfalt unabhängig von Gewicht, gegen Fat- und Body-Shaming lauter werden, wie auch kulturelle Formen eines empowerten und empowernden Lebens sichtbarer werden (Kim, 2022; Hauke, 2022; Gibson, 2022; von Liebenstein, 2022), darf dies nicht darüber hinwegtäuschen, wie wirkmächtig weiterhin das Stigma zur Dickleibigkeit ist.

Klar ist, dass in einer fatismusfreien Gesellschaft Menschen mit hohem Körpergewicht in einem biografischen Interview kaum über Gewicht sprechen würden, weil es biografisch relativ belanglos wäre. Aber in einer fatistischen Gesellschaft kann es nicht anders sein, als dass sie darüber sprechen und vor allem auch darüber, dass und wie sie ihr Gewicht bekämpfen. Denn erst damit werden sie zu respektablen Mitbürger*innen. Dass auch die Studierenden diese Thematisierungen wiederum für berichtenswert halten, spiegelt wider, wie auch sie trotz fatismuskritischer Sensibilisierung im Seminar sich als Zeug*innen der Lebenserzählung eines Menschen mit hohem Körpergewicht und Berichterstatter*innen nicht ‚außerhalb‘ stellen können, sondern in ihren Berichten die Dramen des dicken Lebens reproduzieren müssen.

Literatur

Arbeitsgemeinschaft der Wissenschaftlichen Medizinischen Fachgesellschaften e. V. (AWMF) (2017) *Fettleibigkeit: Mit Spritzen oder Skalpell der Adipositas auf den Leib rücken*, Presseerklärung vom 29.03.2017 via idw [Online]. Verfügbar unter idw-online.de/de/news670475; [Zugriff am 18.05.2023].

Beigang, S., Fetz, K., Kalkum, D. & Otto, M. (2017a) *Diskriminierungserfahrung in Deutschland*, Baden-Baden, Nomos.

Beigang, S., Otto, M., Fetz, K. & Kalkum, D. (2017b) „Eine Frage von Gewicht: Gründe für unterschiedliches Reaktionsverhalten“, in Institut für Demokratie und Gesellschaft/IDZ (Hg.) *Wissen Schafft Demokratie, Schriftenreihe des Instituts für Demokratie und Zivilgesellschaft, Schwerpunkt: Diskriminierung*, 02, S. 52–62 [Online]. Verfügbar unter https://www.idz-jena.de/fileadmin/user_upload/SR_02_IDZ_Web.pdf; [Zugriff am 18.05.2023].

Bröckling, U. (2013) *Das unternehmerische Selbst: Soziologie einer Subjektivierungsform*, München, Suhrkamp Verlag.

Bührmann, A. & Schneider, W. (2007) „Mehr als nur diskursive Praxis? – Konzeptionelle Grundlagen und methodische Aspekte der Dispositivanalyse“ [Artikel 28], *Forum Qualitative Sozialforschung/ Forum: Qualitative Social Research,* Vol. 8, S. 1–51.

Brückmann, R. (2022) „Intersektionalität“, in Herrmann, A., Kim, T. J., Kindinger, E., Mackert, N., Rose, L., Schorb, F., Tolasch, E. & Villa, P.-I. (Hg.) *Fat Studies. Ein Glossar*, Wiesbaden, transcript, S. 157–159.

Connell, R. W. (2020) *Masculinities*, London, Routledge.

Crossley, N. (2005) „Mapping Reflexive Body Techniques: On Body Modification and Maintenance“, *Body & Society*, Vol. *11*, Issue 1, S. 1–35.

Degele, N. (2013) *Sich schön machen: Zur Soziologie von Geschlecht und Schönheitshandeln,* Wiesbaden, VS Verlag für Sozialwissenschaften.

Detka, C. (2005) „Zu den Arbeitsschritten der Segmentierung und der Strukturellen Beschreibung in der Analyse autobiographisch-narrativer Interviews“, *Zeitschrift für qualitative Bildungs-, Beratungs- und Sozialforschung,* Vol. 6, Nr. 2, S. 351–364.

Duden, B. & Samerski, S. (2006) „Vererbung und Selbstmanagement. Wie »Gen« den eigenen Leib zum Risiko macht“, in Rehberg, K.-S. (Hg.) *Soziale Ungleichheit – kulturelle Unterschiede. Verhandlungen des 32. Kongresses der Deutschen Gesellschaft für Soziologie in München 2004*, Frankfurt am Main, Campus, S. 558–568.

Foucault, M. (1968) *Sexualität und Wahrheit. Band 2: Der Gebrauch der Lüste*, Frankfurt am Main, Suhrkamp.

Foucault, M. (1992) *Was ist Kritik?* Berlin, Merve Verlag.

Foucault, M. (1994) „Warum ich die Macht untersuche: Die Frage des Subjekts“, in Dreyfus, R. L. & Rabinow, P. (Hg.) *Michel Foucault.*

Jenseits von Strukturalismus und Hermeneutik, Weinheim, Beltz/Athenäum, S. 243–250.

Foucault, M. (1995) *Überwachen und Strafen. Die Geburt des Gefängnisses*, Frankfurt am Main, Suhrkamp.

Foucault, M. (1996) *Der Mensch ist ein Erfahrungstier*, Frankfurt am Main, Suhrkamp.

Foucault, M. (2007) *Ästhetik der Existenz. Schriften zur Lebenskunst*, Frankfurt am Main, Suhrkamp.

Gibson, G. (2022) „Health at Every Size“, in Herrmann, A., Kim, T. J., Kindinger, E., Mackert, N., Rose, L., Schorb, F., Tolasch, E. & Villa, P.-I. (Hg.) *Fat Studies. Ein Glossar,* Wiesbaden, transcript, S. 145–148.

Hauke, A. (2022) „Body Positivity“, in Herrmann, A., Kim, T. J., Kindinger, E., Mackert, N., Rose, L., Schorb, F., Tolasch, E. & Villa, P.-I. (Hg.) *Fat Studies. Ein Glossar,* Wiesbaden, transcript, S. 71–73.

Herrmann, A., Kim, T. J., Kindinger, E., Mackert, N., Rose, L., Schorb, F., Tolasch, E. & Villa, P.-I. (Hg.) (2022) *Fat Studies. Ein Glossar*, Wiesbaden, transcript.

Herrmann, A. & Tolasch. E. (2022) „Mutter“, in Herrmann, A., Kim, T. J., Kindinger, E., Mackert, N., Rose, L., Schorb, F., Tolasch, E. & Villa, P.-I. (Hg.) *Fat Studies. Ein Glossar,* Wiesbaden, transcript, S. 201–203.

Hilbert, A. (2008) „Soziale und psychosoziale Auswirkungen der Adipositas: Gewichtsbezogene Stigmatisierung und Diskriminierung“, in Herpertz, S., Zwaan, M. & Zipfel, S. (Hg.) *Handbuch Essstörungen und Adipositas*, Heidelberg, Springer, S. 288–291.

Institut für Demoskopie (IfD) Allensbach (2014) „Fast jeder zweite Deutsche würde gerne abnehmen – 38 Prozent haben schon einmal eine Diät gemacht“ *Allensbacher Kurzbericht – 10. April* [Online]. Verfügbar unter https://www.ifd-allensbach.de/fileadmin/kurzberichte_dokumentationen/PD_2014_08.pdf; [Zugriff am 18.05.2023].

Junge, M. (2013) „Scheitern. Ein unausgearbeitetes Konzept soziologischer Theoriebildung und ein Vorschlag zu seiner Konzeptualisierung“, in Junge, M. & Lechner, G. (Hg.) *Scheitern. Aspekte eines sozialen Phänomens*, Wiesbaden, VS Verlag für Sozialwissenschaften, S. 15–32.

Karsch, F. (2015) *Medizin zwischen Markt und Moral. Zur Kommerzialisierung ärztlicher Handlungsfelder*, Bielefeld, transcript.

Keller, R. (2011) *Diskursforschung. Eine Einführung für Sozialwissenschaftlerinnen*, Wiesbaden, VS Verlag für Sozialwissenschaften.

Kim, T. J, (2022) „Aktivismus“, in Herrmann, A., Kim, T. J., Kindinger, E., Mackert, N., Rose, L., Schorb, F., Tolasch, E. & Villa, P.-I. (Hg.) *Fat Studies. Ein Glossar,* Wiesbaden, transcript, S. 43–46.

Kim, T. J., Makowski, A. C. & von dem Knesebeck, O. (2019) „Obesity Stigma in Germany and the United States – Results of population surveys“, *PLOS ONE,* Vol. 14, No. 8 [Online]. Verfügbar unter DOI: 10.1371/journal.pone.0221214.

Kinzl, J. F. (2016) „Adipositas: Stigmatisierung, Diskrimination, Körperimage“, *Wiener Medizinische Wochenschrift,* Vol. 166, Issue 3–4, S. 117–120.

Krasmann, S. (2000) „Gouvernementalität der Oberfläche. Aggressivität (ab)trainieren beispielsweise“, in Bröckling, U., Krasmann, S. & Lemke, T. (Hg.) *Gouvernementalität der Gegenwart. Studien zur Ökonomisierung des Sozialen*, München, Suhrkamp, S. 194–226.

Lemke, T., Krasmann, S. & Bröckling, U. (2000) „Gouvernementalität, Neoliberalismus und Selbsttechnologien. Eine Einleitung“, in dies. (Hg.) *Gouvernementalität der Gegenwart. Studien zur Ökonomisierung des Sozialen*, München, Suhrkamp, S. 7–40.

Liebenstein, S. von (2022) „Fat Rights“, in Herrmann, A., Kim, T. J., Kindinger, E., Mackert, N., Rose, L., Schorb, F., Tolasch, E. & Villa, P.-I. (Hg.) *Fat Studies. Ein Glossar,* Wiesbaden, transcript, S. 109–112.

Maasen, S. (2008) „Bio-ästhetische Gouvernementalität – Schönheitschirurgie als Biopolitik“, in Villa, P.-I. (Hg.) *Schön normal. Manipulationen am Körper als Technologien des Selbst*, Bielefeld, transcript, S. 99–118.

Mackert, N. (2017) „‚Nature always counts‘. Kalorienzählen als Vorsorgetechnik in den USA des frühen 20. Jahrhunderts“, in Hannig, N. & Thießen, M. (Hg.) *Vorsorgen in der Moderne. Akteure, Räume und Praktiken*, (Schriftenreihe der Vierteljahrshefte für Zeitgeschichte Bd. 115), Berlin, de Gruyter, S. 213–231.

Martschukat, J. (2019) *Das Zeitalter der Fitness*. Frankfurt am Main, S. Fischer Verlag.

Mata, J. & Hertwig, R. (2018) „Public Beliefs About Obesity Relative to Other Major Health Risks: Representative Cross-Sectional Surveys in the USA, the UK, and Germany“, *Annals of Behavioral Medicine*, Vol. 52, No. 4, S. 1–14.

Mead, G. H. (1969) „Die Genesis des sozialen Selbst und die soziale Kontrolle“, in Ders. (Hg.), *Philosophie der Sozialität. Aufsätze zur Erkenntnisanthropologie*, Frankfurt am Main, Suhrkamp, S. 69–101.

Möhring, M. (2006) „Die Regierung der Körper. »Gouvernementalität« und »Techniken des Selbst«“, *Zeithistorische Forschungen/Studies in Contemporary History*, Vol. 2, S. 284–290.

Morgan, K. P. (2008) „Foucault, Hässliche Entlein und Techno-Schwäne – Fett-Hass, Schlankheitsoperationen und biomedikalisierte Schönheitsideale“, in Villa, P.-I. (Hg.) *Schön normal. Manipulationen am Körper als Technologien des Selbst*, Bielefeld, transcript, S. 134–172.

Opitz, S. (2004) *Gouvernementalität im Postfordismus*. Hamburg, Argument.

Posch, W. (2009) *Projekt Körper: Wie der Kult um die Schönheit unser Leben prägt*. Frankfurt am Main und New York, Campus.

Pape, J. (2022) „Eltern“, in Herrmann, A., Kim, T. J., Kindinger, E., Mackert, N., Rose, L., Schorb, F., Tolasch, E. & Villa, P.-I. (Hg.), *Fat Studies. Ein Glossar*, Wiesbaden, transcript, S. 87–89.

Puhl, R. M. & Heuer, C. A. (2009) „The stigma of obesity: a review and update“, *Obesity* Vol. 17, No 5, S. 941–964.

Rose, L. (2022a) „Professionelle“, in Herrmann, A., Kim, T. J., Kindinger, E., Mackert, N., Rose, L., Schorb, F., Tolasch, E. & Villa, P.-I. (Hg.), *Fat Studies. Ein Glossar,* Wiesbaden, transcript, S. 221–223.

Rose, L. (2022b) „Haustiere“, in Herrmann, A., Kim, T. J., Kindinger, E., Mackert, N., Rose, L., Schorb, F., Tolasch, E. & Villa, P.-I. (Hg.), *Fat Studies. Ein Glossar,* Wiesbaden, transcript, S. 137–140.

Rose, L. & Schorb, F. (2017) „Fat Studies in Deutschland. Eine Einführung“, in dies. (Hg.) *Fat Studies in Deutschland. Hohes Körpergewicht zwischen Diskriminierung und Anerkennung*, Weinheim, Beltz Juventa, S. 7–14.

Rothblum, E. D. (2017) „Fat Studies“, in Rose, L. & Schorb, F. (Hg.) *Fat Studies in Deutschland. Hohes Körpergewicht zwischen Diskriminierung und Anerkennung*, Weinheim, Beltz Juventa, S. 16–30.

Scherenberg, V. & Kramer, U. (2013) „Schöne neue Welt: Gesünder mit Health-Apps? Gesundheit in den Medien“, *Jahrbuch Healthcare*

Marketing, S. 115–119 [Online]. Verfügbar unter https://healthon.de/sites/default/files/wp-content/uploads/2013/04/JB_HCM_2013_Apollon-healthon.pdf; [Zugriff am 18.05.2023].

Schorb, F. (2022) „Klasse“, in Herrmann, A., Kim, T. J., Kindinger, E., Mackert, N., Rose, L., Schorb, F., Tolasch, E. & Villa, P.-I. (Hg.) *Fat Studies. Ein Glossar*, Wiesbaden, transcript, S. 177–179.

Schütz, A. (1972) „Der gut informierte Bürger“, in Brodersen, A. (Hg.) *Gesammelte Aufsätze. II Studien zur soziologischen Theorie*, Den Haag, Nijhoff, S. 85–101.

Sikorski, C., Spahlholz, J., Mette H. & Riedel-Heller, S. (2016) Weight-based discrimination: an ubiquitary phenomenon? *International Journal of Obesity* 40, S. 333–337.

Statista (2019) *Diät zur Gewichtsabnahme in den letzten 2 Jahren* [Online]. Verfügbar unter https://de.statista.com/statistik/daten/studie/1658/umfrage/diaet-zur-gewichtsabnahme-in-den-letzten-2-jahren/; [Zugriff am18.05.2023].

Strauss, A. L. & Corbin, J. C. (1996) *Grounded Theory. Grundlagen qualitativer Sozialforschung*, Weinheim, Psychologie Verlag.

Strings, S. (2020) *Fearing the Black Body: The Racial Origins of Fat Phobia*, New York, University Press.

Tolasch. E. (2022) „Schwangerschaft“, in Herrmann, A., Kim, T. J., Kindinger, E., Mackert, N., Rose, L., Schorb, F., Tolasch, E. & Villa, P.-I. (Hg.) *Fat Studies. Ein Glossar,* Wiesbaden, transcript, S. 249–252.

Tolasch, E. (2017) „»What's wrong with being fat?« – Erzählungen zum Dicksein von Menschen mit hohem Körpergewicht“, in Rose, L. & Schorb, F. (Hg.) *Fat Studies in Deutschland. Hohes Körpergewicht zwischen Diskriminierung und Anerkennung*, Weinheim und Basel: Beltz Juventa, S. 85–101.

Tuider, E. (2007) „Diskursanalyse und Biographieforschung. Zum Wie und Warum von Subjektpositionierungen“, *Forum Qualitative Sozialforschung/Forum: Qualitative Social Research*, Vol 8, No. 2 [Online]. Verfügbar unter https://doi.org/10.17169/fqs-8.2.249.

Vartanian, L. R. & Novak, S. A. (2011) „Internalized Societal Attitudes Moderate the Impact of Weight Stigma on Avoidance of Exercise“, *Obesity*, Vol. 19, No. 4, S. 757–762.

Villa, P.-I (2022) „Gender“, in Herrmann, A., Kim, T. J., Kindinger, E, Mackert, N., Rose, L., Schorb, F., Tolasch, E. & Villa, P.-I. (Hg.) *Fat Studies. Ein Glossar,* Wiesbaden, transcript, S. 125–127.

Villa, P.-I. (2008) „Habe den Mut, Dich Deines Körpers zu bedienen! Thesen zur Körperarbeit in der Gegenwart zwischen Selbstermächtigung und Selbstunterwerfung“, in dies. (Hg.) *Schön normal. Manipulationen am Körper als Technologien des Selbst*, Wiesbaden, transcript, S. 245–272.

Wirtz, M. (2010) „»Fit statt fett« und »in Form«. Ein kritischer Blick auf aktuelle Programme zur Bevölkerungsgesundheit“, *Sozial Extra*, Vol. 1, S. 46–49.

Merle Heyrock

Nicht lesen, nicht schreiben, nicht dabei? Wie Bildungs- und Literalitätsnormen stereotype Vorstellungen über Menschen mit Lese- und Schreibschwäche begünstigen

When it is mentioned that 6.2 million people in Germany have difficulties with reading and writing, many people first react with questions: At what point does someone have reading and writing difficulties? How can this happen in Germany? Who are the people behind it? Although the discussion usually ends with the questions, there is often quite a quick idea of how they could be answered – namely based on mental representations of what life is like for someone who cannot read or write well. Stereotyping derived from this, such as the idea that one can only cope poorly in life without sufficient written language competence, usually results in primarily deficient attributions of people. This is not least due to the close link between literacy skills and the dominant image of education. From the perspective that finding one's way in life in a literate society is possible even without literacy skills, this article argues that a new perspective is needed on people who, due to a lack of literacy skills, are stereotypically attributed with low levels of education, participation and thus agency.

Keywords: Lese- und Schreibschwierigkeiten, Literalität, Alpha-Level, Health Literacy, Gesundheitskompetenz, DiGeKo-Net

1 Einleitung

Mangelhafte Lese- und Schreibfähigkeiten gelten in einer Wissensgesellschaft wie Deutschland hinsichtlich der sozialen Teilhabe als höchst problematisch. Zu groß erscheint die Diskrepanz zwischen den Anforderungen, die die neuen Technologien und komplexen Kommunikationsprozesse an die Menschen stellen und solchen Kompetenzen, die Menschen ohne Schriftsprachlichkeit erreichen können. Dementsprechend sind in den meisten Bildungs- und Kompetenzmodellen Lese- und Schreibkompetenzen als

Grundvoraussetzung tief verankert (Pabst & Zeuner, 2016, S. 60) und prägen die sogenannte Bildungsnormalität. Diese Bildungsnormalität befindet sich allerdings nicht in einem neutralen, machtleeren Raum, sondern wird durch den dominanten gesellschaftlichen Diskurs durchgesetzt und damit zum gesellschaftlichen Maßstab (Krenn, 2015, S. 56), der wiederum unser Wissen darüber bestimmt, welche Kompetenzen hilfreich und notwendig sind, um sich in der jeweiligen Gesellschaft zurechtzufinden. So bildet sich eine Art Konsens aus, Selbstverständlichkeiten und auch Wahrnehmungsschemata, die von früher Kindheit an erlernt werden (Barmeyer & Genkova, 2011, S. 175). Bezogen auf Schriftsprachlichkeit findet dieses Lernen nicht nur implizit, z.B. durch Sozialisationserfahrungen, sondern auch explizit durch formale Bildungserfahrungen statt, die nicht nur vage Vorstellungen darüber vermitteln, wie Lese- und Schreibkompetenzen aussehen können, sondern „Einteilungen und Klassifizierungen" (Krenn, 2015, S. 57) vornehmen, die formale Anforderungen an Schriftsprachlichkeit genau definieren. Das Nichterreichen dieser Anforderungen hat zur Folge, dass Menschen mit Lese- und Schreibschwierigkeiten gesellschaftlich als eine Abweichung der Bildungsnormalität eingestuft werden. Werden Lese- und Schreibkompetenzen also als Grundlage für Bildungsprozesse verstanden, werden Menschen mit Lese- und Schreibkompetenzen in der Konsequenz als ungebildet markiert. Und wird Bildung als Zugangsvoraussetzung für eine gelingende Teilnahme an der Gesellschaft konstruiert, sind die Schlussfolgerungen einer solchen Markierung weitreichend. Sie formen Stereotype über fehlende Handlungsfähigkeit, Unselbständigkeit und die Unfähigkeit, gesellschaftliche Teilhabe zu erfahren.

Die Auswirkungen dieser Stereotype auf die Wahrnehmung von Menschen mit Lese- und Schreibschwierigkeiten sind Gegenstand dieses Beitrags. Erörtert wird ferner, inwiefern Menschen mit Lese- und Schreibschwäche überhaupt als soziale Gruppe beschrieben werden können, die anhand der Differenzlinie ‚alphabetisiert' oder ‚nicht-alphabetisiert' konstruiert wird und auf die defizitär konnotierte Stereotype projiziert werden. Ergänzt werden diese Betrachtungen durch Ergebnisse des in Schleswig-Holstein angesiedelten Projekts *DiGeKo-Net*[1], dessen Ziel die

1 Das BMBF geförderte Forschungsprojekt „DiGeKo-Net – Verbesserung der

Verbesserung der Gesundheitskompetenz von Menschen mit Lese- und Schreibschwierigkeiten durch selbstbestimmte Zugänge zu gesundheitsrelevanten Informationen ist. Anhand eines exemplarischen Beispiels wird aufzeigt, wie Stereotype Interaktionen im Gesundheitssystem beeinflussen und den Zugang zu gesundheitsrelevanten Prozessen erschweren.

2 Dominante und legitime Literalität

Die Auseinandersetzung mit Stereotypen über Menschen, die nicht oder nicht gut lesen und schreiben können, beginnt mit der Frage, über welche „Gruppe" überhaupt gesprochen wird, wie diese zu benennen ist und welche Eigenschaften die Zugehörigkeit zu dieser Gruppe bestimmen. Auch wenn die Begrifflichkeiten *Analphabetismus* bzw. *funktionale Analphabet*innen* weiterhin häufig Verwendung finden, sind diese insbesondere in Betroffenen- und Fachkreisen umstritten, vor allem aufgrund der – auch in anderen Diskursen – weit verbreiteten Kritik an einer Defizitorientierung. So sind *funktionale Analphabet*innen* per Definition Menschen, bei denen davon ausgegangen wird, dass „die schriftsprachlichen Kompetenzen [...] niedriger sind als diejenigen, die minimal erforderlich sind und als selbstverständlich vorausgesetzt werden, um den jeweiligen gesellschaftlichen Anforderungen gerecht zu werden" (Egloff et al., 2011, S. 14–15).

Lange galt der gesellschaftliche Standard an Lese- und Schreibkompetenzen, das ‚Selbstverständliche', als eine quasi naturgegebene Größe. Lesen und Schreiben wurden als vermeintlich neutrale Kulturtechniken wahrgenommen, die eindeutig messbar sind, durch ihre scheinbare Neutralität von jedem Menschen erlernt werden können und eine „universelle Gültigkeit beanspruchen" (Krenn, 2013, S. 17). Vertreter*innen der *New Literacy Studies* hingegen stellen diesem „autonomen Modell"

Gesundheitskompetenz von funktionalen Analphabet*innen mit und ohne Migrationshintergrund mithilfe digitaler Medien" (Kennzeichen: 13FH016SX8) hat eine Laufzeit von Oktober 2020 bis September 2023 und ist am Institut für Interdisziplinäre Genderforschung und Diversity der Fachhochschule Kiel angesiedelt. Projektziel ist die Entwicklung einer Gesundheits-App in einem partizipativen Prozess zusammen mit Menschen mit geringer Literalität. Dadurch soll der selbstbestimmte Zugang zu Gesundheitsinformationen ermöglicht werden. Das Akronym DiGeKo steht für Digitale Gesundheitskompetenz.

(Street, 2003) von Schriftsprachlichkeit ein „ideologisches Modell" (ebd.) entgegen, das davon ausgeht, dass Literalität von Menschen „immer im Kontext ihrer jeweiligen Gesellschaften, ihres sozialen Umfelds und ihrer subjektiven Begründungen" (Zeuner & Pabst, 2011, S. 37) erworben wird, durch soziale Praxis entsteht und fortlaufend ausgehandelt wird. Literalität passe sich den unterschiedlichen Zwecken an, in denen sie Verwendung findet, wie etwa im privaten oder im beruflichen Umfeld, was wiederum unterschiedliche Ausprägungen von Literalität zur Folge habe, die dementsprechend zu *Literalitäten* würden (ebd.). Als ideologisch wird das Modell deshalb bezeichnet, weil es Machtstrukturen, die maßgeblich vorgeben, welche Literalität als legitim wahrgenommen wird, miteinbezieht (Linde, 2001, S. 56). Legitim wahrgenommene Literalitäten bilden den Standard der Alphabetisierung, der „durch Vergleichsstudien, Daten und Anforderungen des Arbeitsmarktes" (Hussain, 2010, S. 203) gesichert wird. Auch andere „schriftsprachliche Konventionen" (Grotlüschen et al., 2020, S. 15) wie Duden oder Rechtschreibreformen, aber auch Bildungsinstitutionen, konstruieren diese *legitime Literalität* oder auch *dominante Literalität* (Barton & Hamilton, 2000, S. 10), die als Maßstab für gesamtgesellschaftliche Schriftsprachkompetenz gesetzt wird. Der Blick auf die dominante Literalität und die dahinterstehenden Machtstrukturen ist deshalb so wichtig, weil er die Perspektive verdeutlicht, aus der heraus Menschen, die nicht oder nicht gut lesen und schreiben können, ein Defizit zugeschrieben bekommen. Begriffe wie ‚funktionale Analphabet*innen' begründen sich neben der Defizitorientierung also auch durch „das Nichterreichen einer gesellschaftlichen Norm" (Wagner, 2011, S. 90).

Dieses Nichterreichen markiert eine Differenzlinie zwischen ‚alphabetisierten Menschen' und der Abweichung, den ‚nicht-alphabetisierten Menschen' und reproduziert eine vermeintliche Dichotomie. Literalität sollte aber „nicht mehr als dichotomer Gegensatz zu Illiteralität, sondern als Kontinuum" (Grotlüschen et al., 2009, S. 1) verstanden werden. Der Begriff Literalität im Verständnis der *New Literacy Studies* macht durch die Hinzunahme des ideologischen Modells transparent, dass es sich nicht um einen neutralen Begriff handelt, sondern um eine gesellschaftlich geprägte Norm. Menschen, die nicht gut lesen und schreiben können werden als „Menschen mit geringer Literalität" (Grotlüschen, Buddeberg & Solga, 2020, S. 6) bezeichnet. Doch auch diese Bezeichnung wird kontrovers diskutiert, da der Fokus auf das Defizit gerichtet bleibt, wenn auch die Voranstellung des Menschen erfolgt ist (ebd., S. 7).

Einen ähnlichen Ansatz verfolgt auch der Begriff ‚Alphabetisierungsbedarf', der im Projekt *DiGeKo-Net* Verwendung findet und der im Gegensatz zum Alphabetisierungsbedürfnis kein subjektiv feststellbares Defizit benennt, sondern einen Bedarf, der aus der Außenperspektive zugeschrieben wird.

Befragungen zur Benennung der Gruppe, die auch Menschen mit Lese- und Schreibschwäche einbezogen, verweisen darauf, dass ‚geringe Literalität' als „zu akademisch bzw. unverständlich" (Rath, 2008, S. 11) wahrgenommen wird. Aus einer Umfrage zur Eigenbezeichnung von Menschen, die nicht oder nicht gut lesen und schreiben können, kam der Vorschlag von *Menschen mit Lese- und Schreibschwäche* zu sprechen (Henning, 2019). Ein ähnlicher Vorschlag war zuvor der Begriff *Personen mit Schriftschwäche* oder *Schriftschwache*, der auch die Möglichkeit verschiedener Ausprägungen aufzeigen soll (Rosenbladt, 2012, S. 75).

Es wird deutlich, dass die Diskussion um Begrifflichkeiten nicht beendet ist und eine Transparenz in der Begriffsverwendung von besonderer Bedeutung ist. Wünschenswert wären hier vor allem weitere Daten zu Eigenbezeichnungen. In Bezug auf Stereotype wäre es lohnend, herauszufinden, inwiefern die unterschiedlichen Begrifflichkeiten auch unterschiedliche stereotype Vorstellungen über die benannte Gruppe hervorrufen. Besonders interessant wäre das bei einer nicht defizitären Bezeichnung, die es bisher nur für eine Teilgruppe gibt und die einen „ressourcenorientierten Blick" (Grotlüschen, Buddeberg & Solga, 2020, S. 7) ermöglicht. So gibt es für Menschen, die Alphabetisierungskurse besuchen die Bezeichnung *Lerner*innen* und für Menschen, die im Alphabetisierungskontext in die Öffentlichkeit treten den Begriff *Lernbotschafter*innen* (Henning, 2019, S. 10–11).

Für die Benennung und auch die Thematisierung der Auswirkungen von Lese- und Schreibschwierigkeiten ist es darüber hinaus bedeutsam, das Konzept von Literalität als soziale Praxis miteinzubeziehen, um darauf aufmerksam zu machen, dass auch Menschen, die nicht „norm-literalisiert" (Steuten, 2014) sind, literale Praktiken für die Kommunikation nutzen (Pabst & Zeuner, 2016). Mediale Darstellungen zum Thema *Analphabetismus* zeichnen häufig ein Bild von einem „Leben ohne Schriftsprache" oder der „Angst vor Buchstaben". Zu behaupten, dass Menschen, die nicht oder nicht gut lesen und schreiben zu können, ein Leben ohne Schriftsprache führen oder mit dieser nicht in Kontakt kommen, verdeckt die Strategien und Kompetenzen, die Menschen mit Lese- und Schreibschwäche in einer schriftbasierten Gesellschaft entwickeln und anwenden. Ein Leben komplett ohne Schriftsprache gibt es eigentlich gar nicht, sondern Anwendung und Umgang mit Literalität unterscheiden sich. Dies zu thematisieren, bietet die Chance, geringe Literalität als einen Teil gesellschaftlicher Prozesse zu verstehen und nicht als eine Abweichung. So formuliert Ulrich Steuten (2014, S. 133): *„So wenig wie man Menschen, die sich nicht an Bundestagwahlen beteiligen gerechtfertigter Weise als „unpolitisch" bezeichnen kann, so wenig sollte man Menschen, die sich nicht an der dominierenden Form der Literalität beteiligen, als „funktionale" Analphabeten" bezeichnen."*

3 Befunde der Leo-Studien

Es wurde im Vorangegangenen dargelegt, dass Menschen mit Lese- und Schreibschwäche zu einer Gruppe zusammengefasst werden, wenn ihnen bezogen auf die Norm-Literalität ein Defizit zugeschrieben und aufgrund dieses Defizites eine Benennung vollzogen wird. Ähnlich wie in anderen Benennungspraxen sind solche Prozesse neben einer normativen Zugehörigkeitsbeschreibung auch Prozesse der statistischen Kategorisierung (Schramkowski, 2018). Diese nutzt Differenzlinien, damit überhaupt vergleichbare Daten über Menschen (hier solchen, die nicht oder nicht gut lesen und schreiben können) erhoben werden können. Bezogen auf geringe Literalität sind diese Daten vor allem durch die an der Universität Hamburg durchgeführten LEO-Studien, die im Zuge repräsentativer Umfragen Daten über das Ausmaß geringer Lese- und Schreibkompetenzen in Deutschland vorlegen (Grotlüschen & Riekmann, 2012; Grotlüschen & Buddeberg, 2020), erfasst worden. Zuletzt befragt wurden 7.192 in einem Privathaus lebende Erwachsene im Alter zwischen 18 und 64 Jahren, „die ausreichend genug Deutsch sprechen, um einer etwa einstündigen Befragung folgen zu können" (Grotlüschen et al., 2020, S. 14). Neben einer standardisierten Befragung zu ihrer Lebenssituation führten die befragten Personen einen „Kompetenztest mit Lese- und Schreibaufgaben" (ebd.) durch. Die LEO-Studie betont dabei, dass Grundlage der Lese- und Schreibaufgaben die *dominante Literalität* oder *legitime Literalität* war, an die auch die öffentliche Verwaltung, Schulen und Universitäten gebunden sind (ebd., S. 15). Auf Grundlage des Kompetenztests erfolgte die Einteilung der Proband*innen in die sogenannten Alpha-Level, die systematisieren, ob sich die Fähigkeiten auf der Buchstabenebene (Alpha-Level 1), auf der Wortebene (Alpha-Level 2) oder auf der Satzebene (Alpha-Level 3) befinden. Alle diesen Leveln zugeteilten Menschen bezeichnet man als *Menschen mit geringer Literalität*. Zusätzlich gibt es das Alpha-Level 4, das „eine auffällig fehlerhafte Rechtschreibung" (ebd., S. 16) umfasst. Alle höheren Kompetenzstufen gelten als literalisiert. Die sich in den Alpha-Leveln ergebenden Werte wurden schließlich auf die Gesamtbevölkerung Deutschlands hochgerechnet. Danach leben in Deutschland etwa 6,2 Millionen Menschen mit geringer Literalität.

Die so erfasste geringe Literalität bedeutet also nicht, dass Menschen gar nicht lesen und schreiben können, wie es der Begriff *Analphabetismus* suggeriert. Nach der Leo-Studie befinden sich etwa 0,6 Prozent der Befragten auf Alpha-Level 1, 3,4 Prozent auf Alpha-Level 2 und 8,1 Prozent auf Alpha-Level 3 (ebd., S. 21). Damit haben von den 6,2 Millionen Menschen mit geringer Literalität hochgerechnet etwa 4,2 Millionen Menschen Kompetenzen auf der Satzebene, durch die sie „in der Lage sind, einzelne Sätze zu lesen und zu schreiben" (ebd., S.15). Des Weiteren liefert die Studie Erkenntnisse im Hinblick auf Schriftsprachkompetenzen in anderen Sprachen. Von den 47,4 Prozent der Menschen mit geringer Literalität, die eine andere Herkunftssprache als Deutsch haben, können 77,8 Prozent in dieser Sprache „anspruchsvolle Texte lesen und schreiben" (Heilmann & Grotlüschen, 2020, S. 120–129). Das verdeutlicht auch, dass geringe Literalität maßgeblich davon abhängt, in welcher Sprache und in welchem Schriftbild sie erfasst wird – so kann jede*r mit nur einem Ortswechsel zu einem Menschen mit geringer Literalität werden.

4 Stereotype und geringe Literalität

Die statistische Kategorisierung ermöglicht also zum einen Menschen mit geringer Literalität gemäß ihren Schriftsprachkompetenzen systematisch einzustufen, zum anderen zeigt die Systematik auf, wie viele verschiedene

Kompetenzlevel und auch Lebensrealitäten eigentlich unter einem Begriff zusammengefasst werden. Ein homogenes Bild dieser 6,2 Millionen Menschen zeichnen zu wollen, erscheint somit höchst problematisch. Die Ergebnisse zur Lebenssituation der Befragten führten schon nach der ersten Studie 2010 dazu, dass eine Vielzahl stereotyper Annahmen hinterfragt werden mussten, da „die allseits gängige Vorstellung des von gesellschaftlicher Teilhabeoptionen nahezu ausgeschlossenen, weitgehend hilflosen lese- und schriftunkundigen Menschen sich nicht als zutreffend erwiesen hat" (Steuten, 2014, S. 126). Trotzdem scheint eine primär defizitäre Thematisierung weiterhin Konsens zu finden, die sich allerdings mehr in der grundsätzlichen Einstellung gegenüber mangelnder Schriftsprachkompetenzen verorten lässt.

Es ist aber vergleichsweise schwierig, Daten über solche stereotypen Vorstellungen zu erheben, denn so sehr sie sich auch aus dem öffentlichen Diskurs nähren, ist das explizite Benennen von Stereotypen durch Befragte, nicht zuletzt auch im Zusammenhang mit dem Phänomen der sozialen Erwünschtheit in Befragungen, eine Herausforderung. Eine Möglichkeit, Tendenzen von Einstellungen zu geringer Literalität zu erfassen, sind sogenannte Einstellungsfragen, wie sie in der Hamburger Umfeldstudie Anwendung finden (Riekmann & Stammer 2016). Hier wurden Einstellungen der Hamburger Bevölkerung zur Bedeutung von Literalität erfragt. Insgesamt wurden 1.511 Befragten acht Statements vorgelegt (ebd., S. 146). Die Befragten wurden dabei in "Mitwissende" (die befragte Person kennt selbst eine oder mehrere Personen mit Lese- und Schreibschwierigkeiten) und "Nicht-Mitwissende" unterteilt. Die Unterscheidung erfolgte unter der Annahme, „dass Menschen, die jemanden kennen, die/der nicht ausreichend lesen und schreiben kann, möglicherweise andere Einstellungen zur Bedeutung von Literalität haben als Menschen, die bisher nicht über einen persönlichen Kontakt in Berührung gekommen sind" (ebd., S.147).

Die Zustimmung zu Aussagen wie „Wenn man nicht lesen/schreiben kann, hat man keine Chance auf einen guten Job" (ebd., S. 149) mit etwa 93 Prozent oder „Lesen und Schreiben sind die Grundbedingung, unsere Welt zu verstehen" (ebd., S. 154) mit 88,5 Prozent fällt recht hoch aus. Weniger Zustimmung finden Aussagen wie „Menschen, die nicht lesen/schreiben können, sind wahrscheinlich ziemlich dumm" (ebd., S. 157) mit nur 5,4 Prozent oder „Wer nicht ausreichend lesen/schreiben kann, ist selbst daran schuld“ (ebd., S. 150) mit 25,3 Prozent. Bei der letzten Aussage zeigt sich ein größerer Unterschied zwischen Mitwissenden (20,7 Prozent Zustimmung) und Nicht-Mitwissenden (28 Prozent Zustimmung), den Riekmann und Stammer damit begründen, dass Menschen, die eine Person mit Lese- und Schreibschwäche kennen, auch Einblick in die Biografie haben und damit ein differenzierteres Hintergrundwissen über mögliche Gründe haben (ebd., S. 151). Das zeigt sich ähnlich bei der geringeren Zustimmung der Mitwissenden zu dem Statement, dass das Durchlaufen der deutschen Schullaufbahn dazu führen müsste, lesen und schreiben zu können (ebd., S. 159). Insgesamt stellt die Studie fest, dass sich im Großen und Ganzen keine großen Unterschiede zwischen Mitwissenden und Nicht-Mitwissenden ermitteln lassen und dass es nur in einzelnen Fällen einen Einfluss hat, ob die Befragten jemanden kennen, der Lese- und Schreibschwierigkeiten hat (ebd., S. 160). Bezogen auf Stereotype wirft das Konzept des Mitwissens dennoch die Frage auf, durch was stereotypische Vorstellungen in erster Linie geformt werden. Für zukünftige Forschungen wäre ein Desiderat, die Rolle von dominanten Bildungsvorstellungen, persönlichem Kontakt zu betroffenen Personen oder auch medialen, meist skandalisierten, Darstellungen der Thematik zu untersuchen.

Hinsichtlich der Frage nach struktureller Benachteiligung gegenüber einer individuellen Verantwortung der Menschen mit geringer Literalität ist festzustellen, dass zumindest die Frage nach Schuld tendenziell eher nicht den Menschen selbst zugeschrieben wird und auch Behauptungen über eine vermeintlich mangelnde Intelligenz in der Studie kaum Zustimmung erhalten. Dennoch wird geringe Literalität nach wie vor als eine abweichende Praxis von der Bildungsnormalität verstanden. Das scheint allerdings nicht zwingend mit einer negativen Einstellung gegenüber den einzelnen Menschen verbunden zu sein, sondern drückt sich mehr in vagen Vorstellungen darüber aus, dass ein „Zurechtfinden im Leben“ (ebd., S. 150) erschwert oder kaum möglich sei. Stereotype über geringe Literalität scheinen sich also weniger in vermeintlichen (negativen) Eigenschaften der Menschen zu manifestieren, sondern in Zuschreibungen der Lebensgestaltung und Annahmen darüber, was es bedeutet sich im Leben zurecht finden zu können.

5 „Versuchen Sie es doch einfach!" – geringe Literalität im Gesundheitssystem

Das „Zurechtfinden im Leben" ist auch ein wichtiger Aspekt des Forschungsinteresses im Projekt *DiGeKo-Net*, und zwar mit dem Schwerpunkt auf die persönliche Gesundheit und die Navigation im deutschen Gesundheitssystem. Im Folgenden wird anhand einiger Passagen eines ausgewählten Interviews aufgezeigt, welche Auswirkungen stereotype Annahmen auf Interaktionen im Gesundheitssystem haben können und wie sich das Zurechtfinden im gesundheitlichen Alltag aus der Sicht von Menschen mit Lese- und Schreibschwäche gestaltet.[2]

Der Umgang mit der eigenen Gesundheit, mit den Strukturen des Gesundheitssystems sowie mit Gesundheitsinformationen wird durch verschiedene Modelle von Gesundheitskompetenz oder auch *Health Literacy* definiert und messbar gemacht. Für viele Modelle ist Literalität die Voraussetzung für den Erwerb dieser Kompetenz (Nutbeam, 2015, S. 451). Unterteilt wird *Health Literacy* in eine funktionale, interaktive und kritische Ebene (Nutbeam, 2000, S. 448). Dabei wird überwiegend angenommen, dass aufgrund der engen Verknüpfung von Gesundheitskompetenz mit Schriftsprachlichkeit, Menschen mit geringer Literalität Kompetenzen „höchstens innerhalb der funktionalen Form" (Döbert & Anders 2016, S. 449) erlangen können. Als *funktional* wird beispielsweise die Fähigkeit beschrieben, grundlegende Gesundheitsinformationen, z.B. zu Prozessen des Gesundheitssystems oder Gesundheitsrisiken erhalten und dieses Wissen auf einen begrenzten Bereich auch anwenden zu können. Fähigkeiten auf der interaktiven und auf der kritischen Ebene könnten somit nicht erreicht werden. Auf der *interaktiven* Ebene werden Informationen auch durch vielfältige Quellen und vor allem auf verschiedenen Wegen, wie z.B. Gesprächen und Medien, entnommen und können auch auf dynamische Situationen angewendet werden. Das führt vor allem zu einer höheren

---

2 Die Teilnehmenden der Befragungen wurden durch die Praxispartner*innen des Projekts akquiriert, z.B. in Alphabetisierungskursen, aber auch durch direkte Vertrauenspersonen, z.B. im Beratungskontext. Die leitfadengestützten Interviews fanden entweder als Einzelinterview per Telefon oder in Fokusgruppen in Präsenz statt.

Sicherheit im Umgang mit medizinischem Personal. Die *kritische* Stufe ermöglicht es, diese Informationen selbständig zu analysieren, kritisch zu hinterfragen und Prozesse im Gesundheitswesen dadurch selbstbestimmter zu gestalten und zu kontrollieren (Nutbeam, 2015, S. 451).

Können Menschen mit geringer Literalität diese theoretisch definierten Stufen nicht erreichen, wird die Annahme begünstigt, dass sie nicht in der Lage sind, eigenständig zu handeln und selbstbestimmte Entscheidungen zu treffen. Hinzu kommt, dass die Ergebnisse des *Health Literacy Surveys* zur Gesundheitskompetenz in Deutschland u.a. belegen, dass Gesundheitskompetenz sozial ungleich verteilt ist (Schaeffer et al., 2021, S. 25), sodass für ein besseres Verständnis von Kompetenzmodellen weitere Differenzkategorien (z.B. die soziale Herkunft oder eine Migrationsgeschichte) Berücksichtigung finden müssen, um die strukturellen Bedingungen mit einzubeziehen und so Teilhabeausschlüsse feststellen zu können.

Mit Blick auf die Strukturen des deutschen Gesundheitssystems sind funktionale Teilhabeeinschränkungen nicht schwer zu erfassen. Das Ausfüllen von Anamnesebögen, das Lesen von Beipackzetteln, schriftbasierte Gesundheitsinformationen oder Anträge zur Übernahme von Kosten sind nur einige Beispiele, die zeigen, wo sich für Menschen mit Lese- und Schreibschwäche auf struktureller Ebene Herausforderungen stellen. Allerdings wurde in den Erhebungen von *DiGeKo-Net* deutlich, dass diese Herausforderungen oft mehr in den Interaktionen rund um die literalen Praktiken liegen, z.B. im Kontakt mit Mitarbeitenden in Arztpraxen, als in den literalen Praktiken selbst. Das verdeutlicht im Folgenden das Beispiel einer Befragten, eine Frau der Altersgruppe von 50 bis 59 Jahren und Teilnehmerin eines Alphabetisierungskurses:

„Ja, Formulare halt beim Arzt, da mag man nicht immer sagen ‚Das kann ich nicht'. Das ist eine blöde Situation, oft haben die ja auch wenig Zeit. Und dann sagen die „Versuchen sie es doch einfach!" und ich denke mir... 'Wie, ich kann halt nicht lesen und schreiben.' Da muss man halt jedes Mal durch." (LK1, FG1, weiblich, 50-59 Jahre)

Ähnliche Beschreibungen finden sich auch in vielen anderen Interviews. In solchen Interaktionen kann das Offenlegen der Lese- und Schreibschwäche offenbar nicht umgangen werden, denn gerade beim Erstbesuch einer Praxis müssen Formulare, wie beispielsweise der Anamnesebogen, ausgefüllt werden. Die pandemische Lage während der Befragungen hat den Fokus auf schriftbasierte Praktiken zusätzlich verstärkt, da zu diesem Zeitpunkt in nahezu allen öffentlichen Einrichtungen Kontaktformulare ausgefüllt werden mussten. Das Ausfüllen von gesundheitsbezogenen Formularen gilt als eine vermeintlich selbstverständliche und alltägliche literale Praxis. Diese Selbstverständlichkeit, die *Normalität* führt dazu, dass, obwohl die Teilnehmerin ihre geringe Literalität offenlegt, ihr Gegenüber kein Verständnis für die Situation aufbringt. Die Teilnehmerin berichtet im weiteren Verlauf, dass sie es nicht als Problem sieht, Hilfe in Anspruch zu nehmen, sondern es vor allem die Reaktionen der Menschen sind, die diese Erfahrungen negativ beeinflussen. In solchen Interaktionen wird die Wirkmächtigkeit der normativen Wahrnehmungsschemata besonders deutlich und zeigt, dass es in der Vorstellung vieler norm-literalisierter Menschen wenig Raum für Abweichungen gibt und die Kommunikation dadurch erheblich erschwert wird. Wie Brian Street anmerkt: „the stigma of ‚illiteracy' is often a greater burden than the actual literacy difficulties" (Street, 1991, S. 163 zit. n. Hussain, 2010, S. 204). In einer Nachfolgebefragung führt die Teilnehmerin diese Situationen noch einmal weiter aus:

„[…] und dann hatte ich so einen Bogen gehabt, und dann sagt sie ‚Sie können doch wenigstens den Namen', und ich sag ‚ja ich kann meinen Namen, Vor- Nachname und Straße bisschen schwieriger schon, ne?' Und dann haben die gesagt ‚Ja, dann gucken wir mal, du kannst ja mal probieren das alleine hinzukriegen.' Ja da hab ich schon gleich angekreuzt, ich bin privat versichert, dabei bin ich gar nicht privat versichert, da geht das schon los. Also die gucken einen auch komisch an und denken auf einmal ‚ja wieso kannst du so auf Deutsch gesagt, nicht lesen und schreiben?', also das verstehen manche Leute auch nicht so." (LK1, FG2)

Neben den offensichtlich funktionalen Schwierigkeiten, wie dem fehlerhaften Ankreuzen, ist eine solche Interaktion davon bestimmt, sich Raum zur Teilhabe zu ermöglichen und in diesem Fall eigenständig die Aufnahme als Patientin zu bewältigen. Der Handlungsbedarf wird vom Gegenüber allerdings nur bei der defizitär beschriebenen Person gesehen, die ihre vermeintliche Abweichung vom Selbstverständlichen rechtfertigen und die daraus entstehenden Probleme lösen muss. Das wird auch in einer weiteren Ausführung der Teilnehmerin deutlich:

„Dann muss man nicht immer jeden fragen, ‚sag mal, kannst Du mir mal helfen, Ich kann das nicht.' Nicht jeder hat doch Leute, wenn die verstorben sind oder so, da fängt das dann doch schon an, dann muss ich ja erstmal meine halbe Lebensgeschichte erzählen, ne? ‚Wieso können Sie das denn nicht?' […] Ich meine, andere Leute geht das ja auch nichts an, ne? […] Ja dann fangen sie auch: ‚Ja, gucken Sie mal erstmal, ob Sie denn jemanden finden, ob der das mit Ihnen machen kann.' Finde ich auch frech, finde ich. (LK1, FG2)

Dem Gegenüber das Level der eigenen Lese- und Schreibkompetenzen darzulegen, bedarf meistens mehr als einer einfachen Erklärung, nämlich Erzählungen über die eigene Biografie, über mögliche Gründe und Umstände. Diese teils sehr persönlichen Berichte sind etwas, das norm-literalisierte Menschen selten oder nie erzählen oder erklären müssen. Hinzu kommt, dass von der Teilnehmerin verlangt wird, sich eine weitere Person zur Unterstützung dazu zu holen. Diese nicht unübliche Praxis basiert auf der Vorstellung, dass Menschen mit geringer Literalität eine weitere Person brauchen, die literalisiert ist und damit Zugang zur „legitimen Sprache" (Riekmann, 2016, S. 38 in Anlehnung an Bourdieu) haben. Tatsächlich wird in vielen Interviews von *DiGeKo-Net* davon berichtet, dass die befragten Personen von Partner*innen oder anderen Personen aus ihrem Umfeld zu Arztterminen begleitet werden. Diese Abhängigkeitsverhältnisse werden sehr unterschiedlich bewertet, während es von einigen der Befragten als störend empfunden wird, wird es von anderen als eine Erleichterung dargestellt. Es stellt sich aber die Frage, inwiefern die Einstellungen zu geringer Literalität und auch die Strukturen selbst einen selbstbestimmten und eigenständigen Zugang ermöglichen, ohne dass eine norm-literalisierte Person anwesend sein muss. Die Verlagerung der Verantwortung und auch die Einschränkung der eigenständigen Handlungsfähigkeit sollte problematisiert werden. Der Ausschluss aus diesen strukturellen Prozessen kann dazu führen, dass der Umgang mit der eigenen Gesundheit selbst als passiv wahrgenommen wird. Doch ist es gerade die aktive Teilnahme am Behandlungsgeschehen, die als *kommunikative Gesundheitskompetenz* erfasst und als ein wichtiger Faktor für das Verstehen und Verarbeiten von Gesundheitsinformationen wie auch für die Entscheidungsfindung in Bezug auf Gesundheitsfragen gesehen wird (Schaeffer et al., 2021, S. 7).

Krenn (2015) kritisiert, dass die Lösung für solche Herausforderungen oft allein in der Aneignung von Lese- und Schreibkompetenzen gesehen wird. So soll die legitime Sprache, anstatt durch eine weitere Person, von den Betroffenen selbst erlernt werden (ebd., S. 53). Alphabetisierung wird dadurch zu einer Art Zugangsvoraussetzung, „bevor ein Prozess initiiert wird, der zur Partizipation und Chancengleichheit führt" (Hussain, 2010, S. 203). Dieser individualisierende Ansatz führe dazu, dass der Handlungsbedarf sich nur weiter auf die Betroffenen verschiebe, „während die Akte und Mechanismen der Beschämung und die damit zusammenhängende gesellschaftliche Verantwortung für diese extreme Form der Abwertung und Marginalisierung kaum angesprochen werden" (Krenn, 2015, S. 53). Es lässt sich zudem die Frage stellen, ob allein das Erlernen von Lesen und Schreiben zur Folge hat, dass als defizitär und exkludiert beschriebene Menschen eine gleichberechtigte Partizipation an gesellschaftlichen Prozessen erfahren (Hussain, 2010, S. 204). Es scheint vielmehr angebracht, diskursive Vorstellungen darüber, was genau Teilhabe und Partizipation ausmacht, zu reflektieren und einen Inklusionsansatz in Frage zu stellen, der nur dann greift, „wenn sich die Person den definierten Vorstellungen und Voraussetzungen unterwirft" (ebd.).

6 Ausblick

Es scheint, als sei es noch ein weiter Weg, geringe Lese- und Schreibkompetenzen nicht mehr defizitär zu beschreiben, sondern als Teil komplexer Biografien und gesellschaftlicher Bildungsprozesse zu begreifen. Zentral ist dabei die Dekonstruktion einer Bildungsnormalität, die Schriftsprachkompetenzen als einzigen Weg zum Erwerb von Kompetenzen und damit auch zu Handlungsräumen sieht. Wichtig wird hier zunehmend, Literalität nicht länger als neutrale Technik zu verstehen, die tendenziell von jeder*m erlernt werden muss, sondern als in Kontext eingebundene soziale Praktik, die immer wieder neu ausgehandelt und vor allem individuell eingesetzt wird. Dabei sollte kritisch beleuchtet werden, wie und vor allem von wem eine *dominante Literalität* durchgesetzt wird und welche Folgen die enge Verknüpfung dieser Literalität an das Bildungsverständnis hat. Lese- und Schreibkompetenzen dichotom zu betrachten, führt dazu, der vermeintlichen Gruppe von Menschen mit geringer Literalität homogene

Eigenschaften und Kompetenzen zuzuschreiben, die der Diversität der vermeintlichen Gruppe nicht gerecht werden. Literalität demgegenüber als Spektrum zu betrachten, bietet die Chance, Menschen mit geringer Literalität nicht länger nur als exkludiert darzustellen, sondern als Menschen, die sich innerhalb einer schriftsprachlich geprägten Welt durchaus zurechtfinden und sich kontinuierlich Handlungsräume ermöglichen. Darüber hinaus sollte im Diskurs über geringe Literalität weiterhin darauf hingewirkt werden, dass es einer genaueren und kritischen Betrachtung bzw. Perspektive darauf bedarf, wie sich norm-literalisierte Menschen der Thematik nähern und dominante Bilder von Teilhabe und Bildung stereotyp reproduzieren.

Diese Deutungsmuster führen dazu, wie anhand des Beispiels aus dem Projekt *DiGeKo-Net* gezeigt, dass die Kommunikation zwischen norm-literalisierten Menschen und Menschen mit geringer Literalität erheblich erschwert ist, weil eine Selbstverständlichkeit (nämlich Norm-Literalität) vorausgesetzt wird, die nicht immer gegeben ist, aber wie eine Schablone auf die jeweilige Interaktion gelegt wird. In der Konsequenz wird dann alles davon Abweichende problematisiert. Norm-literalisierte Menschen sollten daher den Blick dafür öffnen, dass eine Selbstverständlichkeit, die Interaktionen ‚normalerweise' erleichtert, immer auch zu einem Ausschluss führen kann. Zudem bedarf es hier statt einer individualisierenden Perspektive eines kritischeren Blickes auf die Strukturen (z.B. im Gesundheitssystem), die Schriftsprachlichkeit als Normalität weiterhin reproduzieren und damit vielen Menschen in Deutschland den Zugang erheblich erschweren oder sogar verwehren. Die Vorstellung von Alphabetisierung als dem einzigen Weg, um diese Barrieren abzubauen, sollte kritisch hinterfragt und neu ausgehandelt werden.

Zentral wird dabei die Dekonstruktion der Bilder von hilfsbedürftigen, isolierten und vor allem gesellschaftlich nicht-partizipierenden Menschen „ohne Schriftsprache" sein. Dafür ist es besonders wichtig, den skandalisierten medialen Darstellungen andere Perspektiven entgegenzusetzen und auch in Forschungs- und Unterstützungsstrukturen kritisch zu hinterfragen, welchen Einfluss Stereotype auf die Formulierung von Problemlagen haben. Ziel sollte es daher sein, die Perspektiven von Menschen mit geringer Literalität kontinuierlich in diese Aushandlungsprozesse miteinzubeziehen.

Literatur

Barmeyer, C. & Genkova, P. (2011) „Wahrnehmung, Stereotype, Vorurteile", in Barmeyer, C. & Genkova, P. & Scheffer, J. (Hg.) *Interkulturelle Kommunikation und Kulturwissenschaft. Grundbegriffe, Wissenschaftsdisziplinen, Kulturräume*, Passau, Verlag Karl Stutz, S. 173–190.

Barton, D. & Hamilton, M. (2000) „Literacy practices", in Barton, D., Hamilton, M. & Ivanič, R. (eds.) *Situated literacies: Reading and writing in context*, London, Routledge, S. 7–15.

Döbert, M. & Anders, M. P. (2016) „Health Literacy im Kontext von Alphabetisierung und Grundbildung", in Löffler, C. & Korfkamp, J. (Hg.) *Handbuch zur Alphabetisierung und Grundbildung Erwachsener*, Münster, New York, Waxmann Verlag, S. 446–456.

Egloff, B., Grosche, M., Hubertus, P. & Rüsseler, J. (2011) „Funktionaler Analphabetismus im Erwachsenenalter: eine Definition", in Projektträger im DLR e.V. (Hg.) *Zielgruppen in Alphabetisierung und Grundbildung Erwachsener. Bestimmung, Verortung, Ansprache*, Bielefeld, W. Bertelsmann Verlag, S. 11–31.

Grotlüschen, A. & Buddeberg, K. (2020) *LEO 2018. Leben mit geringer Literalität*, Bielefeld, wbv Publikation.

Grotlüschen, A., Buddeberg, K., Dutz, G., Heilmann, L. & Stammer, C. (2020) „Hauptergebnisse und Einordnung zur LEO-Studie 2018 – Leben mit geringer Literalität", in Grotlüschen, A. & Buddeberg, K. (Hg.) *LEO 2018. Leben mit geringer Literalität*, Bielefeld, wbv Publikation, S. 13–64.

Grotlüschen, A., Buddeberg, K. & Solga, Heike (2020) „Leben mit geringer Literalität – ein Paradigmenwechsel", in Grotlüschen, A. & Buddeberg, K. (Hg.) *Leo 2018. Leben mit geringer Literalität*, Bielefeld, wbv Publikation, S. 5–11.

Grotlüschen, A., Nienkemper, B. & Heinemann, A. M. (2009) „Die unterschätzte Macht legitimer Literalität", *REPORT – Zeitschrift für Weiterbildungsforschung*, Vol. 32, No. 4, S. 55–67 [Online]. Verfügbar unter https://doi.org/10.3278/REP0904W055.

Grotlüschen, A. & Riekmann, W. (2012) *Funktionaler Analphabetismus in Deutschland. Ergebnisse der ersten leo. – Level-One Studie*, Münster, Waxmann Verlag GmbH.

Heilmann, L. & Grotlüschen, A. (2020) „Literalität, Migration und Mehrsprachigkeit“, in Grotlüschen, A. & Buddeberg, K. (Hg.) *LEO 2018. Leben mit geringer Literalität*, Bielefeld, wbv Publikation, S. 115–142.

Henning, T. (2019) „(Funktionaler) Analphabet“ oder „(Lerner-)Experte“. Ein Diskurs zur Eigenbezeichnung von Erwachsenen mit Lese- und Schreibschwäche“, *Alfa-Forum. Zeitschrift für Alphabetisierung und Grundbildung. Inklusion in Alphabetisierung und Grundbildung*, Vol. 95, S. 8–12.

Hussain, S. (2010) „Literalität und Inklusion“, in Kronauer, M. (Hg.) *Inklusion und Weiterbildung. Reflexionen zur gesellschaftlichen Teilhabe in der Gegenwart*, Bielefeld, W. Bertelsmann Verlag, S. 185–210.

Krenn, M. (2013) *Aus dem Schatten des „Bildungsdünkels“: Bildungsbenachteiligung, Bewältigungsformen und Kompetenzen von Menschen mit geringen Schriftsprachkompetenzen*, Wien, Bundesministerium für Unterricht, Kunst und Kultur.

Krenn, M. (2015) „Symbolische Gewalt und Bildungsbenachteiligung. Zum sozialen Beschämungspotenzial von Schriftsprache“ in Erler, I., Krenn, M. & Rittberger, M. (Hg.) *Bildungsdünkel. Bildung als Distinktion und soziale Beschämung*, Innsbruck, StudienVerlag, S. 52–67.

Linde, A. (2001) „Analphabetismus und Alphabetisierung in Deutschland: Kein Thema für die Erwachsenenbildung?“, *Hamburger Hefte der Erwachsenenbildung*, Heft II.

Nutbeam, D. (2000) „Health literacy as a public health goal: A challenge for contemporary health education and communication strategies in the 21st century“, *Health Promotion International*, Vol. 15, No. 3, S. 259–267.

Nutbeam, D. (2015) „Defining, measuring and improving health literacy“, *Health Evaluation and Promotion*, Vol. 42, No. 4, S.450–456.

Pabst, A. & Zeuner, C. (2016) „Lesen und Schreiben – Kulturtechnik oder soziale Praxis?“ in Löffler, C. & Korfkamp, J. (Hg.) *Handbuch zur Alphabetisierung und Grundbildung Erwachsener*, Münster u.a., Waxmann, S. 59–72.

Rath, O. (2008) „Basisbildung und Alphabetisierung Erwachsener: Vom tabuisierten Thema zur Selbstverständlichkeit“, in Christof, E., Doberer-Bey, A. Riboltis, E. & Zuber, J. (Hg.) *schriftlos = sprachlos?*

Alphabetisierung und Basisbildung in der marktorientierten Gesellschaft, Innsbruck-Wien-Bozen, StudienVerlag, S. 9–22.

Riekmann, W. (2016) „Mitwissende und Unterstützende von Menschen mit geringer Schriftsprachkompetenz", in Riekmann, W., Buddeberg, K. & Grotlüschen, A. (Hg.) *Das mitwissende Umfeld von Erwachsenen mit geringen Lese- und Schreibkompetenzen. Ergebnisse aus der Umfeldstudie*, Münster, Waxmann Verlag GmbH, S. 35–49.

Riekmann, W. & Stammer, C. (2016) „Einstellungen zu Literalität", in Riekmann, W., Buddeberg, K. & Grotlüschen, A. (Hg.) *Das mitwissende Umfeld von Erwachsenen mit geringen Lese- und Schreibkompetenzen. Ergebnisse aus der Umfeldstudie*, Münster, Waxmann Verlag GmbH, S. 145–161.

Rosenbladt, B. (2012) „Schriftschwäche als Handicap. Zur sozialen Verortung des funktionalen Analphabetismus in Deutschland", *REPORT – Zeitschrift für Weiterbildungsforschung 02/2012. System und Systemsteuerung in der Erwachsenenbildung*, Bielefeld, S. 73–89.

Schaeffer, D., Berens, E.-M., Gille, S., Griese, L., Klinger, J., de Sombre, S., Vogt, D., Hurrelmann, K. (2021) *Gesundheitskompetenz der Bevölkerung in Deutschland – vor und während der Corona Pandemie: Ergebnisse des HLS-GER 2*, Bielefeld, Interdisziplinäres Zentrum für Gesundheitskompetenzforschung (IZGK), Universität Bielefeld [Online]. Verfügbar unter DOI: https://doi.org/10.4119/unibi/2950305.

Schramkowski, B. (2018) „Paradoxien des ‚Migrationshintergrundes', in Blank, B., Gögercin, S., Sauer, K. E. & Schramkowski, B. (Hg.) *Soziale Arbeit in der Migrationsgesellschaft. Grundlagen – Konzepte – Handlungsfelder, Wiesbaden*, Springer VS, S. 43–52.

Steuten, U. (2014) „Literalität und Stigma", *Hessische Blätter für Volksbildung, Zeitschrift für Erwachsenenbildung in Deutschland*, Vol. 62, Issue 2, S. 125–135.

Street, B. (2003) „What's ‚new'in New Literacy Studies? Critical approaches to literacy in theory and practise", *Current Issues in Comparative Education*, Vol. 5, No. 2, S. 77–91.

Wagner, H. (2011) „Heterogenität und Motivationsdilemmata in der Alphabetisierungspraxis – eine kritische Stellungnahme" in Schneider, K., Ernst, A. & Schneider, J. (Hg.) *Ein Grund für Bildung?! Konzepte, Forschungsergebnisse, Praxisbeispiele*, Bielefeld, W. Bertelsmann Verlag GmbH und Co. KG, S. 85–108.

Zeuner, C. & Pabst, A. (2011) „Literalität als soziale Praxis: Bedeutungen von Schriftsprachlichkeit", *REPORT – Zeitschrift für Weiterbildungsforschung*, Vol. 34, Issue 2, S. 36–47.

Annette Schlatholt

Praktisch und daneben! Klischees über Menschen mit Behinderungen. Ein Erfahrungsbericht aus über 30 Jahren Arbeit für die Selbsthilfe

The article describes the junction between the world of people with disabilities and the so-called non-disabled world. It is an observation report from over 30 years of practice in self-help work. It is based on the everyday experiences of those affected by discrimination as well as their own experiences in the effort to bring the social values of integration and inclusion closer to the non-disabled world. Based on own observations, the negative effects of stereotypical behaviour and thinking are described. Attempts at explanation should help to identify the stereotypes and to eliminate or counter them in their function as a bulwark against an inclusive society. To this end, possible approaches to solutions are pointed out.

Keywords: Menschen mit Behinderungen, Selbsthilfe-Bewegung, Inklusion, Barrierefreiheit, Selbstbestimmung, Gleichstellung

1 Praktische Distanz

Klischees über Menschen mit Behinderung sind praktisch (Schmitz, 2017, S. 16, 18-19). Sie sichern der sogenannten nicht behinderten Welt die Distanz zu diesem Personenkreis.

So spricht der „Mainstream“ nicht von Menschen mit Handicap und auch nicht im Sinne aktueller Gesetzgebung von Menschen mit Behinderung(en), sondern von *„den Behinderten“!*

Der „Mainstream“ verkürzt einfach den ursprünglich sozialrechtlichen Begriff des „Körperbehinderten“, später des „Schwerbehinderten“ und macht daraus schlichtweg den „Behinderten“ (ebd., S. 6): Ohne Ansehen der Einzelpersonen wird ein Aspekt des Menschseins zum zentralen Attribut einer völlig heterogenen Personengruppe „bestimmt“ (ebd., S. 37, in Anlehnung an Cloerkes, 2007, S. 36). Der Mainstream spricht nur noch von *den Behinderten! Den* „Mainstream“ verkörpern in diesem

Zusammenhang alle, die von sich selbst glauben, dass sie auf jeden Fall keine Behinderung haben. „Die Behinderten“, das sind die anderen – das sind die da!

Bei „die“ wird dabei immer von einer kleinen („das können ja nicht viele sein“), eigenen Welt ausgegangen – weit weg von mir selbst. Deshalb wird es von denen wohl auch gerade niemand hören, wenn ich als „Nicht-Behinderte*r“ offen oder hinter vorgehaltener Hand, jedenfalls ohne Hemmungen, meine Klischees verbreite. Ungehemmt werden diskriminierende Bezeichnungen, vor allem in der Jugendsprache, auch als Schimpfworte benutzt, um andere mit „Eh, wohl behindert!“ abzuwerten (ebd., S. 4). Dabei wird häufig sarkastisch in betont „liebevollem“ bis witzigem Tonfall über „die“ gesprochen.

Vermeintlich harmlos getarnt, häufig verniedlichend: „unsere Behinderten“, kommen Klischees daher und werden vielfach in „ihrer positiven Verpackung“ nicht als solche erkannt; deshalb gehen sie durch, ohne Widerspruch zu ernten!

So formen Klischees die Stereotype über Menschen mit Behinderungen. Klischee-Former*innen, Klischee-Anwender*innen oder Klischee-Nutzer*innen könnte man auch als „Stereotypist*innen“ bezeichnen. Ihre Beweggründe, sich „ohne Rücksicht auf Verluste“ in Klischees zu ergehen, bestehen aus einem Konglomerat aus Vorurteilen, Halbwissen, Unkenntnis, Abstraktionen, Wohlgemeintem, Wissen vom Hörensagen, Ängsten, Mitleid für sich und andere, Bedrohung, Unsicherheit, Vermeidungstaktik, Abwehr und Fluchtgedanken – Klischees als Tarnung für große eigene Unsicherheiten und Hilflosigkeit im Umgang mit Menschen mit Behinderungen: Abwertende Klischees als „Rechtfertigung“ für Distanz: „Die da – ich hier!“ (ebd., S. 37, 63).

Klischees sind praktisch. Man kann sie in den Raum werfen, man kann sich schnell und hoffentlich gut getarnt über Themen, die einem unangenehm und nicht vertraut sind, hinweg mogeln; man hofft, die Unkenntnis über diese Menschen, mit denen man eigentlich keine Berührungspunkte hat, fällt nicht auf (ebd., S. 38), sodass sie eventuell sogar als Fachkenntnis durchgeht. „Stereotypist*innen“ möchten einen glauben lassen, dass sie souverän den Durchblick über die Thematik „der Behinderten“ haben;

„mit denen kenne ich mich aus“, „ich hab‘ nichts gegen Behinderte“, „unsere Behinderten“.

2 Klischees sind daneben

Klischees sind grundsätzlich immer daneben. Das sind sie gegenüber Menschen mit Behinderung ebenso wie gegenüber jedwedem oder jedweder anderen auch, der*die zur Zielscheibe von Klischees wird.

Sie sind aus den verschiedensten Gründen daneben:

2.1 Klischees sind willkürlich und ungerecht

Eigentlich sind Klischees nichts anderes als die verkleideten Probleme der Stereotypist*innen/Klischee-Anwender*innen selbst. Ihre Verkleidung soll ihre vielfältigen Ängste im Umgang mit bestimmten Personengruppen – in diesem Fall mit Menschen mit Behinderungen – verbergen. Ebenso wie Ängste häufig konfus sind, sind es auch Klischees. Sie sind nicht logisch, sie sind nicht fundiert. Sie folgen keiner Regel, außer der der Willkür und Distanzierung, damit sich die Klischee-Anwender*innen besser fühlen.

Auf Seiten der Zielgruppe Menschen mit Behinderungen haben sie aber Diskriminierungen zur Folge: Menschen werden mit dem Etikett „behindert“ versehen und in eine Ecke der Gesellschaft abgedrängt, in die niemand gehört (ebd., S. 38). Gleichzeitig werden über das Klischee „die behinderten“ Menschen über „einen Kamm geschoren“, die unterschiedlicher nicht sein könnten: Etwa die hochgradig sehbehinderte Universitätsprofessorin und der psychisch erkrankte Mitarbeiter einer Selbsthilfefirma oder die Mutter mit spastischen Bewegungseinschränkungen oder der durch einen Verkehrsunfall auf die Nutzung eines Rollstuhls Angewiesene sowie die in einer Werkstatt arbeitende junge Frau mit Down-Syndrom. Ihre Individualitäten bleiben auf der Strecke (ebd., S. 35).

Gegen derartige Pauschalierungen müssen sich Menschen mit Behinderung ständig zur Wehr setzen. Beispiel dafür ist das weit verbreitete Rollstuhlfahrersymbol, mit dem alle Menschen mit Behinderung gemeint sein sollen. Sie selbst sehen dies allerdings sehr differenziert: Eventuell können sich noch Gehbehinderte mit Gehhilfen oder Rollator-Nutzer*innen mit dem Symbol identifizieren, aber blinde oder gehörlose Menschen oder Menschen mit einem künstlichen Darmausgang oder an Parkinson Erkrankte fühlen sich durch das Symbol nicht repräsentiert.

2.2 Klischees richten Schaden an

Klischees richten sich zunächst gegen die Würde der Menschen, auf die sie abzielen, hier Menschen mit Behinderungen. Klischee-Anwender*innen und Stereotypist*innen teilen unkontrolliert aus, werten ab (ebd., S. 35) und nehmen Kollateralschäden an anderen Menschen billigend in Kauf. Sie treffen nicht nur die Menschen, die mit den Vorurteilen „in Schach gehalten" werden sollen, sondern viele weitere.

2.3 Klischees verletzen direkt

In erste Linie werden die in der „Schusslinie" der Klischee-Anwender*innen stehenden Menschen mit Behinderung getroffen!

Von Angst gesteuert, werden unter dem Sammelbegriff „die Behinderten" vor allem Menschen zur Klischee-Zielscheibe, denen man ihre Behinderung ansieht (ebd., S. 20) oder bei denen aufgrund der Benutzung eines Hilfsmittels (Gehhilfe, Rollator, Rollstuhl, Hörgerät, Blindenlangstock, Brille) eine Behinderung offensichtlich scheint (ebd., S. 41). Gerade im Umgang mit diesem Personenkreis zeigen sich die Unsicherheiten der Klischee-Anwender*innen: „Wie spreche ich so jemanden an? Wo soll ich hingucken? Darf ich ihm*ihr zur Begrüßung die Hand geben? Wo soll ich anfassen? Was darf ich fragen? Was soll ich tun, damit man mir mein Mitleid nicht ansieht? Darf ich in Gegenwart von „Behinderten" lachen? Woran merke ich, dass so jemand Hilfe braucht?" – Unsicherheiten sind insbesondere gegenüber Menschen mit körperlichen Beeinträchtigungen, beispielsweise aufgrund von Spastiken oder als Folge von Unfällen (z.B. Narben, Brandmale, Amputationen) oder falscher Medikation (z.B. bei Contergan-Betroffenen) oder von Krankheiten wie etwa Diabetes oder Morbus Bechterew feststellbar, ebenso gegenüber blinden Menschen, Menschen mit einer (hochgradigen) Sehbehinderung sowie gehörlosen oder (hochgradig) schwerhörigen Menschen oder Menschen mit einer kognitiven Beeinträchtigung.

Indem der*die Stereotypist*in mit Klischees über Menschen mit Behinderungen und mit vermeintlichen Fachkenntnissen über diesen

Personenkreis auftrumpft, versucht er*sie, von eigenen Unsicherheiten abzulenken und verletzt so stattdessen andere (ebd., S. 37, in Anlehnung an Werth & Mayer, 2008, S. 405).

2.4 Klischees verletzen indirekt

Neben der eigentlichen Stoßrichtung der Klischees werden zu Opfern der Klischees auch viele, die mit der Thematik der Menschen mit Behinderung Berührungspunkte haben:

Das sind Menschen, die eigentlich nicht selbst zur Zielscheibe der Klischees „Behinderte*r" werden sollten, aber gleichwohl, quasi als „Beifang" verletzt und in ihrer Würde getroffen werden, häufig unbemerkt.

Beispielsweise trifft das Menschen, denen man ihre Behinderung nicht ohne weiteres ansieht, obgleich sie formaljuristisch zum Personenkreis der Menschen mit (Schwer-)Behinderung gehören – etwa Menschen mit künstlichem Darmausgang oder mit chronischem Erschöpfungssyndrom oder mit Rheuma oder nach einer (Herz- oder sonstigen) Transplantation oder nach einer Krebsbehandlung oder mit chronischen Kopfschmerzen. Sie verfolgen die Vorbehalte, Vorurteile und Klischees, die Menschen mit Behinderung in der Gesellschaft entgegengebracht werden und überlegen sich gründlich, ob sie mit ihrer „verdeckten" Beeinträchtigung nach außen gehen oder diesen Impuls besser unterdrücken sollten (ebd., S. 38).

*(Anmerkung: Und so reagieren Stereotypist*innen, wenn sie den Fettnapf bemerken, in den sie mit ihren Klischees getreten sind: „Ach sorry, tut mir leid, ich wusste ja nicht...! Anwesende natürlich ausgenommen...! Du verstehst mich doch richtig, oder?")*

Darüber hinaus werden von diesen Klischees über Menschen mit Behinderungen auch Menschen berührt, die Angehörige oder Freund*innen oder Partner*innen mit Behinderung haben oder die beruflich mit Menschen mit Behinderung zu tun haben und die entsetzt daneben stehen, wenn Klischee-Attacken gegen diesen Personenkreis gefahren werden; häufig schlucken sie, schämen sich für die Stereotypist*innen fremd, fühlen sich mit-gedemütigt und mit-ausgeliefert, wissen aber den Mainstream-Klischees nur wenig entgegenzusetzen; zumal Gegenargumente zu Klischees offensichtlich auf taube Ohren stoßen und ins Leere gehen. So sind sie letztlich Co-Betroffene der gegen Menschen mit Behinderung gerichteten Klischee-Zielscheibe.

*(Anmerkung: Wenn Stereotypist*innen bemerken, was sie bei Menschen, die in engem Kontakt zu Menschen mit Behinderung stehen, angerichtet haben, reagieren sie häufig leichthin: „Ohje, tut mir leid, da hab' ich gerade nicht dran gedacht, du weißt schon wie ich das gemeint habe, ich hab' das natürlich nicht so gemeint…!")*

Nicht zuletzt verursachen Klischees über Menschen mit Behinderungen auch bei Menschen Stress, die an der Schwelle stehen, selbst Teil des Personenkreises der Menschen mit Behinderungen zu werden. Sie ahnen, was sie erwartet, da sie selbst zuvor häufig Teil des Mainstreams waren, der Menschen mit Behinderung diskreditiert und für sich selbst glaubt, „behindert" seien die anderen, nur die „von Geburt an Behinderten". Kaum einer weiß, dass die meisten Menschen erst im Laufe ihres Lebens von einer Behinderung betroffen sind; dass das „das Normale" ist (ebd., S. 4; Das Informationssystem der Gesundheitsberichterstattung des Bundes o. J.), beispielsweise aufgrund von (Zivilisations-)Krankheiten wie Krebs, Rheuma, Herz-Kreislauferkrankungen (Herzinfarkte, Schlaganfälle), Augenerkrankungen (Glaukom, Grauer Star, altersbedingte Makuladegeneration (AMD)), Diabetes (offene Beine; Amputationen) oder durch Arbeits-, Freizeit-, Verkehrs-, und Haushaltsunfälle (Querschnittslähmungen, Brüche, Verbrennungen) sowie durch Fehldiagnosen oder Kunstfehler in der Medizin oder in Folge von Krankheiten/operativen Anpassungen (künstlicher Darmausgang, künstliche Harnableitung, Entfernung des Kehlkopfs) oder als Folge von Stress (Hörsturz, Tinnitus) und letztlich aufgrund des Älterwerdens (Bewegungs-, Sinnes- und/oder kognitive Einschränkungen) (Schmitz 2017, 27).

Jedoch, wer als nicht behinderter Mensch sozialisiert wurde, will nicht mit dem Attribut „behindert" versehen werden: Vielleicht war er*sie selbst aktive*r Stereotypist*in und kennt die Klischees, die in der Gesellschaft über Menschen mit Behinderung kursieren, wie diskriminierend und an den Rand stellend sie sind – deshalb will er*sie sich diesen eigentlich nicht aussetzen und leidet zusätzlich zu den gerade zu bewältigenden gesundheitlichen Problemen unter der Aussicht, dann für die Zukunft als „Behinderte*r" abgestempelt zu werden und die gesamte Familie mit hineinzuziehen. Die von Klischees geschürte Angst vor Behinderung und

Schwäche befördert auch die nicht ganz unberechtigte Befürchtung, dass Familie und Freunde sich abwenden könnten, wenn man nicht mehr mithalten kann (ebd., S. 27).

So ist es beispielsweise einer gut situierten, erfolgreichen Journalistin in hoch anerkannter Anstellung mit ebenso erfolgreichem Lebenspartner in einem ebenso Erfolg gewohnten Lebensumfeld ergangen, die plötzlich an einem höchst aggressiven (Ge-)Hirntumor erkrankte, der bei ihr unmittelbar zur Erblindung führte. Neben der lebensbedrohlichen Erkrankung und dem mühsamen Weg, diese zu überwinden und mit ihr leben zu lernen, war für sie das viel größere Problem die Enttäuschung darüber, wer sich alles aus ihrem nahen Umfeld von ihr abgewandt hat: Lebenspartner, Freund*innen, Arbeitskolleg*innen (ebd., S. 23). Nach ihrer Wahrnehmung hing dies sehr damit zusammen, dass sie durch die Krankheit auch einen sozialen „Abstieg" durchmachte, sich den Anteil an der Eigentumswohnung nicht mehr leisten konnte und auch sonst in diesem „perfekten Umfeld" nicht mehr mithalten konnte (ebd., S. 27, 37). Sie musste komplett neu anfangen. Nach einem schweren Weg der Umorientierung hat sich für sie letztlich alles neu sortiert, angepasst an ihre neuen Lebensumstände und mit neuem Freundeskreis.

Klischees befeuern eine abwertende gesellschaftliche Atmosphäre gegenüber Menschen mit Behinderung und bewirken, dass niemand „behindert" sein will! Beispielsweise wehren sich Senior*innen häufig vehement, trotz erheblicher körperlicher Einschränkungen, wie unbeholfen zu gehen, schlecht zu hören, schlecht zu sehen, schlecht zu erinnern oder schlecht stehen zu können, als „behindert" bezeichnet zu werden – sie bestehen darauf, „dass das nur das Alter sei!"

Letztlich ist es unerheblich, wie sie sich selbst definieren, nachteilig wird es für sie leider dann, wenn sie aufgrund „ihrer Angst vor Degradierung" nicht von den Unterstützungsmöglichkeiten und Hilfen erfahren, die ihnen als Menschen mit Behinderung zustehen (z.B. Hilfen zur Barrierefreiheit), und die ihnen helfen würden, Lebensqualität zu erhalten oder zurückzugewinnen. Stattdessen bescheiden sie sich lieber: „Ich bin ja auch alt, da muss ich mich halt mit Einschränkungen abfinden." (Dies ist ein weiteres Klischee!).

2.5 Klischees können sich „rächen“

Nicht zuletzt können Stereotypist*innen selbst Opfer ihrer eigenen Klischees über Menschen mit Behinderung werden. Die Unberechenbarkeit von Klischees kann sich auch gegen die Stereotypist*innen selbst wenden! Sie können sich nicht in Sicherheit wähnen, nicht selbst Zielscheibe der gegen Menschen mit Behinderung gerichteten Klischees zu werden, direkt oder indirekt.

Direkt kann es sie treffen, weil sie sich in Unkenntnis, wer alles zum Personenkreis der Menschen mit Behinderung gehört, zu weit aus dem Fenster gelehnt haben. Womöglich gehören sie selbst sogar bereits zu dem Personenkreis, gegen den sie Klischees verbreiten; so schätzen es viele Stereotypist*innen fehl ein, dass etwa Brillenträger*innen/Sehbehinderte, Hörgeräteträger*innen/Schwerhörige oder Rollatornutzer*innen/Gehbehinderte, Menschen mit Legasthenie oder Dyskalkulie dem verachteten Kreis der Menschen mit Behinderungen angehören.

Dazu fällt das Sprichwort ein: „Wer im Glashaus sitzt, soll nicht mit Steinen werfen.“

*(Anmerkung: Stereotypist*innen reagieren häufig folgendermaßen, wenn sie erfahren, dass sie selbst zu „den Behinderten“ gehören: „Das kann doch wohl nicht sein! Wegen dem bisschen, bin ich doch nicht…! Man sollte nicht übertreiben!“)*

Indirekt können sich Stereotypist*innen auch selbst bloßstellen, wenn sie unverhofft mit der Thematik behinderter Menschen konfrontiert werden und das von ihnen selbst befeuerte Klischee sie einholt; beispielsweise verguckt sich ein Klischee-Anwender in eine attraktive Frau, um später festzustellen, dass sie einen künstlichen Darmausgang hat. Oder im Freundeskreis kommt aufgrund von Sauerstoffmangel während der Geburt ein motorisch beeinträchtigtes Kind zur Welt. Oder man ist auf einmal in der Situation, die eigene betagte Mutter im Rollstuhl durch die Stadt zum Arzt zu begleiten oder unverhofft fällt die eigene Mathe-Schwäche (Dyskalkulie) doch auf – dies alles könnte Anlass sein, innezuhalten und die eigenen Klischees über Menschen mit Behinderung zu überdenken.

*(Anmerkung: Wenn Stereotypist*innen merken, dass das Thema „Behinderung“ näher an sie heranrückt, ist häufig der entsetzte Ausspruch*

zu hören: „Warum meiden uns alle?“, „Was hab‘ ich denen getan?“, „Was haben die gegen mich?“)

2.6 Klischees sind gefährlich

Solange Klischees nur in kleinen Nischen geäußert werden, glaubt man, werden sie schon nichts anrichten; aber so ist es in der Regel nicht! Sie sind Türöffner für weiteres und können sich schnell verselbstständigen. Die Gruppe, die Zielscheibe von Klischees ist, läuft immer Gefahr, gesellschaftlich abgedrängt zu werden (ebd., S. 65).

Die eingangs aufgezeigten klischeehaften Fragestellungen rund um Menschen mit Behinderungen sind leider auch Ausdruck einer – nach dem Dritten Reich – nie ganz verschwundenen ausgrenzenden Haltung gegenüber Menschen mit Behinderung (ebd., S. 35). Diese setzte sich im Nachkriegsdeutschland aufgrund der Fortführung der Segregation von behinderten Menschen in Einrichtungen und ihrer damit einhergehenden Abspaltung von der „nicht behinderten“ Welt in abwertender Weise fort (Köbsell, 2019, S. 24). Die medizinisch-therapeutische Spezialisierung in den Einrichtungen geschah um den hohen Preis der sozialen Isolation der Menschen mit Behinderung einerseits und andererseits um den Preis, das Miteinander in der Gesellschaft mangels Umgangsmöglichkeiten nicht üben zu können (Schmitz, 2017, S. 65; Köbsell, 2019, S. 24–25). Deshalb haben sich viele Klischees und Vorbehalte gegenüber Menschen mit Behinderung gehalten und konserviert. Teilweise bewusst, zumindest aber ohne Gespür für die diskriminierenden Auswirkungen auf Menschen mit Behinderung, haben die in der Regel „nicht behinderten“ gesellschaftlichen Entscheider*innen in Politik, Gesetzgebung, Verwaltung und Wissenschaft Ausgrenzungen der Menschen mit Behinderung in Gesetzen und Verwaltungsvorschriften im Nachkriegsdeutschland bewirkt, begünstigt oder zumindest billigend in Kauf genommen (Schmitz, 2017, S. 25–26).

So wurden bereits im Zuge der Erarbeitung des Grundgesetzes bei der Aufzählung der schützenswerten, durch das Nazi-Regime besonders verfolgten gesellschaftlichen Gruppen die Menschen mit Behinderungen vergessen. Durch den Vernichtungsfeldzug gegen sie hatten sie zum Zeitpunkt der Grundgesetzschaffung keine Lobby, die sich für sie hätte einsetzen können. So verwundert es nicht, dass beim Wiederaufbau des kriegszerstörten

Deutschlands keine Wahrnehmung dafür vorhanden war, eine Gesellschaft für *alle* zu erbauen, ohne Barrieren (Köbsell, 2019, S. 26). Für Menschen mit Behinderungen war wie selbstverständlich eine „Sonderkarriere" in Sondereinrichtungen vorgesehen (Schmitz, 2017, S. 35; Köbsell, 2019, S. 24). Ohne familiäre oder sonstige persönliche Bezugspunkte hatten „nicht behinderte" Menschen nie die Möglichkeit, „behinderte" Menschen kennen zu lernen; es gab (so ist es oft auch heute noch) keinerlei Berührungspunkte mit ihnen (Schmitz, 2017, S. 65).

Ausdruck dessen, wie fremd der „nicht behinderten" Gesellschaft Menschen mit Behinderungen sind, sind die von „Nichtbehinderten" angestrengten zivilrechtlichen Klagen gegen Reiseveranstalter, die „ohne jedes Gefühl von Skrupel" darauf zielten, die Anwesenheit von Reisenden mit Behinderung als Reisemangel anerkannt zu bekommen, um so eine Berechtigung für die Rückerstattung eines Teils des Reisepreises zu erlangen (Köbsell, 2019, S. 27, in Anlehnung an Klee 1980).

„Nichtbehinderte" offenbaren so in eklatanter Weise, wie groß der Keil ist, der sich durch die Gesellschaft zieht und „Nichtbehinderte" und „Behinderte" trennt (Schmitz, 2017, S. 39). Stereotypist*innen befeuern diesen Keil mit ihren Klischees und bewirken, dass Menschen derselben Gesellschaft einander fremd bleiben.

Für Menschen mit Behinderung führt diese Entfremdung u.U. zu gefährlichen Situationen: Immer wieder verhalten sich „Nichtbehinderte", als hätten sie einen Freibrief im Umgang mit Menschen mit Behinderung. Gewalt gesteuerte, subtile, auch sexuell motivierte Übergriffe treffen die häufig in Abhängigkeiten lebenden Menschen mit Behinderung (Köbsell, 2019, S. 28).

(Frauen mit Behinderung werden beispielsweise mit sexuellen Ansinnen und dem Argument bedrängt, „sie könnten über dieses Angebot ja froh sein, weil sie ansonsten ja keine Chance hätten!")

Neben diesen Übergriffen treibt die Entfremdung der „Nichtbehinderten" zu Menschen mit Behinderung auch Stilblüten:

Da ist z.B. der im Sinne der Menschen mit Behinderung sehr bemühte Bauleiter einer großen öffentlichen Baustelle, der den anstehenden Bau der rollstuhlgerechten Toilette mit den Worten einleitet, „jetzt wollen wir auch noch für eine, artgerechte' Toilette für Behinderte sorgen" – dies war von ihm im Kern eigentlich gut gemeint, aber der Umgang mit Menschen mit Behinderung war ihm bis dato komplett fremd.

Oder die Mitwirkende eines Seniorentages, die in ihrem Workshop erfragt, welche der folgenden Begrifflichkeiten eher Senior*innen oder eher Menschen mit Behinderung zuzuschreiben seien: „Liebe, Verliebtheit, Trauer, Familie, Kinder, (Lebens-)Freude, Angst, Reiselust, Heimatgefühle, Bewegungsfreude, Interesse an Kultur und Sport?" Und die das pari-pari-Ergebnis der Befragung erstaunt mit „Das hätte ich nicht gedacht!" kommentierte, da sie diese Regungen und Wünsche eher bei Senior*innen vermutete und sie bei Menschen mit Behinderung nicht für möglich hielt.

Auch sie ist den verbreiteten Stereotypen über Menschen mit Behinderung aufgesessen.

Was hilft gegen diese Entfremdung?

3 Perspektiven und Ideen

Gibt es Wege, den Keil durch die Gesellschaft und die ihn „fütternden" Klischees und Stereotype über Menschen mit Behinderung auszuhebeln?

3.1 Resistente Klischees

Klischees sind resistent. Warum halten sie sich eisern, obgleich sie keinem Fakten-Check standhalten würden?

Klischees folgen keiner Logik. Sie sind meist früh im häuslichen Umfeld erlernt und tief implementiert; in der Regel wurden sie nie auf ihren Wahrheitsgehalt hin überprüft, sondern „als gegeben" übernommen und häufig über Generationen weitergetragen (Schmitz, 2017, S. 16, 38–39).

Deshalb halten sie sich und deshalb können eifrige Klischee-Anwender*innen auch nicht mit Fakten oder Argumenten von ihrem Weg abgebracht werden. Folgende Aussage beschreibt ihre Haltung eindrücklich: „Lassen Sie mir meine Vorurteile, verunsichern sie mich nicht durch Tatsachen!" (Verfasser*in unbekannt). Stereotypist*innen möchten also nicht von ihren Klischees abgebracht und schon gar nicht mit berechtigten Argumenten eines Besseren belehrt werden.

3.2 Die Kraft des Faktischen

Wenn Argumente ins Leere laufen, muss auf die Kraft des Faktischen gesetzt werden. Menschen mit Behinderung müssen Präsenz zeigen, um die bis dato von „Nichtbehinderten" geprägte Gesellschaft nachzubessern und mitzugestalten.

3.2.1 Die Selbsthilfe-Bewegung

So haben auch die Menschen mit Behinderung und ihre Mitstreiter*innen die allgemeine Umbruchstimmung der emanzipatorischen Bewegung der 1968er und 1970er Jahre genutzt, um ihre Belange selbst in die Hand zu nehmen (Köbsell, 2019, S. 25–27). Die Behinderten-Selbsthilfe hat sich zu einer großen Bewegung formiert. Ihr Ziel: in eigener Sache die Lebensbedingungen mitzugestalten und dies nicht länger einer nicht behinderten Elite zu überlassen (Schmitz, 2017, S. 25–26).

Dies ist seitdem Triebfeder der Selbsthilfe-Bewegung. Selbstbetroffene und Co-Betroffene wie Eltern, Angehörige und Freund*innen lassen es sich deshalb nicht mehr nehmen, den Weg zu gehen, der Gesellschaft gegenüber zu benennen, was sie brauchen, um als Bürger*innen dieses Landes mit den nicht behinderten Bürger*innen gleichzuziehen und wie diese gleichberechtigt und selbstbestimmt leben zu können. Sie möchten ihr Nischendasein beendet wissen und ihre Rechte und Pflichten wahrnehmen können. Dementsprechend fordern sie die Beteiligung an demokratischen Entscheidungsprozessen.

Parallel zur Welt der „Nichtbehinderten" und von dieser weitgehend unbemerkt, hat die Selbsthilfe-Bewegung viel erreicht und geht auch heute noch als Bewegung welt-, europa- und landesweit im engen Schulterschluss miteinander, um die (Welt-)Gemeinschaft inklusiv umzubauen.

Die Behinderten-Selbsthilfe hat gezeigt, dass mit ihr zu rechnen ist.

Ihre Selbsthilfe-Verbände, Jurist*innen mit Behinderung und andere Fachleute mit Behinderung sowie Schwerbehinderten-Vertretungen haben sich aufgemacht, die Träger öffentlicher Belange unter Druck zu setzen, dass alle Bereiche des sozialen Rechtsstaats im Hinblick auf die gleichberechtigte Teilhabe von Menschen mit Behinderung nachzubessern seien; dass die Ausgrenzung von Menschen mit Behinderung willkürlich und nicht verfassungskonform sei.

3.2.2 Rechtliche Rahmenbedingungen

Nach dem Motto „Steter Tropfen höhlt den Stein“ konnte sich die Behinderten-Selbsthilfe auch in Deutschland in eine Vielzahl von gesetzlichen Neuerungen einbringen und so die rechtlichen Rahmenbedingungen zum Gesellschaftsumbau mitentwickeln.

Als Meilensteine sind in diesem Zusammenhang beispielhaft zu nennen:

- die Grundgesetzergänzung in Artikel 3 Absatz 3 Satz 2 GG (1994) um den Satz „Niemand darf wegen seiner Behinderung benachteiligt werden“
- Pflege-Versicherungsgesetz – PflegeVG (1995)
- Rehabilitation und Teilhabe von Menschen mit Behinderung – SGB IX (2001)
- Gesetz zur Gleichstellung von Menschen mit Behinderungen – BGG (2002)
- Gesetz des Landes Nordrhein-Westfalen zur Gleichstellung von Menschen mit Behinderung – BGG NRW (2003)
- Allgemeines Gleichbehandlungsgesetz – AGG (2006)
- Übereinkommen über die Rechte von Menschen mit Behinderung – UN-BRK (2009)
- Bundesteilhabegesetz – BTHG (2016)

Den Durchbruch für die Behinderten-Selbsthilfe in Deutschland brachte die UN- Behindertenrechtskonvention im Jahr 2009. Mit ihr findet endlich ein internationaler Vergleich statt und ein gemeinsamer Weg. Alle sich daran beteiligenden 182 Staaten verfolgen dasselbe Ziel „von der Fürsorge zur Teilhabe“ (Köbsell, 2019, S. 28): die Inklusion von Menschen mit Behinderung in allen Lebensbereichen, die vollumfängliche Einbeziehung von Anfang an, selbstbestimmt, autonom und gleichberechtigt. Das heißt, Barrierefreiheit ist in allen gestalteten Bereichen herzustellen, in baulicher, in kommunikativer, in digitaler und rechtlicher Hinsicht. Die Debatte darüber, dies in Frage zu stellen, ist beendet. Alle Mitgliedsstaaten der Konvention haben dazu „ihre Hausaufgaben“ zu machen. Jeder Staat hat andere Defizite aufzuarbeiten.

Deutschland hat für eine gleichberechtigte Teilhabe vor allem Barrieren abzubauen und dafür Sorge zu tragen, dass keine neuen entstehen, in keinem Lebensbereich. Dafür hat es als innerstaatliche Kontrollinstanz zur Umsetzung der UN-BRK in Berlin das „Deutsche Institut für Menschenrechte“ geschaffen (Schmitz, 2017, S. 51).

Rechtliche Grundlagen als Kraft des Faktischen.

3.3 Vom Abstrakten zum Persönlichen

Die bis heute geschaffenen rechtlichen Grundlagen sind klarstellend und ziehen endlich ganz selbstverständlich persönliche Begegnungen im Alltag nach sich. Diese ermöglichen ein neues Miteinander und bieten die Chance, wechselseitige Klischees und Vorbehalte abzubauen („Anwesende ausgenommen!“).

Die Erkenntnis „Was man nicht kennt, auf dem kann man rumhacken“ haben sich selbstbewusste Menschen mit Behinderung, mutige Eltern mit behinderten Kindern und Freunde und Angehörige von Menschen mit Behinderung unermüdlich zunutze gemacht und Atmosphären des gegenseitigen Kennenlernens von Menschen mit und ohne Behinderung geschaffen (z.B. in Freizeit, Sport, bei Familien- und Nachbarschaftsfesten) oder sie haben sich wie selbstverständlich „in die Höhle der Löwen*in“, die „nicht behinderte“ Welt begeben (z.B. Urlaub, Freizeit, Kultur, Sport) und es so „Nichtbehinderten“ ermöglicht, den Umgang mit ihnen zu üben.

Beim Tun, hatten „Nichtbehinderte“ auf einmal wie selbstverständlich die Möglichkeit, ihre festgefahrenen Vorbehalte zu korrigieren: *„Die schwerhörige Frau ist ja eine Frau wie Du und ich. Das Kind mit geistiger Behinderung hat ja sogar eigene Wünsche. Mit einem blinden Menschen kann man sich ja ganz gut unterhalten, wenn man alles gut beschreibt oder sonst noch nachfragt. Wenn man länger zuhört, kann man sich ja in die Sprechweise eines Menschen mit spastischen Lähmungen recht gut einhören. Contergan-Geschädigte sagen einem ja doch recht gut, wie man mit ihnen umgehen soll. Einen fremden Menschen mit Gehbehinderung zu stützen, macht mir doch weniger aus als ich dachte!“*

Als positive Nebeneffekte solcher Begegnungen stellen „Nichtbehinderte“ häufig fest, dass auch sie ihre Beeinträchtigungen haben. Nicht jede*r kann alles. Der* die eine hat Höhenangst, ihm oder ihr wird immer schwindelig, er oder sie kann sich keine Namen merken oder hat keine Geduld oder wird schnell wütend oder sogar handgreiflich, ist wasserscheu oder ihm oder ihr wird im Auto schlecht oder er oder sie kann nicht zeichnen, sich keine Zahlen oder Gesichter merken, nichts behalten, hat keine Orientierung oder kann nicht rechnen oder leserlich schreiben oder lesen, oder, oder, oder ... Menschen mit Behinderungen stellen ihrerseits fest, wie bemüht „Nichtbehinderte" sind, alles richtig zu machen, dass vieles, das nicht richtig läuft aus Unkenntnis und Unbeholfenheit geschieht und nicht unbedingt beabsichtigt ist.

Wechselseitige Umgangserfahrungen helfen gegen Klischees.

Selbstverständliche Begegnungen als Kraft des Faktischen.

4 Unumkehrbar. Teilhabe für Alle

Teilhabe für Alle: Sie ist nicht denkbar ohne die rechtliche Absicherung der gleichberechtigten Teilhabe von Menschen mit Behinderungen und ihrer gelebten Präsenz im Alltag.

Nur beide Faktoren können dem „Mainstream" von Stereotypen und Klischees gegenüber Menschen mit Behinderungen eine andere Richtung geben, hin zum *Disability Mainstreaming* (Behrisch, 2013) als neuer gesellschaftlicher Wirklichkeit.

Letztlich muss diese darauf zielen, eine Atmosphäre zu schaffen, in der der Satz „Es ist normal, verschieden zu sein" (Bundespräsident a.D. Richard von Weizsäcker, 1993, anlässlich einer Tagung der Bundesarbeitsgemeinschaft Hilfe für Behinderte (heute: Selbsthilfe)) zum Leitgedanken wird.

Dieser Satz entlastet alle Menschen in allen Lebensbereichen. Sie müssen sich über ihre kleinen und größeren Einschränkungen und Beeinträchtigungen keine Sorgen mehr machen. Sie können sie offen benennen und ihre Unterstützungsbedarfe anmelden, ohne Nachteile befürchten zu müssen (Schmitz, 2017, S. 67). Das würde Klischees und Vorbehalten gegenüber Menschen mit Behinderungen auf Dauer den Nährboden entziehen.

Letztlich dürfte nur noch der Maßstab zählen:

„Als Mensch aus einem Menschen geboren zu sein."

Peter Radtke; Schauspieler, Autor, Theaterregisseur (mit Glasknochenkrankheit), 1994 anlässlich des 1. Landesbehindertentages NRW

Unumkehrbar!

Literatur

Behrisch, B. (2013) Disability Mainstreaming, *Gender Glossar, Open Access Journal zu Gender und Diversity im intersektionalen Diskurs,* 25. März [Online]. Verfügbar unter https://www.gender-glossar.de/post/disability-mainstreaming; [Zugriff am 15.05.2023].

Cloerkes, G. (2007) *Soziologie der Behinderten. Eine Einführung*, 3. überarb. Auflage, Heidelberg, Universitätsverlag Winter GmbH.

Das Informationssystem der Gesundheitsberichterstattung des Bundes (o. J.) *Schwerbehinderte Menschen mit Ausweis (absolut und je 100.000 Einwohner). Gliederungsmerkmale: Jahre, Deutschland, Geschlecht, Ursache der Behinderung, Grad der Behinderung*, Tabelle bezogen auf das Jahr 2021 [Online]. Verfügbar unter https://www.gbe-bund.de/gbe/pkg_isgbe5.prc_menu_olap?p_uid=gast&p_aid=3468164&p_sprache=D&p_help=0&p_indnr=216&p_indsp=125&p_ityp=H&p_fid=; [Zugriff am 15.05.2023].

Klee, E. (1980) *Behinderte im Urlaub? Das Frankfurter Urteil. Eine Dokumentation*, Frankfurt/M.

Köbsell, S. (2019) 50 behindertenbewegte Jahre in Deutschland, *Aus Politik und Zeitgeschichte (APuZ),* Nr. 6-7, S. 24–30 [Online]. Verfügbar unter file:///C:/Users/bthege/Downloads/APuZ_2019-06-07_online.pdf; [Zugriff am 21.05.2023].

Schmitz, S. (2017) *Diskriminierung und Stigmatisierung von Menschen mit Beeinträchtigung*, Bachelorarbeit. Norderstedt, GRIN Verlag, Open Publishing GmbH.

Werth, L. & Mayer, J. (2008) *Sozialpsychologie*. Berlin, Heidelberg, Spektrum Akademischer Verlag.

Florian Bödecker

Wer sind eigentlich „die Älteren“? Von der wissenschaftlichen Legitimität einer Alterskategorie

„Die älteren Menschen gibt es nicht. Wen gibt es dann?“

In gerontology and social work with older people, talking about "the elderly" is perceived as a dilemma: On the one hand, the categorisation of older people is considered indispensable, but on the other hand, the risks of this categorisation are pointed out. To address this dilemma, I examine whether the category of "older people" can be a legitimate scientific category. Such categories must be, first, empirically and, second, normatively-pragmatically appropriate. The category of "older people" is not appropriate as such because of its gradual and combinatorial vagueness. Instead, for each scientific or practical goal, it must be weighed anew which age could be empirically and normatively-pragmatically appropriate for categorising older people. For this, the categories formed must allow stable conclusions and also serve goals that are compatible with the needs, self-determination and social participation of older people. However, even appropriate age categories cannot be applied to the individual case, but can only serve to develop plausible hypotheses.

Keywords: Ältere Menschen, Alterskategorisierung, Altersnormen, Altersbegriff, soziale Kategorien, wissenschaftliche Begriffe, wissenschaftliche Klassifikation, homöostatisches Eigenschaftscluster

1 Das Dilemma der Alterskategorisierung: Nutzen und Risiken

Die Rede von „den älteren Menschen“ wird in der Gerontologie und Sozialen Arbeit mit älteren Menschen als Dilemma wahrgenommen: Auf der einen Seite drohe mit der Unterscheidung einer Lebensphase „Alter“ die potenzielle Besonderung (othering) und gar Ausgrenzung der Gruppe der älteren Menschen. Auf der anderen Seite sei die Aufgabe dieser Alterskategorie aber keine wissenschaftliche oder gesellschaftliche Lösung für die

Probleme der Alterskategorisierung (Lang et al., 2022, S. 143–145; Wahl, 2023, S. 151). Für die Soziale Arbeit mit älteren Menschen stellt sich dieses Dilemma mindestens ebenso dringlich, weil sie als handlungsorientierte Profession Unterstützungsbedürfnisse und -möglichkeiten identifizieren müsse und deshalb ohne Kategorisierungen dieser Unterstützungsbedürftigkeit nicht auskomme (Effinger & Stövesand, 2012, S. 16). Das Für und Wider einer Alterskategorisierung scheint m.E. aber erst in letzter Zeit in der Sozialen Arbeit mit älteren Menschen diskutiert zu werden. So stellen z.B. Schweppe & Horn (2022, S. 34–36) die Frage, wie sie auf der einen Seite altersspezifischen Problemen Rechnung tragen kann, ohne andererseits in der Falle zu geraten, Menschen aufgrund ihres kalendarischen Alters zu besondern, indem ihnen bestimmte innere Wesensmerkmale zugeschrieben werden.

Das Dilemma besteht also darin, dass der Kategorisierung älterer Menschen auf der einen Seite ein unverzichtbarer Nutzen, auf der anderen Seite aber auch inakzeptable Risiken zugeschrieben werden. Der allgemeine Nutzen von sozialen Kategorisierungen besteht, so die sozialpsychologische Sicht, darin, das Verhalten anderer vorwegnehmen und unser Verhalten daran anpassen zu können (Imhoff, 2021, S. 93–96). Wüsste ich z.B. nicht, dass der Mensch, der vorn in der Fahrerkabine eines langen Gefährts sitzt, ein Busfahrer ist, würde ich nicht auf die Idee kommen, dass ich ihm meine Fahrkarte beim Einsteigen vorzeigen muss. In diesem Sinn gelten Kategorisierungen sowohl psychologisch als auch philosophisch betrachtet als unerlässlich und deshalb auch als unvermeidbar, um sich in Natur und Gesellschaft zurechtzufinden und handlungsfähig zu sein (ebd., S. 85–87; Quante & Wiedebusch, 2018, S. 124–126).

Der Nutzen der Alterskategorisierung im zwischenmenschlichen Umgang mit älteren Menschen kann in diesem Sinn nach Swift et al. (2019) z.B. darin liegen, mich besser auf das Handeln mir unbekannter Personen einstellen zu können: z.B. die Beziehungen zwischen Personen richtig einzuschätzen (Mutter und Sohn, statt Ehemann und Ehefrau) oder meine Kommunikation an den Entwicklungsstand und die Lebenswelt meines Gegenübers anzupassen (ebd., S. 4). So kann es beispielsweise durchaus sinnvoll sein, mit einem 3jährigen Menschen anders zu sprechen als mit einem 30jährigen. Bezogen auf die wissenschaftliche Disziplin und Profession Sozialer Arbeit könnten Alterskategorisierungen auch dazu dienen, soziale Benachteiligungen deutlich machen zu machen, Unterstützungsbedarf zu ermitteln und Leistungsansprüche geltend zu machen.

Diesen Nutzen der Kategorisierung der Gruppe älterer Menschen stehen aber Risiken gegenüber, denen zum Teil drastische Folgen nachgesagt werden. Ich stelle im Folgenden einige der besonders relevanten Risiken vor. Diese Risiken sind miteinander verknüpft, so dass das eine Risiko wiederum als Folge ein weiteres nach sich ziehen kann.

Alterskategorisierungen werden häufig mit Altersstereotypen in Verbindung gebracht. Altersstereotype repräsentieren begrifflich das Wissen über die soziale Kategorie der, in diesem Fall, älteren Menschen, d.h. die verallgemeinerten Merkmale dieser Menschengruppe (Imhoff, 2021, S. 93). Im Akt der *Stereotypisierung* werden einzelnen älteren Menschen diese Merkmale aufgrund ihrer Gruppenzugehörigkeit unterstellt (z.B. Altersschwerhörigkeit) (Martin & Kliegel, 2014, S. 31). Ein Beispiel für die Risiken der *Fremdstereotypisierung* kann die Kommunikation mit älteren Menschen sein: Da die Altersstereotype in Bezug auf die Kommunikation eher Defizite umfassen (schwerhörig zu sein, langsam im Denken, vergesslich usw.) (Hummert, 2018, S. 135), führen diese stereotypen Erwartungen dann nach dem *Modell der kommunikativen Präjudizierung* (Ryan & Kwong See, 2003, S. 61–68) zu einer Überakkommodation (Überanpassung) in der Kommunikation mit älteren Menschen, die in einen Teufelskreis münden kann: Die Kategorisierung eines Menschen als alt anhand bestimmter Altersmerkmale löst stereotype Erwartungen hinsichtlich der Inkompetenz in der Kommunikation aus. Das angepasste Verhalten gegenüber dem älteren Menschen kann dann z.B. zu *elder speak* führen, einer Form patronisierender Kommunikation, die z.B. durch den Gebrauch übertriebener Betonung, Intonation und Langsamkeit und Koseformen oder Kinderbezeichnungen charakterisiert ist (Shaw & Gordon, 2021, S. 6). Nicht weniger drastische Folgen werden *Selbststereotypisierungen* nachgesagt: Altersstereotype haben die Besonderheit, dass man irgendwann im Leben selbst zur Gruppe der älteren Menschen gehört, so dass aus Altersstereotypen Selbststereotypen werden können. Besonders drastisch stellt sich der Effekt dieser Stereotype auf die Wahrnehmung des eigenen Älterwerdens in einer sehr bekannten Längsschnittstudie dar, in der Menschen mit einer positiveren Sicht auf das eigene Älterwerden im Median 7,6 Jahre länger lebten als Menschen mit einer negativeren Sicht

(Levy et al., 2002). Nach der *stereotype embodiment theory* (ebd.) gehen die verinnerlichten Altersstereotype über physiologische, verhaltensbezogene und psychische Pfade so „unter die Haut", dass sie Auswirkungen auf Gesundheit und Langlebigkeit haben können.

Ein weiteres Risko kann in der *Akzentuierung und Homogenisierung* der Gruppe der älteren Menschen gesehen werden: Obwohl wir hinsichtlich bestimmter Altersdimensionen wie z.B. unserer körperlichen und geistigen Leistungsfähigkeit oder sozialen Ungleichheit nie so unterschiedlich sind wie im Alter (Stone et al., 2017; van Dyk, 2015, S. 129–131), sei keine Altersgruppe so von „homogenisierenden Zuschreibungen" betroffen wie die älteren Menschen (Lang et al., 2022, S. 4). Niemand traue sich z.B., alle 35 bis 65jährigen, also Personen des mittleren Lebensalters, in eine Kategorie einzusortieren und ihnen dadurch von allen geteilten Gruppenmerkmale zu zuschreiben (ebd., S. 3–6, S. 114–115, S. 140–141; Wahl, 2023, S. 22–23; Wahl & Heyl, 2015, S. 18). Sozialpsychologisch werden diese Homogenisierungen mit den Konsequenzen der Kategorisierung für unsere Wahrnehmung erklärt: Sie setze nämlich durch die sprachlichen aktivierten Erwartungen hinsichtlich der kategorisierten Exemplare Akzente, die in Wirklichkeit nicht existieren und mache dadurch die Unterschiede *zwischen* Menschengruppen eindeutiger. Dieser Akzentuierungseffekt werde zusätzlich durch einen Homogenisierungseffekt verstärkt, der wahrgenommene Unterschiede *innerhalb* der kategorisierten Menschen verringere (Degner, 2022, S. 97–108). Damit wird allerdings nicht erklärt, warum welche Merkmale zur Kategorisierung herangezogen werden. Kategorisieren ließe sich anhand beliebig vieler Merkmale. Soziale Kategorisierungen von Menschengruppen können daher nicht begriffen werden ohne die gesellschaftlichen Interessen zu untersuchen, die maßgebend für die Entstehung und Aufrechterhaltung dieser Kategorien sind (Hirschauer, 2021, S. 171). Zwar haben alle Gesellschaften Vorstellungen für die Unterteilung des ganzen Lebens entwickelt und das gesellschaftliche Leben nach unterschiedlichen Altersstufen organisiert (Göckenjan, 2020, S. 557–559). Im Kapitalismus verloren die Generationenbeziehungen aber, so Ehmer, die Funktion, die ökonomische Übergabe des Familienbesitzes zu regeln. Das Alter ist heute wesentlich durch die Entpflichtung zur Lohnarbeit charakterisiert (Ehmer, 2019, S. 30–33). Die Alterskategorisierung verdankt sich in dieser Hinsicht dem Interesse, die Menschen zu unterscheiden, die sich mit ihrer Rente als nicht mehr produktiv im Kapitalismus erweisen (Federici, 2010, S. 85–87).

Die Unterscheidung der älteren Menschen wird auch mit der *Abwertung des Alters* in Verbindung gebracht: Zwar fallen die Bewertungen der Eigenschaften im Alter, so Lang et al. (2022, S. 43–45), in jedem Lebensbereich anders aus, weil dort jeweils andere Merkmale bedeutsam sind und unterschiedlich bewertet werden. Das scheinbar autonome und unmarkierte Erwachsenenalter bleibt aber die unhinterfragte Normalitätsfolie, vor deren Hintergrund das höhere Lebensalter mit seinem Mangel als Leistungsfähigkeit als das andere im Sinne eines Nicht-mehr erscheint (Amrhein, 2018, S. 221; Höppner & Wanka, 2021, S. 54; Linke, 2002, S. 33; van Dyk, 2015, S. 136–139). Eine grundsätzliche sozialpsychologische Erklärung für die Abwertung des höheren Alters bietet Hirschauers Theorie der Humandifferenzierung an (Hirschauer, 2021): Zwar müssten Unterscheidungen von Menschensorten nicht automatisch „asymmetrisch“ sein, d.h. von einem Machtungleichgewicht gekennzeichnet. Die Asymmetrie sei aber „latent“ darin angelegt, dass diese Unterscheidungen von Menschengruppen uns persönlich nicht kalt lassen, weil sich die Unterscheidenden damit selbst auch immer auf einer Seite der Unterscheidung verorten (ebd., S. 165). Latent asymmetrisch sei das aus zwei Gründen: 1) Bei der Unterscheidung vom eigenen Standpunkt aus zwischen uns und den anderen werde wegen der Bevorzugung der Eigengruppe diese stärker differenziert wahrgenommen als die Außengruppe, die homogenisiert werde (s.o.). 2) Außerdem sei vor dem Hintergrund der „Normalität des Eigenen“ die Andersartigkeit sichtbarer und deshalb als ungleich markiert (s.o.), weil sie die Unterschiede zwischen beiden Seiten *in sich* repräsentiere. Unterscheidungen von „Menschensorten“ neigen also deshalb zu latenter Asymmetrie, weil sie Unterscheidungen sind, die zu einer Seite hin zentriert und durch die unterschiedene Seite markiert sind (ebd., S. 165–166). Damit die latente Asymmetrie manifest wird, reicht aber auch hier die sozialpsychologische Erklärung nicht aus. Wie oben muss auch hier der ökonomische Grund hinzugedacht werden, der überhaupt Anlass für diese Unterscheidung gibt.

Als weiteres Risiko können *Altersnormen und Altersgrenzen* gelten: Im Verlauf des Lebens wechseln wir von einer Altersgruppe in die nächste. Gesellschaftliche Rechte und Pflichten sind an diese chronologisch definierten Altersgrenzen gebunden. Die Einteilung in Altersgruppen hat aber nicht nur in Bezug auf gesetzliche Altersgrenzen Bedeutung, sondern auch in Bezug auf Verhaltenserwartungen an ältere Menschen, die gesetzlich nicht verankert sind oder sanktioniert werden: z.B. für die nachfolgende Generation Platz zu machen, sich seinem Alter entsprechend angemessen zu verhalten, die Identität als älterer Menschen anzunehmen usw. (Lang et al., 2022, S. 39–40). Lang et al. (2022) fassen solche Erwartungen in die präskriptiven Altersnormen der Aktivierung (aktiv zu bleiben, um am gesellschaftlichen Leben teilzunehmen) und des Rückzugs (Platz machen für die nachfolgende Generation) zusammen, die von älteren Menschen auch verinnerlicht werden und an denen sie sich orientieren (ebd., S. 63–64). Diese beiden Normen hängen insofern zusammen, als sie beide einen positiven Zusammenhang mit der übergeordneten Norm zeigen, „keine Last für andere und die Gesellschaft zu sein“ (ebd., S. 65–67). Wie die Autoren an anderer Stelle anmerken, enthalten zwar beide Normen durchaus Inhalte, die für das eigene Älterwerden hilfreich sein können. Sie schlügen aber unter den „gegebenen gesellschaftlichen Bedingungen“ politisch ausgenutzt in ihr Gegenteil um, nämlich in eine Norm des Verzichts bzw. des Teilhabegebotes. So werde die Vorstellung unterstützt, dass die älteren Menschen möglichst „unsichtbar“ bleiben sollen; ältere Menschen würden dadurch abgewertet und ausgegrenzt (ebd., S. 136–137).

Als letztes Risiko der Alterskategorisierung sei die *Vereigenschaftung des Alters* genannt: Die Zuschreibung des Alters kann als Pseudo-Erklärung dienen: Statt sich über meine Handlungsgründe *im* Alter und die dazugehörigen Lebenslage Gedanken zu machen, wird das Alter *selbst* zu einer Ursache meines Handelns gemacht (Baller, 2001, S. 98–99). Im Sinne einer diagnostischen Überschattung wird mein Handeln auf das Alter zurückgeführt, statt sich darauf einzulassen, dass vom Subjektstandpunkt aus Älterwerden keine *Eigenschaft*, sondern Denken, Handeln und Lernen in *Situationen* ist, die ich mit gewohnten Mittel nur noch schwer bewältigen kann (ebd., S. 82–85). Die Zurückführung des Handelns auf das Alter ist aber nicht nur in Bezug auf andere problematisch, sondern auch in Bezug auf einen selbst: Wenn ich meine Erfahrungen *im* Älterwerden (z.B. körperliche, psychische, soziale Verluste) als schicksalhaft auf das „Alter“ zurückführe gegen das kein Kraut gewachsen ist, kann das in einer selbst erfüllenden Prophezeiung (s.o.) zu schlechterem Gesundheitsverhalten führen, z.B. zur Vernachlässigung von Vorsorgeangeboten und verfügbaren Behandlungen (Dutt & Wahl, 2018, S. 141–142; Wahl, 2023, S. 122–125).

Kategorisierungen gelten in der traditionellen Sozialpsychologie zwar als eine notwendige, aber nicht als *hinreichende* Bedingung für Stereotypisierungen, Vorurteile und Diskriminierungen (Otten & Matschke, 2020, S. 339). Einschränkend zu diesen Risiken muss deshalb gesagt werden, dass eine Kategorisierung von Menschen nicht zwangsläufig diese Konsequenzen nach sich zieht: Wir haben grundsätzlich die Möglichkeit, uns bewusst zu unseren Kategorisierungen zu verhalten und z.B. anders oder auch gar nicht zu kategorisieren (Hirschauer, 2021, S. 172) bzw. die aktivierten stereotypen Inhalte zu unterdrücken (Klauer, 2020, S. 28). Darüber hinaus ließe sich die Abfolge von Kategorisierung, Stereotypisierung, Vorurteilen und diskriminierenden Handlungen auch umdrehen: So können Stereotype auch als nachgeschobene Rechtfertigungen für schon bestehende Vorurteile und Handlungen dienen (wenn beispielsweise der eigene Fleischkonsum nachträglich zu einer Kategorisierung von Tieren als nichtmenschlich führt) (Imhoff, 2021, S. 100).

Der Umgang mit dem aufgemachten Dilemma zwischen den geschilderten Funktionen und Risiken der Alterskategorisierung ist in der Gerontologie widersprüchlich: Auf der einen Seite wird die Homogenisierung „der" älteren Menschen kritisiert, auf der anderen Seite wird diese Kategorie aber auch nicht aufgegeben. Stattdessen wird die Lebensphase Alter intern weiter untergliedert. Dazu wird die Gruppe der älteren Menschen entweder in feinere chronologische Altersgruppen unterteilt (Klotz & Simm, 2019, S. 84) oder sie wird nach geistig-körperlicher Funktionsfähigkeit und daraus resultierendem Unterstützungsbedarf z.B. in ein drittes, viertes und fünftes Lebensalter eingeteilt (Kricheldorff, 2022, S. 42; Matolycz, 2015, S. 25; Wahl, 2017, o. S.). Diese Binnendifferenzierung verdeutlicht zwar die Vielfalt *innerhalb* der Kategorie älterer Menschen, gibt aber keine Antwort darauf, wann eigentlich der Gebrauch dieser Kategorie oder ihrer Unterkategorien wissenschaftlich gerechtfertigt ist.[1]

---

1 Wie jede Binnendifferenzierung löst eine Einteilung eines graduellen Prozesses in unterschiedene Schweregrade nicht das Problem, wo die Grenze zwischen dem Alter und anderen Lebensphasen gezogen wird, sondern vervielfältigt es. Denn

Um einen Ausweg aus dem aufgemachten Dilemma zu finden, gehe ich deshalb im Folgenden der Frage nach, anhand welcher wissenschaftlichen Kriterien der Gebrauch der Kategorie „ältere Menschen“ gerechtfertigt werden kann. Dazu führe ich zunächst aus, dass wissenschaftliche Kategorien sowohl empirisch als auch normativ-pragmatisch angemessen sein müssen, weil sie zu unterschiedlichen Anteilen sowohl das Ergebnis von Entscheidungen als auch von Entdeckungen sind. Anschließend untersuche ich, ob die Kategorie der „älteren Menschen“ diese Kriterien erfüllt: Einiges an dieser Kategorie scheint eher eine Entscheidung als eine Entdeckung zu sein. Auf der anderen Seite gibt es auch eine Realität des Alters, die für diese Kategorisierung sprechen könnte. Abschließend komme ich zu dem Ergebnis, dass es „die älteren Menschen“ tatsächlich nicht gibt, weil diese Bezeichnung notwendig graduell und kombinatorisch vage ist. Es ist daher für jedes wissenschaftliche und praktische Ziel wieder aufs Neue abzuwägen, welches Alter zu Kategorisierung von älteren Menschen empirisch und normativ-pragmatisch angemessen sein könnte.

2 Wissenschaftliches Kategorisieren zwischen Entscheidung und Entdeckung

Welche Ansprüche sind an wissenschaftliche Kategorien und die entsprechenden Begriffe zu stellen? Zwei Ansprüche sind dabei besonders wesentlich. Erstens müssen wissenschaftliche Begriffe *empirisch* und zweitens *normativ-pragmatisch* angemessen sein.

Empirisch angemessen müssen wissenschaftliche Begriffe sein, weil sie die Anforderungen der Wissenschaftstheorie erfüllen müssen. Dazu zählt z.B., dass wissenschaftliche Begriffe in ihrer Bedeutung möglichst klar bestimmt und wertneutral sein sollten, auch wenn bei manchem Phänomen die anschließende Wertung auf der Hand liegen mag (z.B. Ausbeutung). Akzeptiert man als oberstes Erkenntnisziel von Wissenschaft, möglichst „wahre“ und „gehaltvolle“ Aussagen über einen Gegenstand zu machen (Schurz, 2014, o. S.), so folgt daraus bereits, dass wissenschaftliche Begriffe

---

so müssen auch die Subgruppen älterer Menschen voneinander unterschieden werden (Keil & Stoecker, 2017, S. 55–56). Auch die Frage nach der Rechtfertigung dieser Unterkategorien bleibt

sich auf etwas Reales beziehen müssen. Die Unterscheidung von Altersgruppen erfordert deshalb, dass die Merkmale dieser Gruppen insofern objektiv sind, als dass sie unabhängig davon sind, ob ich an sie als Individuum glaube oder nicht (Geistunabhängigkeit), weil sie gesellschaftliche Ursachen haben, die die Zusammenballung dieser Merkmale erzeugen (Barker, 2013, S. 274; Haslanger, 2012a, S. 299; Reijula, 2021, S. 12318; Tahko, 2022, S. 21).

Entsprechend dem obersten Erkenntnisziel von Wissenschaft gelten wissenschaftliche Begriffe und Kategorien deshalb dann als legitim, wenn sie uns erlauben, *Verallgemeinerungen* anzustellen, *Schlussfolgerungen* zu ziehen und *Erklärungen* und *Interventionen* in Bezug auf die kategorisierten Objekte zu entwickeln (Mallon, 2016, S. 166; Murphy, 2010, S. 15; Risjord, 2022, S. 174–175; Zachar, 2008, S. 333–335). Rein interessensgeleitete Klassifikationen wie z.B. „Unkraut“ erlauben dagegen so gut wie keine gehaltvollen und wahren Aussagen, weil die Pflanzen dieser Kategorie keine biologischen Eigenschaften notwendig gemein haben, die auf gemeinsame, evolutionäre Ursachen zurückgeführt werden können und geistunabhängig bestehen. Die Pflanzen dieser Kategorie teilen nur die zufällige Gemeinsamkeit, dass ich sie nicht in meinem Blumenbeet haben möchte (dazu Murphy, 2010, S. 15; Risjord, 2022, S. 178). Anders als diese Klassifikationen, die auf bloßer konventioneller Festlegung beruhen, erlauben sogenannte natürliche Arten (natural kinds) starke Verallgemeinerungen und Schlussfolgerungen. Als prototypisches Beispiel für natürliche Arten gelten die chemischen Elemente: Sie kommen in der Natur vor, haben eine molekulare Struktur mit scharfen Grenzen zu anderen Elementen und besitzen Oberflächeneigenschaften, die durch die molekulare Struktur kausal erklärt werden können (Bird & Tobin, 2022, o. S.; Sabbarton-Leary et al., 2015, S. 76; Zachar, 2015, S. 288).

Aber auch wenn sich die Anordnung der chemischen Elemente im Periodensystem der Entdeckung einer inneren Struktur verdankt, spielen auch hier externe Kriterien eine Rolle. Man kann argumentieren, dass selbst beim Periodensystem der chemischen Elemente Entscheidungen, wenn auch in deutlich geringerem Ausmaß, getroffen werden: So könnte man die chemischen Elemente auch nach Isotopen, d.h. nach der Massezahl, statt nach der Ordnungszahl (Anzahl der Protonen) unterscheiden (Bryant, 2000, S. 115; Zachar, 2002, S. 220). Bei anderen wissenschaftlichen

Gegenständen zeigt sich das noch deutlicher: So sind freiwilliges Engagement (Simonson et al., 2021, S. 60), psychiatrische Diagnosen (Fried, 2022, S. 501–502; Zachar, 2008, S. 352; Zachar & Kendler, 2010, S. 138–139), die Abgrenzung unterschiedlicher Demenz-Stadien (Keil et al., 2017, S. 9–11), die Unterscheidung von Geschlechtern anhand biologischer Merkmale (Haslanger, 2012b, S. 187), die Klassifikation von Handlungsfeldern der Sozialen Arbeit (Rießen & Bleck, 2022, S. 14) oder die Festlegung von Planungsräumen für die Sozialberichtserstattung (Otto, 2022, S. 160–161) Entscheidungen, die von Forscher*innen in *Interaktion* mit realen Phänomenen getroffen werden.

Nach Zachars pragmatistischer Theorie wissenschaftlicher Klassifikation sind Kategorien deshalb in unterschiedlichem Ausmaß sowohl das Ergebnis der *Entdeckung* realer Strukturen als auch der *Entscheidung* nach externen Kriterien, weil diese Kategorisierungen wissenschaftlichen, politischen und praktischen Zielen dienen (Bryant, 2000, S. 113–116; Zachar, 2002, 2015, S. 289). Daher sind sie auf einem Kontinuum angeordnet zwischen reiner Entdeckung auf der einen Seite und reiner Entscheidung im Sinne interessengeleiteter Festlegung auf der anderen: In der sozialen Welt können durchaus gesellschaftliche Strukturen und Einrichtungen mit ihren Zwecken und Wirkungen identifiziert werden. Die Welt tritt uns aber auch nicht immer fertig gegliedert gegenüber, sodass durchaus unterschiedliche Weltaufteilungen möglich sind (Bird & Tobin, 2022, o. S.; Hauswald & Keuck, 2017, S. 113–114; Zachar & Kendler, 2010, S. 130).

Die aufgemachte Spannung zwischen Konstruktivismus (Entscheiden) und Realismus (Entdecken) lässt sich aber dadurch auflösen, dass man einerseits zugesteht, dass wissenschaftliche Kategorisierungen nicht nur von Tatsachen in der Welt abhängen, sondern auch von pragmatischen und politischen Überlegungen (Zachar & Kendler, 2010, S. 143–144). Sind die Kategorien andererseits aber einmal festgelegt, hängt es wiederum von den kausalen Verhältnissen in der Welt ab, ob Dinge unter die Kategorien fallen oder nicht (Gardt, 2018, S. 43–44).

Da aber wissenschaftliche Begriffe und Kategorien *auch* das Ergebnis von Entscheidungen sind, ergibt sich als zweites großes Kriterium, dass wissenschaftliche Begriffe auch *normativ-pragmatisch* angemessen sein müssen: Da jede Kategorisierung und Klassifikation zielgerichtet ist, hängt ihre Angemessenheit auch von der Legitimität der praktischen, epistemischen und sozialen Ziele ab, die damit verfolgt werden können, den herangezogenen Unterscheidungsmerkmalen sowie den Kriterien, die angeben, ob diese Merkmale vorhanden sind oder nicht (Haslanger, 2012b, S. 187–190). So ist z.B. bei psychiatrischen Diagnosen zu entscheiden, wo die Schwelle zwischen Gesundheit und Störung verläuft, und deshalb so zu wählen, dass bei dieser Grenzziehung die Vorteile die Nachteile überwiegen (Keil & Stoecker, 2017, S. 62). Wie Bach (2019) einschärft, ist allerdings auch die politische Angemessenheit sozialer Kategorien nicht ohne die empirische Angemessenheit zu haben: Nur wenn man die Realität bestimmter Menschengruppen angemessen begriffen habe, sei es möglich, in diese Realität einzugreifen, um das Leben dieser Gruppen zu verbessern (ebd., S. 256). Missachtet man aus politischen Gründen die empirische Angemessenheit der eigenen Kategorien, erweist man der „guten Sachen“ letztlich einen Bärendienst.

3 Die wissenschaftliche Legitimität „der Älteren“ als soziale Kategorie

Was spricht also dafür, ältere Menschen als soziale Kategorie im Sinne empirischer und normativ-pragmatischer Angemessenheit als wissenschaftlich legitime Kategorie zu betrachten? Entscheidend dafür ist, ob die Kategorie „die älteren Menschen“ stabil genug ist, weil die zusammen vorkommenden Merkmale, die älteren Menschen zugeschrieben werden, durch biologische, psychische und soziales Ursachen so zusammengehalten werden, dass wir aus ihr zuverlässige Schlüsse ziehen zu können (Maung, 2021, S. 20–21). In diesem Sinn versteht Maung chronologische Alterskategorien als *homöostatische Eigenschaftscluster:* Die mit dem chronologischen Alter verbundenen Altersveränderungen führen zu Clustern von biologischen, psychischen und sozialen Merkmalen. Anders als bei den chemischen Elementen ist damit aber nicht die Annahme verbunden, dass die Alterskategorien auf eine innere Essenz zurückgeführt werden können. Homöostatische Eigenschaftscluster zeichnen sich gerade dadurch aus, dass es nicht ein Merkmal gibt, dass alle Mitglieder einer Altersgruppe teilen müssen, sondern nur eine höhere Wahrscheinlichkeit, dass diese Merkmale zusammen vorkommen (ebd., S. 1–6).

Um empirisch angemessen zu sein, muss die Kategorie „ältere Menschen“ daher als Eigenschaftscluster verstanden werden können. Das wäre offensichtlich nicht der Fall, wenn die Kategorie sich bloß einer konventionellen Festlegung anhand willkürlich gezogener Altersgrenzen verdankte. Im anderen Extrem wäre die Kategorie „die älteren Menschen“ wie die chemischen Elemente etwas, das in der Natur oder Gesellschaft entdeckt werden kann und sich durch eine unveränderliche kausal wirkende Essenz auszeichnet. Ich gehe daher im Folgenden die Gründe durch, die dafür oder dagegen sprechen die Kategorie „ältere Menschen“ eher als Resultat einer Entscheidung oder als Resultat einer Entdeckung zu verstehen.

Um normativ-pragmatisch angemessen zu sein, dürfen die Alterskategorisierungen mit den damit verbundenen Altersnormen und Alterserwartungen darüber hinaus auch nicht einfach der sozialen Kontrolle von Menschen dienen (Neugarten, 1981), sondern vor allem den älteren Menschen selbst. In Bezug auf die Disziplin und Profession Sozialer Arbeit könnten diese Ziele z.B. darin liegen, die Bedürfnisse von Menschen beim Älterwerden zu erfassen, ihre Selbstbestimmung und gesellschaftliche Mitbestimmung zu stärken bzw. wenigstes nicht unnötig einzuschränken (DGSA-Fachgruppe ‚Soziale Arbeit in Kontexten des Alter(n)s‘, 2022). Ähnlich misst Boni-Saenz (2022) die Angemessenheit des chronologischen, biologischen und subjektiven Alters für die Bestimmung des gesetzlichen Alters u.a. an den normativen Kriterien der *autonomy* und *antisubordination.* Autonomy bezieht sich darauf, inwieweit Altersdefinitionen die Definition der eigenen Identität eher fördern oder behindern. Stehen z.B. die individuellen Vorstellungen vom Älterwerden in Konflikt zu den normativen Erwartungen an die chronologisch definierte Altersgruppe, können Menschen darunter leiden[2]. Antisubordination bezieht sich auf die Möglichkeit, die Über- und Unterordnung von Altersgruppen vermeiden zu können.

---

2 Erwähnt sei hier der Fall von Emile Ratelband aus dem Jahr 2018: Er klagte darauf, sein gesetzliches Alter von 69 auf 49 ändern zu dürfen. So wie eine Änderung des Namens oder des eigenen Geschlechts möglich ist, wollte er sein gesetzliches Alter ändern, weil es mit seinem gefühlten Alter und seiner körperlichen Verfassung nicht zusammenpasste. Er sah sich dadurch benachteiligt, dass er in seinem gesetzlichen Alter nicht mehr arbeiten könne und z.B. bei Tinder trotz seines jüngeren Gesichts keine Antwort mehr bekomme (Boni-Saenz, 2022,

4 Warum die Kategorie „ältere Menschen“ eine Entscheidung ist

Was spricht dafür, die Kategorie „ältere Menschen“ eher als Resultat einer Entscheidung, denn als einer Entdeckung zu betrachten?

- *Variabilität der Altersgrenzen:* Da das Älterwerden ein kontinuierlicher Prozess ist, schneiden Alterskategorien aus diesem Kontinuum notwendig Stücke heraus, die so in der Realität nicht existieren (Maung, 2021, S. 7; Swift et al., 2019, S. 1–2). Zwar hat die Lebensphase Alter mit dem Tod ein natürliches Ende, aber der Beginn dieser Lebensphase verdankt sich einer Entscheidung (Amrhein, 2018, S. 225; Meyer, 2019, S. 19–20). Deutlich wird das vor allem daran, dass die Alterskategorien nach *wissenschaftlicher Disziplin*, *Geographie, Kontext*, *Geschlecht* und *Zeit* durchaus verschiedenen angesetzt werden können (Swift et al., 2019, S. 2–3): Während z.B. die Lebensphase Alter in der Biologie mit der „postreproduktiven Phase“ beginnt, sind in der Soziologie das Ausscheiden aus der Erwerbsarbeit und die damit veränderten sozialen Rollen der Startpunkt für das Alter (Brandt & Schmitz, 2020, S. 405). Während in Deutschland das Renteneintrittsalter auf 67 Jahre hochgesetzt wurde, beginnt das Alter in manchen afrikanischen Ländern aufgrund der geringeren Lebenserwartung schon mit 50+ Jahren. Auch innerhalb eines Landes sind die Altersgrenzen zu einer Zeit durchaus variabel: Sie verlaufen je nach Lebensbereich sehr unterschiedlich (Lang et al., 2022, S. 49, 2022, S. 36): Während ein 40jähriger Vater schon relativ alt ist, ist er als Bundespräsident ein „Küken“, weil er gerade einmal das Mindestalter dafür erreicht hat. Ebenso können sich die Merkmale, die Menschen in den Altersgruppen zeigen, historisch verändern. So können nachfolgende Kohorten von älteren Menschen z.B. gesünder sein, sodass sich Alterskohorten trotz gleichem chronologischem Alter in ihren biologischen, psychischen und sozialen Merkmale deutlich unterscheiden können (Maung, 2021, S. 7–10). Da das Älterwerden als Teil der menschlichen Entwicklung nur in Gesellschaft stattfinden

---

522–523). Ebenso gibt es Bioethiker, die diesem Ansinnen unter bestimmten Bedingungen auch zustimmen (Räsänen, 2019).

kann, unterliegt es den gesellschaftlich-historischen Veränderungen. Die Menschen, die im 22. Jahrhundert ihren hundertsten Geburtstag feiern werden, sind bereits geboren (Settersten, 2017, S. 6). Entsprechend anders werden die zukünftigen Merkmale sein, die die bisherigen Alterskategorien umfassen. Da gegenwärtig der Beginn der Lebensphase Alter mit dem Ende der Erwerbsarbeit ökonomisch definiert wird und weitere Unterteilungen dieser Phase nur von Altersforscher*innen vorgenommen werden, entpuppt sich die Kategorie „ältere Menschen" als gesellschaftliche Restekategorie für diejenigen, die nicht mehr Teil der gesellschaftlichen Produktion sind. Aber auch diese Ausgliederung aus der gesellschaftlichen Produktion kann als Altersmarker hinterfragt werden, wenn man die meist noch von Frauen erledigten Reproduktionsarbeiten betrachtet: Die soziologische Altersdefinition vergisst, dass für nicht berufstätige Frauen das Alter schon mit dem Auszug der Kinder aus dem gemeinsamen Haushalt beginnt (Brandt & Schmitz, 2020, S. 405), wenn man Zugehörigkeit zur mittleren, dominanten Generation nicht vom chronologischen Alter abhängig macht, sondern von der Teilhabe an der „materiellen und personellen Reproduktion" (Fiehler, 2013, S. 66–68). Für Frauen beginnt aber nicht nur aus diesen sozio-strukturellen Gründen die Lebensphase Alter früher, sondern auch, weil sie früher als alt gelten. Wie van Dyk ausführt, werden bei Frauen körperliche Altersmerkmale immer noch als weniger attraktiv betrachtet als bei Männern. Zusammenfassend kommt sie deshalb zu dem Befund, dass für Frauen die Lebensphase Alter sich sowohl nach hinten durch die höhere Lebenserwartung verlängert als auch nach vorn durch die frühere Alterszuschreibung (van Dyk, 2015, S. 123).

- *Das chronologische Alter als Altersmarker:* Altersgruppen werden meist anhand ihres chronologischen Alters unterschieden. Das chronologische Alter misst allerdings lediglich die Zeit, die ich seit meiner Geburt am Leben bin.[3] Man kann es sich wie eine Uhr vorstellen, die in einen Wandschrank gestellt wird und munter weitertickt, unabhängig davon, was in meinem Leben gerade passiert. Das chronologische Alter

3 Räsänen (2021, S. 40–41) zeigt überzeugend, dass es zu absurden Konsequenzen führt, wenn das chronologische Alter lediglich als die Zeit definiert würde, die seit der eigenen Geburt *vergangen* ist.

als bloße Maßzahl für die abgelaufene Zeit ist deshalb keine Ursache, die irgendwelche Altersveränderungen erklären kann. Es ist schlicht ein Stellvertreter für die *mit* dem chronologischen Alter verbundenen biologischen, psychischen und sozialen Veränderungen *beim* Älterwerden (Settersten & Godlewski, 2016; Staudinger, 2015, S. 188–189). Wie sinnvoll dieser Stellvertreter ist, hängt deshalb davon ab, wie gut das chronologische Alter mit den interessanten Altersmerkmalen zusammenhängt. Im Extrem lässt sich manchmal so gut wie gar keine Korrelation zwischen chronologischem Alter und z.B. einer Lernleistung finden (Kern & Kliegel, 2020, S. 158). Wie Neugarten (1981) in einem etwas älteren Text anmerkt, beruht dieser Zusammenhang außerdem oft nicht auf wissenschaftlicher Evidenz, sondern auf Altersstereotypen. Durch die größere Heterogenität im Alter und dessen Multidimensionalität (s.u.) verliert das chronologische Alter schnell seine empirische Angemessenheit. Die anhand des chronologischen Alters gebildeten Alterskategorien sind deshalb in unterschiedlichem Ausmaß durch stabile Merkmale gekennzeichnet: Während die Kategorien für Säuglinge und Kleinkinder nach Maung (2021) relativ stabil sind, weil sie zum großen Teil von Entwicklungsmerkmalen geprägt sind, sind die Kategorien für das jüngere und mittlere Erwachsenenalter mehr konventioneller Natur, weil sie zu einem größeren Teil vom erwarteten Verhalten an diese Altersgruppe abhängen. Die Kategorie für ältere Menschen liege, so Maung, dazwischen, weil sie sowohl von biologischer Seneszenz, als auch von gesellschaftlichen Erwartungen und Rollen geprägt sei (Maung, 2021, S. 14). Für Boni-Saenz (2022, 548–549) ist daher das chronologische Alter in den jüngsten Lebensjahren noch am ehesten ein akzeptabler Stellvertreter. Insgesamt hält Neugarten das chronologische Alter für einen Kompromiss zwischen Zweckdienlichkeit und Genauigkeit (Neugarten, 1981, S. 822–823).

- *Heterogenität im Alter:* Wie bereits angesprochen gelten die Menschen im höheren Lebensalter als die heterogenste Altersgruppe von allen. So kann bei manchen Menschen die geistige Leistungsfähigkeit bis jenseits der 80 Jahre stabil bleiben oder sogar zunehmen, während sie bei anderen nach dem Höhepunkt im jungen Erwachsenenalter stetig abnimmt (Godde et al., 2016, S. 15). Gemessen an den unterschiedlichen

Dimensionen des Alter(n)s (s.u.) altern Menschen also unterschiedlich schnell.[4] So sind Altersverläufe nicht nur hinsichtlich ihrer Entwicklungsrichtung auf den unterschiedlichen Dimensionen verschieden, sondern auch hinsichtlich des chronologischen Alters, ab dem die Alltagskompetenz so weit eingeschränkt ist, dass ältere Menschen Unterstützung bei den Aktivitäten des täglichen Lebens brauchen (Wahl, 2023, S. 38; Zglinicki, 2019, S. 1000). Wenn immer wieder die Unterschiede *innerhalb* von Altersgruppen größer sind als die Unterschiede *zwischen* ihnen (Kern & Kliegel, 2020, S. 157–158; Lang et al., 2022, S. 67; Martin & Kliegel, 2014, S. 139–140), verliert die Kategorisierung nach dem chronologischen Alter ihre empirische Angemessenheit, weil dann kaum Aussagen über Einzelfälle getroffen werden können. Werden Altersgruppen nur anhand von Mittelwerten verglichen, ohne die Verteilung innerhalb der Gruppen zu berücksichtigen, werden irreführende Aussagen gemacht, weil die vermeintlichen Gruppenunterschiede viel kleiner sind, als die Streubreite der Werte (Tesch-Römer, 2019, S. 52). Dort, wo die Heterogenität im Alter zunimmt, ist deshalb das chronologische Alter kein guter Maßstab, um Fähigkeiten, Einstellungen oder Verhalten vorherzusagen (Staudinger, 2015, S. 189–190; Wahl & Heyl, 2015, S. 18). Eine aktuelle Literaturübersicht kommt zu dem Ergebnis, dass die meisten Studien eine stabile oder sogar erhöhte Variabilität im Alter zeigen. Bei den psychologischen und sozialen Zielvariablen bleibt die Variabilität stabil, während sie für gemessene Parameter der körperlichen Gesundheit mit dem Alter ansteigt (Stone et al., 2017). Aber auch bei der körperlichen Gesundheit ist die Heterogenität differenziert zu betrachten, wie die Studie von Nguyen et al. (2021) zeigt: Von 34 gemessenen Gesundheitsmerkmalen nahm bei 17 die Heterogenität zu, bei 8 ab und bei 9 zeigte sich keine Assoziation mit dem Alter. Es ist daher immer wieder zu überprüfen, wo sich überhaupt stabile Merkmalscluster ergeben können.

- *Multidimensionalität und Multidirektionalität:* Die Antwort auf die Frage: „Wie als sind Sie?“ müsste eigentlich eine Gegenfrage

4 So sollen z.B. Schwarze Menschen aufgrund sozialer Ungleichheit und rassistischer Diskriminierung schneller biologisch altern (Forrester et al., 2022).

sein: „Welches Alter meinen Sie?". Zu den gerontologischen Essentials zählt nicht umsonst das Geschwisterpaar der Multidimensionalität und Multidirektionalität (Wahl & Heyl, 2015, S. 124): Das Älterwerden ist ein multidimensionales Phänomen, weil es auf unterschiedlichen Ebenen betrachtet werden kann, z.B. auf der biologischen (Alter der Zellen und Organsysteme), psychischen (subjektives Alter und/oder kognitive Leistungsfähigkeit) und sozialen (Zuweisung von sozialen Rollen im Alter) Ebene. Auf jeder dieser Ebenen kann die Entwicklungsrichtung unterschiedlich sein, nämlich im Sinne von Wachstum, Abbau oder Stabilität (Multidirektionalität). Beispielsweise fühlen wir uns selten im Lebens so alt (subjektives Alter), wie wir nach der chronometrisch gemessenen Zeit tatsächlich sind: Während ungefähr bis zum Alter von 25 das eigene Alter überschätzt wird, fühlen sich Menschen im höheren Alter ab 60 meist 10 bis 20 Jahre jünger (Wahl, 2023, S. 76–77). Auch wenn das chronologische Alter in einigen Fällen gut mit dem biologischen, psychischen oder sozialen Alter übereinstimmen mag, verlaufe menschliche Entwicklung, so Baars, weder synchron mit der chronometrischen Zeit noch im Gleichklang mit einer intrinsischen Uhr. Denn menschliche Entwicklung bestehe in der Auseinandersetzung mit der natürlichen und gesellschaftlichen Umwelt (ebd., S. 83–84) (s.u.). Entsprechend betont Baars den Unterschied zwischen der chronometrischen Zeit und der bewusst ge- bzw. erlebten Zeit, die u.a. unterschiedliche Rhythmen kenne (Baars, 2016, S. 80). In diesem Sinn unterscheidet auch Räsänen zwischen dem chronologischen, dem biologischen und dem bewusst erlebten Alter. Er zeigt anschaulich über Gedankenexperimente, dass Fälle denkbar sind, in denen diese drei Alter so weit voneinander abweichen, dass letztlich gar nicht eindeutig bestimmbar ist, welches Alter zur Altersbestimmung herangezogen werden kann, weil jede Entscheidung für die Berücksichtigung oder Vernachlässigung eines dieser Alter mit Nachteilen verbunden ist (Räsänen, 2021, S. 42). Wenn ich beispielsweise als 48jähriger Mann von meiner Angiologin gesagt bekomme, ich hätte die Blutgefäße eines 60- bis 70jährigen und dass man nur so alt sei wie sein Gefäßsystem, stellt sie in diesem Fall nicht nur eine Diskrepanz zwischen beiden Altern fest, sondern hält das biologische Alter in diesem Fall für das eigentliche Alter. In anderen Fällen wäre das aber kontraintuitiv: Falle ich z.B. mit 30 Jahren ins Koma, altere darin 40 Jahre weiter, bevor ich schließlich mit 70 Jahren aufwache, fällt es schwer, mich als 70jährigen zu betrachten, wenn ich 40 Jahre meines Lebens verschlafen habe. Die Multidimensionalität mit multidirektionaler Entwicklung kann aber beliebig feiner gefasst werden. Auf Grundlage der Daten des deutschen Alterssurveys gibt es z.B. eine Übersicht über verschiedene Altersverläufe so unterschiedlicher Merkmale wie Lebenszufriedenheit, Depressivität, soziale Isolation, Einsamkeit oder auch Betreuung von Enkelkindern und freiwilliges Engagement (Berner et al., 2019, S. 134). Aber nicht nur welches Alter wir zur Alterskategorisierung heranziehen, ist eine Entscheidung, sondern auch, an welchen Maßstäben wir die Altersveränderungen messen. So werden die körperlichen und psychischen Altersveränderungen meist selbstverständlich am Ausgangspunkt der höchsten Leistungsfähigkeit im jüngeren Erwachsenenalter gemessen. Wie Stuart-Hamilton ausführt, ist dieser Maßstab aber gar nicht selbstverständlich: Wieso sollte eigentlich das Alter an den gleichen Maßstäben gemessen werden wie die Jugend, wenn 1) nicht allen ältere Menschen ihre geistige Leistungsfähigkeit auf diesem Niveau wichtig sei und 2) ältere Menschen z.T. auch andere geistigen Fähigkeiten nutzen, um Probleme zu lösen (Stuart-Hamilton, 2012, o. S.).

- *Älterwerden ist auch abhängig von der Gestaltung des eigenen Älterwerdens:* Menschliche Entwicklung ist kein bloß natürlicher Reifeprozess. Die unterschiedlichen Altersverläufe sind immer auch durch unsere aktive Gestaltung unseres Älterwerdens bestimmt. Unsere personale Handlungsfähigkeit besteht darin, dass wir uns in den gesellschaftlichen Verhältnissen begründet zu unserem Älterwerden verhalten können (Fuchs, 2021, S. 9; Rothermund, 2021, S. 344). In diesem Sinn hält Maung Alterskategorien für sogenannte interaktive Arten (interactive kinds): Die Altersgrenzen verschieben sich nicht nur, weil sich die Gesundheit und die kulturelle Umgebung veränderten, sondern auch, weil die Kategorisierung als „älterer Mensch“ dazu motiviere, biologisch, psychisch und sozial jünger zu bleiben. Das könne z.B. durch die Distanzierung von anderen älteren Menschen geschehen (man selbst sei noch eher jugendlich) oder auch durch den Versuch, durch entsprechendes Gesundheitsverhalten biologisch und psychisch möglichst langsam zu altern. Entsprechend führen, so Maung, die Alterskategorisierungen zu sozialen und biologischen Rückkopplungseffekten (looping effects), die wiederum die Altersgrenzen verschieben können. Einschränkend merkt der Autor an, dass wir nur in begrenztem Rahmen beeinflussen können, wie schnell wir altern, und dass außerdem die Alterskategorien unterschiedlich stark durch diese Effekte beeinflusst werden können (Maung, 2021, S. 10–15). Insgesamt könnten diese Rückkopplungseffekte aber dazu führen, dass die Merkmalscluster zu instabil werden, um daraus induktive Schlussfolgerungen zu ziehen. Dann müsse über andere Altersgrenzen nachgedacht werden oder aber andere Altersmarker als das chronologische Alter erwogen werden (ebd., S. 20–21).

- *Keine grundsätzliche Identifikation mit dem Alter:* Als ein Merkmal für eine soziale Gruppe wird das Gefühl einer Gruppenidentität diskutiert. Entscheidend sei, so Young, daher die Identifikation mit der Gruppe, ihrem sozialen Status und ihrer Geschichte (Young, 1990, S. 44). Können ältere Menschen insofern als soziale Gruppe betrachtet werden, als dass sie sich mit dieser Gruppe identifizieren? Wenn die Gruppe der älteren Menschen über das Renteneintrittsalter definiert wird, spricht gegen diese Identifikation, dass ältere Menschen sich gerade im Alter häufiger jünger fühlen (s.o.). Entsprechend weist van Dyk darauf hin, dass für die meisten Älteren das Altsein dann relevant werde, wenn der Körper in der Hochaltrigkeit nachlasse, während im Ruhestand die Alterskategorie keine große Bedeutung habe (van Dyk, 2015, S. 115–116). Graefe kommt abschließend in ihrer qualitativen Interviewstudie zu dem Ergebnis, dass Altersidentität gar nicht als eigene Erfahrungskategorie existiere. Da das Alter weniger binär organisiert sei als andere soziale Kategorien, sei es auch weniger „totalisierend“ (Graefe, 2010, S. 50). Deshalb gebe es auch keine soziale Identität des Alters, sondern verschiedene Identitäten *im* Alter, die neu justiert werden müssten (z.B. als Ehemann, Großvater usw.). Identitätsrelevant werde das Alter nur in den ersten und letzten Lebensphasen (ebd., S. 44–45). In diesem Sinn kann man auch Saakes Frage danach verstehen, was ältere Menschen tun, wenn sie gerade einmal nicht alt sind. Vielleicht das, was alle anderen auch tun (Saake, 2006, S. 271–272)? Sofern die älteren Menschen sich gar nicht über ihr Alter definieren, sondern versuchen, eine wertvolle Identität *im* Alter aufrechtzuerhalten, gibt es keinen Grund sie nach dem obigen Verständnis als soziale Gruppe zu betrachten.

Insgesamt zeigen die angeführten Punkte, dass es durchaus zweifelhaft ist, die „älteren Menschen“ für eine Altersgruppe zu halten, deren Merkmale durch kausale Mechanismen, die unabhängig von unserem Dafürhalten sind, stabil genug zusammenclustern, um im Sinne der empirischen Angemessenheit Schlussfolgerungen daraus ableiten zu können. Da meist negative Folgen der Alterskategorisierung erwähnt werden, steht dabei auch in Frage, welchen politisch und praktisch sinnvollen Zielen die Alterskategorisierung im Sinne normativ-pragmatischer Angemessenheit dienen könnte. Welche Gründe könnten wiederum dafürsprechen, die Alterskategorie der „älteren Menschen“ für ein Eigenschaftscluster zu halten?

5 Warum die Kategorie „ältere Menschen“ eine Entdeckung ist

Welche Gründe sprechen also dafür, dass „ältere Menschen“ als Kategorie hinreichend real sind, sodass sie nicht nur Ergebnis einer Entscheidung, sondern auch einer Entdeckung sind?

- *Alter als soziale Tatsache:* Wenn die Lebensphase Alter mit dem Ausscheiden aus dem Erwerbsleben beginnt, sind ältere Menschen als Kategorie ein reales gesellschaftliches Produkt: Wie Göckenjan ausführt, entsteht erst mit der Rentenversicherungsreform von 1957 die Sozialfigur des Rentners und damit das Alter als institutionalisierte Lebensphase der „Ruhe und Freizeit“ (Göckenjan, 2020, S. 567–568). Gekoppelt mit der Erhöhung der Lebenserwartung und der Renteneinkommen entwickelt sich daraus erst das heutige Verständnis von „Ruhestand“ (Wurm, 2020, S. 26–27). Durch die gesetzliche Festlegung des Renteneintrittsalters wird diese Lebensphase aber nicht weniger real. Im Gegenteil: Der Ruhestand wird dadurch zu einer „soziale[n] Tatsache“ (Fuchs, 2021, S. 8), die mit realen Konsequenzen für die von ihm betroffenen Menschen verbunden ist. So geht für die Bezieher einer gesetzlichen Rente der Übergang in den Ruhestand mit einem deutlichen Einkommensverlust einher, der in Zukunft aufgrund der „brüchigen Erwerbsbiografien“ und niedrigen Löhnen noch weiter zunehmen wird

(Bäcker, 2019, S. 14–20). Die Lebenslage der so kategorisierten älteren Menschen wird durch die Institutionalisierung des Ruhestands drastisch geprägt. Backes & Clemens halten deshalb das „Haushaltseinkommen“ für die zentrale Dimension der eigenen Lebenslage, weil „es den Zugang zur Befriedigung unterschiedlicher Bedürfnisse und zu lebenslagenrelevanten Ressourcen“ ermögliche (Backes & Clemens, 2013, S. 201). Eine Bedeutung gewinnt diese „Dimension“ auch dadurch, dass sich das Einkommen in der Rente kaum noch steigern lässt, also dauerhaftes Schicksal wird. In Bezug auf Altersnormen plädiert Twigg in ähnlichem Sinn dafür, neben der feinkörnigen Analyse der Literaturwissenschaften, Alter als wichtige soziale Strukturkategorie in den Sozialwissenschaften beizubehalten, um die Macht sozialer Kategorisierungen anzuerkennen (Twigg, 2022, S. 54–55).
- *Alter als natürliche Tatsache:* Auch wenn sich das eigene Älterwerden im Rahmen der gesellschaftlich-historischen Verhältnisse und der eigenen Lebensspanne beeinflussen und gestalten lässt (Wahl, 2023, S. 32), sind dieser Selbstgestaltung auch biologische, gesellschaftliche, individuell-biografische Grenzen gesetzt (Lang et al., 2022, S. 72–74). Mein Älterwerden ist durch Faktizität auf der einen und Potentialität auf der anderen Seite gekennzeichnet. An der Faktizität wird die eigene Vergänglichkeit deutlich, wodurch das Älterwerden auch eine existentielle Dimension bekommt, die im Alltag aber durch das Zurecht-Kommen-Müssen an den Rand gedrängt wird (Baller, 2001, S. 85–87). Diese grundlegende Ambivalenz des Älterwerdens wird gut durch das gerontologische Essential des „Alterns als plastischer Prozess in Grenzen“ auf den Punkt gebracht: Wir sind zeitlebens noch in der Lage, uns so zu verändern, dass wir auf die veränderten Anforderungen unseres Körpers oder unserer sozialen und gesellschaftlichen Umgebung reagieren können. Diese Selbstgestaltungsfähigkeit nimmt mit zunehmenden Alter aber immer weiter ab (Wahl & Heyl, 2015, S. 124). Die Tatsache, *dass* wir bislang körperlich altern, ist deshalb auch ein Teil der Natur, der wir bislang nicht entkommen können (Gugutzer, 2008, S. 182–183; Riedel, 2022, S. 10–11). Auch wenn z.B. körperliche Aktivität als „polypill“ mehr gesundheitsfördernde Wirkungen hat als jedes einzelne Medikament (Bachl et al., 2020, S. 262–265) und das wirkungsvollste Mittel darstellt, um Hilfs- und Pflegebedürftigkeit zu verzögern oder sogar

zu vermeiden (Haber, 2018, S. 326), bleibt trotz aller Plastizität die Tatsache, dass die Abnahme der körperlichen Leistungsfähigkeit zwar verlangsamt, aber nicht gestoppt werden kann (Mechling & Tittlbach, 2018, S. 237). Wenn über 60jährige, die mehr als zwei Stunden pro Woche körperlich aktiv sind, die gleiche Ausdauerleistungsfähigkeit erreichen können wie sportlich inaktive 20-30jährige, ist das zwar ein beeindruckender Befund für unsere Plastizität in höheren Lebensjahren (Last & Weisser, 2015, S. 7). Bislang ist es aber noch keinem Alternssportler gelungen, *nicht* körperlich zu altern.

- *Alter als psychische Tatsache:* Das oben beschriebene alterslose Selbstbild kommt dort an seine Grenzen, wo wir 1) abhängig von der Hilfe anderer werden und pflegebedürftig, 2) wo die knapper werdende Restlebenszeit sich in alltagspraktischer Zeitnot äußert (Lang et al., 2022, S. 119–120) und wo 3) paradoxerweise gerade die Gestaltbarkeit der Lebensphase Alter dazu führt, dass die Kategorie Alter an Bedeutung gewinnt, weil sie permanent neu verhandelt wird (Graefe, 2010, S. 50). Trotz aller Altersleugnung lässt sich irgendwann die Erfahrung nicht mehr verdrängen, nun alt zu werden. Es ist zwar durchaus nicht selbstverständlich, die Altersveränderungen am Maßstab der höchsten Leistung im jungen Erwachsenenalter zu messen, aber spätestens, wenn unsere physische und psychische Reservekapazität so reduziert ist, dass die Selbständigkeit im Alltag gefährdet ist, dürften diese Altersveränderungen auch subjektiv relevant werden (Mechling & Tittlbach, 2018, S. 236). Dass sich diese Selbstbeschreibung als alt vor allem im Zusammenhang mit der angstbesetzten Pflegebedürftigkeit aufdrängt, ist sicher kein Zufall. Die große Heterogenität im Alter macht zwar das chronologische Alter unbrauchbar, um daraus Schlüsse für den Einzelfall abzuleiten, auf Populationsebene ergibt sich aber der Zusammenhang, dass die Wahrscheinlichkeit für gesundheitliche Einbußen mit Einschränkungen der Alltagskompetenz, für kognitive Störungen (wie Demenz) und für Pflegebedürftigkeit mit dem Alter ansteigt (Wahl, 2023, S. 24–26). Peters geht in seiner *Theorie der sekundären Strukturdefizite* z.B. von einer erhöhten strukturellen Verletzlichkeit aus, die aus neurokognitiven Veränderungen im Alter resultiere. Diese Defizite zeigen sich, so Peters, in den Bereichen, die von der psychodynamischen Strukturtheorie beschrieben sind: Affektregulation, sozialkognitive Fähigkeiten und Mentalisierungsfähigkeit (Peters, 2017, S. 26–28). Die psychische Verletzlichkeit reduziert sich aber nicht auf äußerlich wahrnehmbare Veränderungen, sondern betrifft den Kern des eigenen Selbstbildes und Selbstwertes. Wie Peters an anderer Stelle ausführt, ergeben sich im Alter durch die körperlichen, geistigen und sozialen Verluste viele Gelegenheiten für „narzisstische“ Kränkungen. Diese Kränkungen könnten wiederum zu einer zunehmenden Diskrepanz zwischen Ich und Ich-Ideal führen, was sich bis zu einer narzisstischen Depression ausweiten könne (Peters, 2010, S. 1–8). Rentsch kommt resümierend zu dem Schluss, dass das Alter die menschliche Grundsituation radikalisiere: die Endlichkeit, Negativität und Zerbrechlichkeit treten ebenso wie die Angewiesenheit auf andere und Gefühle von Entfremdung besonders im Alter in den Vordergrund (Rentsch, 2016). Zwar beschäftigen wir uns auch im höheren Alter nicht ständig mit den Gedanken an das eigenen Sterben und den eigenen Tod (Wahl, 2023, S. 162–163), das Bewusstsein der zunehmend knapper werdenden Restlebenszeit wird sich aber dennoch nicht verdrängen lassen. Nach der *sozio-emotionalen Selektivitätstheorie* verschieben sich dadurch unsere Ziele auf die Regulation unseres Wohlbefindens im hier und jetzt, indem wir die kostbare verbleibende Zeit den bedeutungsvollen Beziehungen zu anderen widmen und weniger zukunftsorientierten Zielen mit ungewissem Ausgang (Carstensen & Lang, 2007, S. 395–396). In dieser Perspektive auf die eigene Zukunft sieht Fuchs eine Besonderheit des menschlichen Alterns: Während das chronologische Altern allen in Raum und Zeit vorhandenen Entitäten zukomme, das biologische Altern fast allen Lebewesen, sei das existentielle Altern den Menschen vorbehalten, weil sie sich ihrer Endlichkeit bewusst seien (Fuchs, 2021, S. 4). Aus dem vorwegnehmenden Charakter menschlicher Existenz folgt, dass auch meine *gegenwärtige* Befindlichkeit maßgeblich von den zukünftigen Handlungsmöglichkeiten und Behinderungen abhängt, sodass die „>Zukunft< eine entscheidende Qualifikation ihrer >Gegenwart< ist“ (Holzkamp, 1983, S. 341). Ob ich mein Leben im hier und jetzt genießen kann, hängt also auch davon ab, was ich in Zukunft an Handlungsfähigkeit erwarte.

Spricht man nicht von „älteren Menschen“, sondern vom „Alter“, lässt sich nicht leugnen, dass wir uns zwar auf unterschiedlichen Dimensionen in unterschiedliche Richtungen über den Lebenslauf hinweg entwickeln, aber nicht, *dass* die Entwicklung bislang bestimmte biologische, psychische und soziale Tatsachen schafft, die letztlich auch in unseren Tod münden.

6 Fazit: Ältere Menschen gibt es als wissenschaftliche Kategorie nur in Abhängigkeit vom dafür ausgewählten Alter

Auch wenn das Älterwerden als körperliche, psychische und soziale Realität nicht zu leugnen ist, sprechen die Variabilität der Altersgrenzen, die Unbrauchbarkeit des chronologischen Alters, die Heterogenität von älteren Menschen und die Multidimensionalität des Älterwerdens dagegen, dass es „die älteren“ Menschen gibt. Der Unbestimmtheit des Älterwerdens als Phänomen in der Welt entspricht die semantische Unbestimmtheit des Ausdrucks „ältere Menschen“[5]. Deshalb ist es auch kein Wunder, dass der sprachliche Ausdruck „ältere Menschen“ sowohl graduell als auch kombinatorisch vage ist. Sprachliche Ausdrücke, die *graduell* vage sind, ziehen keine scharfen Grenzen hinsichtlich ihres Begriffsumfanges auf *einer* Dimension (z.B. Körpergröße, Kahlköpfigkeit, Demenz, geistige Behinderung), während Begriffe, die *kombinatorisch* vage sind, eine *Anzahl* unabhängiger Merkmalsdimensionen umfassen (z.B. Religion, ADHS), bei denen aber unbestimmt bleibt, welche Kombinationen von Merkmalen hinreichend und/oder notwendig sind, damit dieser Ausdruck angewendet werden kann (Hauswald & Keuck, 2017, S. 109–111; Hyde, 2008, S. 16–17; Keil et al., 2017, S. 9–10). So ist z.B. eine 50jährige Person, die die Familienphase abgeschlossen hat und keiner Erwerbsarbeit nachgeht, gemessen am Ausscheiden aus der gesellschaftlichen Produktion und Reproduktion „alt“, während weder das chronologische noch das biologische oder subjektive Alter dem entsprechen mögen. Welches Alter sollte nun zur Alterskategorisierung herangezogen werden? Dieses Beispiel verdeutlicht ebenso wie die Gedankenbeispiele von Räsänen (2021), dass

5 Akiba (2021) unterscheidet deshalb z.B. weltliche Vagheit (worldly vagueness) von repräsentationaler Vagheit (representational vagueness). Unter Repräsentationen versteht er insbesondere sprachliche und mentale Repräsentationen (Akiba, 2021, S. 2–3).

die verschiedenen Altersdimensionen so auseinanderklaffen können, dass es keine eindeutige Entscheidung gibt, an der das Alter einer Person festgemacht werden kann.

Aus dem bisher Gesagten folgt für mich dreierlei:

1. *Es gibt kein Wesen älterer Menschen:* Da es von der wissenschaftlichen Disziplin, von der Geografie, der Zeit, dem Geschlecht und dem Kontext abhängt, was es bedeutet, ein älterer Mensch zu sein, können „ältere Menschen“ als Kategorie schlecht essentialistisch im Sinne ahistorischer intrinsischer Wesensmerkmale verstanden werden. Zwar gibt es intrinsische Merkmale, die das biologische Älterwerden kennzeichnen (Alterung der Zellen und Organe), dennoch handelt es sich dabei nicht um eine Essenz im Sinne einer internen Struktur, die kausal die Oberflächeneigenschaften hervorbringt und diese Altersgruppe scharf von anderen abgrenzt, wie die Atomzahl bei den chemischen Elementen. Auch wenn man „ältere Menschen“ nicht bloß als konventionelle Kategorie, sondern als Eigenschaftscluster versteht, schließt das einen Essentialismus in diesem Sinn aus, weil es keine Merkmale gibt, die alle ältere Menschen notwendig und hinreichend von anderen Altersgruppen unterscheiden. Geht man davon aus, dass essentialistische Alltagstheorien die Stigmatisierung von Menschengruppen verstärken können, weil sie als grundsätzlich anders repräsentiert werden (Haslam, 2014, S. 24–25), empfiehlt es sich, älteren Menschen keine psychisches Wesen zuzuschreiben (z.B. Egozentrik oder Starrsinnigkeit), sondern ihr Älterwerden vom Subjektstandpunkt als Denken, Fühlen, Handeln unter erschwerten Umständen zu verstehen (s.o.). So erklärt z.B. Fiehler kommunikative Veränderungen im Alter wie der Wechsel von der Sach- zur Personenorientierung („kommunikative Kooperativität“) mit sozialen Veränderungen wie dem Wegfall der Berufstätigkeit (Fiehler, 2003, S. 15). Statt eines „Die älteren Menschen sind halt so“ werden so für andere auffällige Veränderungen vor dem Hintergrund der gesellschaftlichen Institution Ruhestand als begründetes Handeln interpretierbar. Das Alter wird zwar für uns alle irgendwann als Kontext unseres Handelns relevant, kann aber auch immer wieder irrelevant gemacht werden bzw. sein (Höppner & Wanka, 2021, S. 51–52). Nicht alles, was wir im Alter tun, hat auch mit dem Alter zu tun.

Ebenso gibt es manchmal auch gar keine Altersunterschiede. So sollen sich jüngere und ältere Menschen z.B. kaum darin unterscheiden, wie kreativ, energiegeladen oder weise sie sich fühlen (Bowen et al., 2020).

2. *Für jedes wissenschaftliche oder praktische Ziel ist abzuwägen, welches Alter zur Kategorisierung herangezogen wird und ob sich dadurch hinreichend stabile Kategorien ergeben:* Damit die „älteren Menschen" eine legitime Kategorien im Sinne empirischer Angemessenheit sein können, müssen die Merkmale der älteren Menschen hinreichend stabil aufgrund gemeinsamer Kausalmechanismen zusammenclustern und dürfen nicht eine rein konventionelle Kategorie sein, die lediglich davon abhängt, welches Verhalten wir für altersangemessen *halten* (Maung, 2021, S. 16). Maung argumentiert nun plausibel, dass sich nicht *a priori* entscheiden lasse, ob eine Alterskategorie genug Potenzial für Schlussfolgerungen biete, sondern nur relativ zu den wissenschaftlichen und praktischen Zielen unterschiedlicher Disziplinen, weil für sie jeweils andere Merkmale interessant seien, die die Alterskategorien ausmachten (ebd., S. 17): Während im Gesundheitswesen (public health) die chronologisch definierte Kategorie „ältere Menschen" für die Planung der Gesundheitsversorgung einer *Population* sinnvoll sein könne, weil statistisch bedeutsame Altersunterschiede auf einen größeren Versorgungsbedarf im Alter hinweisen könnten, spiele in der Medizin die Biologie des Individuums eine größere Rolle. Wegen der großen Heterogenität in den biologischen Merkmalen in einer chronologischen Altersgruppe sei in diesem Fall das chronologische Alter nicht angemessen, um die interessanten Merkmale zu erfassen, sondern Biomarker für das biologische Alter.[6] In der Politik wiederum würden Merkmale priorisiert, die mit dem sozialen Alter zusammenhingen, wie z.B. die Präferenz für bestimmte politische Parteien. Die chronologischen Alterskategorien könnten in diesem Fall aber, so Maung,

---

6 In Bezug auf Organspende kommen z.B. Pavanello et al. (2020) zu dem Ergebnis, dass das chronologische Alter von Herzen nicht das biologische Alter widerspiegelt, weil die untersuchten Herzen durchgehend jünger waren, als es ihrem chronologischen Alter entspreche. Salignon et al. (2023) entwickeln eine multidimensionale Altersmetrik, bestehend aus unterschiedlichen Variablen, die es erlaube, Mortalität unabhängig vom chronologischen Alter vorherzusagen.

zu stark von den politischen und kulturellen Veränderungen abhängig sein, um nützlich zu sein, weshalb er generationelle Kategorien für diese Zusammenhänge vorschlägt. Diese generationellen Kategorien könnten dann wiederum auch gelegentlich für das Gesundheitswesen hilfreich sein, wenn z.B. die Suizidrate in der gegenwärtigen Generation der jüngeren Erwachsenen zunehme (durch z.B. Sparpolitik, Klimakrise). Die Schlussfolgerungen von jüngeren Erwachsenen aus der letzten Generation auf die gegenwärtige Generation sei in diesem Fall nicht stabil genug. Maung zieht deshalb das Fazit, dass es von den wissenschaftlichen und praktischen Zielen jeder wissenschaftlichen Disziplin abhänge, welche Merkmale für diese Disziplin interessant seien und welches „Alter“ für die Alterskategorisierung herangezogen werden könne (ebd., S. 17–20). Maungs Gedanke lässt sich allerdings noch weiter zuspitzen: Diese Relativität ergibt sich nicht nur in Abhängigkeit von einer bestimmten Disziplin, sondern in Bezug auf jedes wissenschaftliche und/oder praktisches Ziel *innerhalb* einer Disziplin: So geht es in der Sozialen Arbeit in der Einzelfallhilfe wie in der Medizin darum, Schlüsse für hilfreiche Interventionen für den Einzelfall zu ziehen, in der Gemeinwesenarbeit stehen aber ganze Gemeinwesen im Fokus, sodass hier auch Zusammenhänge auf Populationsebene interessant sein können. Innerhalb der Dienstleistungsforschung unterscheiden Kuppelwieser & Klaus (2021) Alterskonstrukte wie das chronologische Alter, das kognitive Alter[7] und die zukünftige Zeitperspektive im Sinne der sozio-emotionalen Selektivitätstheorie. Sie kommen zu dem Ergebnis, dass sich gerade Unterschiede im Konsumenten*verhalten* besser durch die zukünftige Zeitperspektive als durch das kognitive oder chronologische Alter beschreiben lassen. Für die Arbeits- und Organisationspsychologie unterscheiden Weiss & Weiss (2022) das chronologische Alter von anderen Alterskonstrukten wie dem subjektiven Alter, essentialistischen Überzeugungen über das Älterwerden und der Alters- bzw. Generationenidentität. Sie argumentieren, dass alle drei dieser alternativen Alterskonstrukte für den Arbeitsplatz bedeutsam sein können.

---

7 Unter kognitivem Alter wird hier verstanden, wie alt sich Menschen fühlen. In der psychologischen Literatur wird das als subjektives Alter bezeichnet.

So kommen sie z.B. zu dem Ergebnis, dass nicht das chronologische Alter erkläre, warum manche älteren Arbeiter*innen weiter arbeiten, während andere in die Frühberentung gehen, sondern Überzeugungen über die Veränderbarkeit oder Unveränderbarkeit des Älterwerdens (ebd., 2022, S. 54). In diesen Fällen scheint es eine eindeutige Lösung dafür zu geben, welches Alter zum Ziehen einer bestimmten Schlussfolgerung empirisch angemessen ist. Wie an den Gedankenbeispielen von Räsänen (2021) gezeigt, ist das aber nicht immer der Fall. Häufig wird man die Entscheidung für ein bestimmtes Alter hinsichtlich seiner Vor- und Nachteile kompromisshaft im Vergleich zu anderen Altern *abwägen* müssen, ohne dass es in jedem Fall eine zufriedenstellende Lösung geben muss. Ob man z.B. das chronologische, biologische und subjektive Alter zur Definition des gesetzlichen Alters heranzieht, hängt für Boni-Saenz (2022) davon ab, wie man die normativen Kriterien der *accuracy*, *administrability*, *autonomy* und *antisubordination* gewichtet: Gehe es lediglich darum, ein möglichst leicht durchführbares System einer Altersordnung zu schaffen, sei das chronologische Alter das Mittel der Wahl (höchste administrability, aber geringste autonomy). Gehe es aber darum, die individuelle Autonomie zum Ausdruck der eigenen Identität zu stärken, sei wiederum das subjektive Alter zu bevorzugen (höchste autonomy, aber geringste administrability) (ebd., S. 561). Da das subjektive Alter auf der individuellen Selbstwahrnehmung beruht, gibt es allerdings keine externen Kriterien, die für rechtliche Regelungen oder Verteilung von Gütern herangezogen werden könnten. Während das funktionale Alter im Recht als legitime Altersmetrik betrachtet wird, ist das deshalb beim subjektiven Alter bislang nicht der Fall (Doron, 2022, S. 364–365).

3. *Die Alterskategorisierung ist von der Altersstereotypisierung zu unterscheiden.* Auch wenn sozialpsychologisch das repräsentierte Wissen einer Kategorie als Stereotyp bezeichnet wird, muss daraus keine Stereotypisierung folgen, d.h. die *Anwendung* dieses Wissens auf den Einzelfall. Für helfende Berufe ist es zwar unverzichtbar, über allgemeines Wissen über *potenzielle* Altersveränderungen zu verfügen. In der Einzelfallhilfe muss ich schließlich vorhandene Einschränkungen berücksichtigen. Ich kann aber nur mit dem arbeiten, was noch „da“ ist. So ist z.B. wichtig, etwas über den Umgang mit Altersschwerhörigkeit

zu wissen (Sonntag, 2017) oder über die Stärken und Schwächen der Kommunikationsfähigkeit von Menschen mit Demenz (Haberstroh et al., 2011, S. 35), um hilfreich unterstützen zu können, ohne aber davon auszugehen, dass bei jedem älteren Menschen diese Einschränkungen vorhanden sind. Diese Unterscheidung sei, so Behrens, gerade für Handlungswissenschaften wie Medizin, Pflege, Soziale Arbeit wichtig, weil dort *externe* Evidenz für den Aufbau *interner* Evidenz genutzt werde (Behrens, 2010, S. 618). Externe Evidenz bezeichnet dabei das gesicherte Wissen, das wir aus der Erfahrung dritter ziehen können, z.B. über die Wirkungen bestimmter Interventionen. Interne Evidenz bezeichnet dagegen das, was der Klient nur von sich selbst wissen und was nur in der Begegnung von Fachkraft und Klient geklärt werden kann, z.B. seine Wahrnehmungen, Bedürfnisse und Ziele (ebd., S. 619–620). Anders als bei deduktiven Schlüssen lässt sich kein logisch zwingender Schluss von Häufigkeiten auf der Gruppenebene auf die Wahrscheinlichkeit im Einzelfall ziehen (Schurz, 2014, o. S.). Aus der externen Evidenz wissen wir bestenfalls, was *anderen* geholfen hat. Deshalb lassen sich aus ihr höchstens plausible Hypothesen ableiten, die aber immer am Einzelfall geprüft werden müssen (Behrens, 2015, S. 258, 2015, S. 262). Welche Studienergebnisse für den individuellen Klienten relevant sind und auch auf ihn übertragbar sein könnten, lässt sich nur in der Begegnung mit ihm klären (Behrens, 2010, S. 619–620). Nach Behrens muss daher die Nutzung externer Evidenz mit dem individuellen Fallverstehen zum Aufbau interner Evidenz zusammengedacht werden: Bleibt es nur beim Fallverstehen, drohe die eigene Erfahrung zur „Borniertheit“ zu werden. Umgekehrt könne die „Aneignung von Lehrbuchwissen mit Standardregeln“ zu einer „respektlosen Haltung“ dem Klienten gegenüber führen (Behrens, 2015, S. 264–265). Sofern die Alterskategorisierung empirisch angemessenes allgemeines Wissen über das Älterwerden liefert, ist gegen sie nichts einzuwenden. Problematisch und auch nicht normativ-pragmatisch angemessen ist dagegen die *Anwendung* dieses Wissens im Sinne einer Stereotypisierung des Einzelfalls. Je instabiler diese vermeintlichen Altersmerkmale sind, desto riskanter und unangemessener ist ihre Unterstellung im Einzelfall.

Ob ältere Menschen kategorisiert werden können und sollten, hängt deshalb davon ab, ob es ein Alter gibt, das für das ausgewählte wissenschaftliche oder praktische Ziel eine genügend stabile Aussage erlaubt, und davon, ob die gebildeten Kategorien außerdem Zielen dienen, die mit den Bedürfnissen, der Selbstbestimmung und gesellschaftlicher Mitbestimmung älterer Menschen vereinbar sind. Aber auch angemessene Alterskategorien können nicht auf den Einzelfall angewendet, sondern nur zur Entwicklung plausibler Hypothesen dienen.

Literatur

Akiba, K. (2021) „Vagueness from the philosophical point of view“, in Syropoulos, A. & Papadopoulos, B. K. (Hg.) *Vagueness in the exact sciences: Impacts in mathematics, physics, chemistry, biology, medicine, engineering and computing,* Berlin, De Gruyter, S. 1–18.

Amrhein, L. (2018) „Konstruktionen, Dekonstruktionen und Rekonstruktionen des Alters. Theoretische und empirische Perspektiven auf eine umkämpfte Lebensphase“, *Soziologische Revue*, Vol. 41, No. 2, S. 220–239 [Online]. Verfügbar unter DOI: 10.1515/srsr-2018-0026.

Baars, J. (2016) „Concepts of Time in Age and Aging“, in Scarre, G. (ed.) *The Palgrave handbook of the philosophy of aging,* London, Palgrave Macmillan, S. 69–86.

Bach, T. (2019) „Real Kinds in Real Time: On Responsible Social Modeling“, *The Monist*, Vol. 102, No. 2, S. 236–258.

Bachl, N., Lercher, P. & Schober-Halper, B. (2020) *Bewegt Altern: Professionelle Strategien für ein gesundes und aktives Älterwerden*, Berlin, Springer.

Bäcker, G. (2019) „Alterssicherung in Deutschland“, in Schroeter, K. R., Vogel, C. & Künemund, H. (Hg.) *Handbuch Soziologie des Alter(n)s,* Wiesbaden, Springer VS, S. 1–26.

Backes, G. & Clemens, W. (2013) *Lebensphase Alter: Eine Einführung in die sozialwissenschaftliche Alternsforschung*, 4. Aufl., Weinheim, Beltz Verlagsgruppe.

Baller, R. (2001) „Älterwerden. Subjektwissenschaftliche Annäherung an ein allgemeines Problem“, *Forum Kritische Psychologie*, No. 43, S. 77–105.

Barker, M. J. (2013) „Essentialism“, in Kaldis, B. (Hg.) *Encyclopedia of philosophy and the social sciences,* Thousand Oaks, California, SAGE Publications Inc, S. 270–275.

Behrens, J. (2010) „EbM ist die aktuelle Selbstreflexion der individualisierten Medizin als Handlungswissenschaft: (Zum wissenschaftstheoretischen Verständnis von EbM)“, *Zeitschrift für Evidenz, Fortbildung und Qualität im Gesundheitswesen*, Vol. 104, No. 8-9, S. 617–624.

Behrens, J. (2015) „„Natürlichkeit“ und „Generalisierbarkeit“ sozialwissenschaftlicher Feldexperimente: Verallgemeinerungen zu externer und interner Evidence“, in Keuschnigg, M. & Wolbring, T. (Hg.) *Experimente in den Sozialwissenschaften,* Baden-Baden, Nomos, S. 246–267.

Berner, F., Vogel, C., Wettstein, M. & Tesch-Römer, C. (2019) „Frauen und Männer im Verlauf der zweiten Lebenshälfte: Eine Gesamtbetrachtung der empirischen Befunde“, in Vogel, C., Wettstein, M. & Tesch-Römer, C. (Hg.) *Frauen und Männer in der zweiten Lebenshälfte: Älterwerden im sozialen Wandel,* Wiesbaden, Germany, Springer VS, S. 133–143.

Bird, A. & Tobin, E. (2022) „Natural Kinds“, in Zalta, E. N. (Hg.) *The Stanford Encyclopedia of Philosophy,* 2022. Aufl., Metaphysics Research Lab, Stanford University.

Boni-Saenz, A. A. (2022) „Legal Age“, *Boston College Law Review*, No. 63, S. 521–569.

Bowen, C. E., Spuling, S. M., Kornadt, A. E. & Wiest, M. (2020) „Young people feel wise and older people feel energetic: comparing age stereotypes and self-evaluations across adulthood“, *European Journal of Ageing*, Vol. 17, No. 4, S. 435–444.

Brandt, M. & Schmitz, A. (2020) „Alter und Geschlecht“, in Aner, K. & Karl, U. (Hg.) *Handbuch Soziale Arbeit und Alter,* 2. Aufl., Wiesbaden, Springer Fachmedien Wiesbaden GmbH; Springer VS, S. 405–411.

Bryant, R. (2000) *Discovery and decision: Exploring the metaphysics and epistemology of scientific classification*, Madison N. J., Fairleigh Dickinson University Press.

Carstensen, L. L. & Lang, F. R. (2007) „Sozioemotionale Selektivität über die Lebensspanne: Grundlagen und empirische Befunde“, in Brandtstädter, J. & Lindenberger, U. (Hg.) *Entwicklungspsychologie der Lebensspanne: Ein Lehrbuch,* Stuttgart, Kohlhammer, S. 389–412.

Degner, J. (2022) *Vorurteile haben immer nur die anderen*, Berlin/Heidelberg, Springer.

DGSA-Fachgruppe Soziale Arbeit in Kontexten des Alter(n)s (2022) *Positionspapier zur Sozialen Arbeit in Kontexten des Alter(n)s*, Deutsche Gesellschaft für Soziale Arbeit, September.

Doron, I. I. (2022) „Chronological? Functional? or Subjective? The Legal Search for the Definition of Age", in Palgi, Y., Shrira, A. & Diehl, M. (eds.) *Subjective Views of Aging: Theory, Research, and Practice*, Cham, Springer International Publishing; Imprint Springer, S. 365–379.

Dutt, A. J. & Wahl, H.-W. (2018) „Altersangst, herausgegeben von Eva-Marie Kessler und Reinhard Lindner: Theoretische Einbettung und empirische Befundlage", *Psychotherapie im Alter*, Vol. 15, No. 2, S. 129–147.

Effinger, H. & Stövesand, S. (2012) „Einleitung", in Effinger, H., Borrmann, S., Gahleitner, S. B., Köttig, M., Kraus, B. & Stövesand, S. (Hg.) *Diversität und Soziale Ungleichheit: Analytische Zugänge und professionelles Handeln in der Sozialen Arbeit,* Opladen, Berlin, Toronto, Verlag Barbara Budrich, S. 11–29.

Ehmer, J. (2019) „Altersbilder und Konzeptionen des Alter(n)s im historisch-kulturellen Vergleich", in Hank, K., Schulz-Nieswandt, F., Wagner, M. & Zank, S. (Hg.) *Alternsforschung: Handbuch für Wissenschaft und Praxis,* Baden-Baden, Nomos Verlagsgesellschaft mbH & Co. KG, S. 21–48.

Federici, S. (2010) „Anmerkungen über Altenpflegearbeit und die Grenzen des Marxismus", in Baumann, H. (Hg.) *Zu gut für den Kapitalismus, blockierte Potenziale in einer überforderten Wirtschaft: Analysen und Impulse zur Politik; Jahrbuch 2010 = Trop bon pour le capitalisme, potentiels bloqués et une économie surchargée: analyses et impulsions politiques; cahier 2010,* Zürich, Edition 8, S. 84–98.

Fiehler, R. (2003) „Veränderung von Sprache und Kommunikation beim Älterwerden", *Si:So (Siegen:Sozial)*, Vol. 2003, No. 2, S. 12–16.

Fiehler, R. (2013) „Kommunikation zwischen den Generationen. Linguistische Erkenntnisse und didaktische Perspektiven.", *Der Deutschunterricht*, Vol. 65, No. 2, S. 66–77.

Forrester, S. N., Whitfield, K. E., Kiefe, C. I. & Thorpe, R. J. (2022) „Navigating Black Aging: The Biological Consequences of Stress and

Depression“, *The Journals of Gerontology. Series B, Psychological Sciences and Social Sciences*, Vol. 77, No. 11, S. 2101–2112.

Fried, E. I. (2022) „Studying Mental Health Problems as Systems, Not Syndromes“, *Current Directions in Psychological Science*, Vol. 31, No. 6, S. 500–508 [Online]. Verfügbar unter DOI: 10.1177/09637214221114089.

Fuchs, M. (2021) „Was ist Altern?“, in Fuchs, M. (Hg.) *Handbuch Alter und Altern: Anthropologie - Kultur - Ethik,* Berlin, Metzler, S. 3–11.

Gardt, A. (2018) „Wort und Welt. Konstruktivismus und Realismus in der Sprachtheorie“, in Felder, E. & Gardt, A. (Hg.) *Wirklichkeit oder Konstruktion? Sprachtheoretische und interdisziplinäre Aspekte einer brisanten Alternative,* Boston MA, De Gruyter, S. 1–44.

Göckenjan, G. (2020) „Altersbilder in der Geschichte“, in Aner, K. & Karl, U. (Hg.) *Handbuch Soziale Arbeit und Alter,* 2. Aufl., Wiesbaden, Springer Fachmedien Wiesbaden GmbH; Springer VS, S. 557–569.

Godde, B., Voelcker-Rehage, C. & Olk, B. (2016) *Einführung Gerontopsychologie*, München, Basel, Ernst Reinhardt Verlag.

Graefe, S. (2010) „Altersidentität: Zum theoretischen und empirischen Gebrauchswert einer prekärenKategorie“, *Mittelweg 36*, No. 5, S. 34–51.

Gugutzer, R. (2008) „Alter(n) und die Identitätsrelevanz von Leib und Körper“, *Zeitschrift für Gerontologie und Geriatrie*, Vol. 41, No. 3, S. 182–187.

Haber, P. (2018) *Leitfaden zur medizinischen Trainingsberatung: Rehabilitation bis Leistungssport*, 4. Aufl., Berlin, Heidelberg, Springer Berlin Heidelberg.

Haberstroh, J., Pantel, J. & Neumeyer, K. (2011) *Kommunikation bei Demenz: Ein Ratgeber für Angehörige und Pflegende*, Berlin, Heidelberg, Springer.

Haslam, N. (2014) „Natural Kinds in Psychiatry: Conceptually Implausible, Empirically Questionable, and Stigmatizing“, in Kincaid, H. (Hg.) *Classifying psychopathology: Mental kinds and natural kinds,* Cambridge, Mass. [u.a.], MIT Press, S. 11–28.

Haslanger, S. (2012a) „A Social Constructionist Analysis of Race“, in Dies. *Resisting reality: Social construction and social critique,* New York, Oxford University Press, S. 298–310.

Haslanger, S. (2012b) „Social Construction: Myth and Reality“, in Dies. *Resisting reality: Social construction and social critique,* New York, Oxford University Press, S. 183–218.

Hauswald, R. & Keuck, L. (2017) „Indeterminacy in medical classification: On continuity, uncertainty, and vagueness“, in Keil, G., Keuck, L. & Hauswald, R. (eds.) *Vagueness in psychiatry,* Oxford, Oxford University Press, S. 93–116.

Hirschauer, S. (2021) „Menschen unterscheiden. Grundlinien einer Theorie der Humandifferenzierung“, *Zeitschrift für Soziologie*, Vol. 50, No. 3–4, S. 155–174.

Holzkamp, K. (1983) *Grundlegung der Psychologie*, Frankfurt/Main, New York, Campus-Verlag.

Höppner, G. & Wanka, A. (2021) „un/doing age: Multiperspektivität als Potential einer intersektionalen Betrachtung von Differenz- und Ungleichheitsverhältnissen“, *Zeitschrift für Soziologie*, Vol. 50, No. 1, S. 42–57.

Hummert, M. L. (2018) „Intergenerational Communication“, in Harwood, J., Gasiorek, J., Pierson, D, H., Nussbaum, J. F. & Gallois, C. (eds.) *Language, Communication, and Intergroup Relations: A Celebration of the Scholarship of Howard Giles,* Milton, Routledge, S. 130–161.

Hyde, D. (2008) *Vagueness, logic, and ontology*, Aldershot, Ashgate.

Imhoff, R. (2021) „Kognitive Humandifferenzierung. Sozialpsychologische Perspektiven auf Unterscheidung und Kategorisierung“, in Dizdar, D., Hirschauer, S., Paulmann, J. & Schabacher, G. (Hg.) *Humandifferenzierung: Disziplinäre Perspektiven und empirische Sondierungen,* Weilerswist, Velbrück Wissenschaft, S. 84–105.

Keil, G., Keuck, L. & Hauswald, R. (2017) „Vagueness in psychiatry: An overview“, in Keil, G., Keuck, L. & Hauswald, R. (eds.) *Vagueness in psychiatry,* Oxford, Oxford University Press, S. 3–23.

Keil, G. & Stoecker, R. (2017) „Disease as a vague and thick cluster concept“, in Keil, G., Keuck, L. & Hauswald, R. (eds.) *Vagueness in psychiatry,* Oxford, Oxford University Press, S. 46–76.

Kern, D. & Kliegel, M. (2020) „Weiterbildung älterer Arbeitnehmer: Personenbezogene Maßnahmen zum Erhalt und zur Förderng kognitier und emotionaler Fähigkeiten bei Beschätigten“, in Falkenstein, M.

& Kardys, C. (Hg.) *Arbeit, Kognition und Alter: Wissenschaftliche Erkenntnisse für die Praxis,* Stuttgart, Kohlhammer, S. 151–166.

Klauer, K. C. (2020) „Soziale Kategorisierung und Stereotypisierung“, in Petersen, L.-E. & Six, B. (Hg.) *Stereotype, Vorurteile und soziale Diskriminierung: Theorien, Befunde und Interventionen,* 2. Aufl., Weinheim, Basel, Weinheim, Beltz; PVU Psychologie Verlags Union, S. 23–32.

Klotz, L.-O. & Simm, A. (2019) „Biologie des Alterns“, in Hank, K., Schulz-Nieswandt, F., Wagner, M. & Zank, S. (Hg.) *Alternsforschung: Handbuch für Wissenschaft und Praxis,* Baden-Baden, Nomos Verlagsgesellschaft mbH & Co. KG, S. 83–108.

Kricheldorff, C. (2022) „Aktuelle Herausforderungen an die Soziale Arbeit mit alten Menschen“, in Bleck, C. & Rießen, A. van (Hg.) *Soziale Arbeit mit alten Menschen: Ein Studienbuch zu Hintergründen, Theorien, Prinzipien und Methoden,* Wiesbaden, Springer Fachmedien Wiesbaden GmbH; Springer VS, S. 41–57.

Kuppelwieser, V. G. & Klaus, P. (2021) „Revisiting the Age Construct: Implications for Service Research“, *Journal of Service Research*, Vol. 24, No. 3, S. 372–389.

Lang, F. R., Lessenich, S. & Rothermund, K. (2022) *Altern als Zukunft – eine Studie der Volkswagen Stiftung*, Berlin, Heidelberg, Springer Berlin Heidelberg.

Last, J. & Weisser, B. (2015) „Der Einfluss von moderater sportlicher Aktivität und Alter auf Kraft, Ausdauer und Gleichgewicht im Erwachsenenalter“, *Deutsche Zeitschrift für Sportmedizin*, Vol. 2015, No. 01, S. 5–11.

Levy, B. (2022) *Breaking the Age Code: How Your Beliefs about Aging Determine How Long and Well You Live*, New York, William Morrow & Company.

Levy, B. R., Slade, M. D., Kunkel, S. R. & Kasl, S. V. (2002) „Longevity increased by positive self-perceptions of aging“, *Journal of Personality and Social Psychology*, Vol. 83, No. 2, S. 261–270.

Linke, A. (2002) „Senioren: Zur Konstruktion von (Alters-?)Gruppen im Medium Sprache“, in Häcki Buhofer, A. (Hg.) *Spracherwerb und Lebensalter,* Tübingen, Basel, Francke, S. 21–36.

Mallon, R. (2016) *The construction of human kinds*, Oxford, Oxford University Press.

Martin, M. & Kliegel, M. (2014) *Psychologische Grundlagen der Gerontologie*, 4. Aufl., Stuttgart, Kohlhammer Verlag.

Matolycz, E. (2015) *Altenarbeit: Ein Lehrbuch für Sozialbetreuungsberufe*, Wien, Facultas.

Maung, H. H. (2021) „What's my age again? Age categories as interactive kinds“, *History and Philosophy of the Life Sciences*, Vol. 43, No. 1, S. 1–36.

Mechling, H. & Tittlbach, S. (2018) „Konzeptualisierung“, in Granacher, U., Mechling, H. & Voelcker-Rehage, C. (Hg.) *Handbuch Bewegungs- und Sportgerontologie*, Schorndorf, Hofmann, S. 229–240.

Meyer, C. (2019) *Soziale Arbeit und Alter(n)*, Weinheim, Beltz Juventa.

Murphy, G. L. (2010) „What are categories and concepts?“, in Mareschal, D., Quinn, P. C. & Lea, S. (eds.) *The making of human concepts*, Oxford, Oxford University Press, S. 11–28.

Neugarten, B. L. (1981) „Age distinctions and their social functions“, *Chicago-Kent Law Review*, Vol. 57, No. 4, S. 809–825.

Nguyen, Q. D., Moodie, E. M., Forget, M.-F., Desmarais, P., Keezer, M. R. & Wolfson, C. (2021) „Health Heterogeneity in Older Adults: Exploration in the Canadian Longitudinal Study on Aging“, *Journal of the American Geriatrics Society*, Vol. 69, No. 3, S. 678–687.

Otten, S. & Matschke, C. (2020) „Dekategorisierung, Rekategorisierung und das Modell wechselseitiger Differenzierung“, in Petersen, L.-E. & Six, B. (Hg.) *Stereotype, Vorurteile und soziale Diskriminierung: Theorien, Befunde und Interventionen,* 2. Aufl., Weinheim, Basel, Weinheim, Beltz; PVU Psychologie Verlags Union, S. 339–348.

Otto, M. (2022) „Sozialberichterstattung“, in Rund, M. & Peters, F. (Hg.) *Schlüsselbegriffe der Sozialplanung und ihre Kritik,* Wiesbaden, Springer VS Springer Fachmedien Wiesbaden, S. 158–170.

Pavanello, S., Campisi, M., Fabozzo, A., Cibin, G., Tarzia, V., Toscano, G. & Gerosa, G. (2020) „The biological age of the heart is consistently younger than chronological age“, *Scientific Reports*, Vol. 10, No. 1, S. 10752.

Peters, M. (2010) *Narzißtische Krise und Depression im Alter - Ein psychodynamischer Zugang* (Unveröffentliches Manuskript), Bad Hersfeld.

Peters, M. (2017) *Psychodynamische Psychotherapie mit Älteren: Eine Einführung*, Göttingen, Vandenhoeck Ruprecht.

Quante, M. & Wiedebusch, S. (2018) „Die Dekategorisierungsdebatte im Kontext Inklusiver Bildung“, in Quante, M., Wiedebusch, S. & Wulfekühler, H. (Hg.) *Ethische Dimensionen inklusiver Bildung,* Weinheim, Basel, Beltz Juventa, S. 119–141.

Räsänen, J. (2019) „Moral case for legal age change“, *Journal of Medical Ethics*, Vol. 45, No. 7, S. 461–464.

Räsänen, J. (2021) „Age and ageing: What do they mean?“, *Ratio*, Vol. 34, No. 1, S. 33–43.

Reijula, S. (2021) „Social categories in the making: construction or recruitment?“, *Synthese*, Vol. 199, No. 5-6, S. 12315–12330.

Rentsch, T. (2016) *Die Endlichkeit des Menschen – Altern und intergenerationelle Solidarität* [Online], Philosophie.ch. Verfügbar unter https://www.philosophie.ch/philosophie/highlights/mensch/die-endlichkeit-des-menschen-altern-und-intergenerationelle-solidaritaet# [Zugriff am 29.08.2019].

Riedel, M. (2022) „Alter(n)“, in Gugutzer, R., Klein, G. & Meuser, M. (Hg.) *Handbuch Körpersoziologie 2: Forschungsfelder und methodische Zugänge,* 2. Aufl., Wiesbaden, Springer Fachmedien Wiesbaden; Imprint Springer VS, S. 3–16.

Rießen, A. van & Bleck, C. (2022) „Alles eine Frage der Perspektive? Handlungsfelder und Adressierungen Sozialer Arbeit – zur Einführung“, in Rießen, A. van & Bleck, C. (Hg.) *Handlungsfelder und Adressierungen der Sozialen Arbeit,* Stuttgart, Kohlhammer, S. 11–16.

Risjord, M. (2022) *Philosophy of Social Science: A Contemporary Introduction*, 2. Aufl., Milton, Taylor & Francis Group.

Rothermund, K. (2021) „Emotionales Befinden und Emotionsregulation im Alter“, in Fuchs, M. (Hg.) *Handbuch Alter und Altern: Anthropologie – Kultur – Ethik,* Berlin, Metzler, S. 337–347.

Ryan, E. B. & Kwong See, S. T. (2003) „Sprache, Kommunikation und Altern“, in Fiehler, R. & Thimm, C. (Hg.) *Sprache und Kommunikation im Alter,* Radolfzell, Verlag für Gesprächsforschung, S. 57–71.

Saake, I. (2006) *Die Konstruktion des Alters: Eine gesellschaftstheoretische Einführung in die Alternforschung*, Wiesbaden, VS Verl. für Sozialwissenschaften.

Sabbarton-Leary, N., Bortolotti, l. & Broome, M. R. (2015) „Natural and para-natural kinds in psychiatry“, in Zachar, P., St. Stoyanov, D.,

Aragona, M. & Jablensky, A. (eds.) *Alternative Perspectives on Psychiatric Classification: DSM, ICD, RDoC, and Beyond,* Oxford, Oxford Univ Press, S. 76–93.

Salignon, J., Rizzuto, D., Calderón-Larrañaga, A., Zucchelli, A., Fratiglioni, L., Riedel, C. G. & Vetrano, D. L. (2023) „Beyond Chronological Age: A Multidimensional Approach to Survival Prediction in Older Adults“, *The Journals of Gerontology. Series A, Biological Sciences and Medical Sciences*, Vol. 78, No. 1, S. 158–166.

Schurz, G. (2014) *Einführung in die Wissenschaftstheorie*, 4. Aufl., Darmstadt, Germany, WBG (Wissenschaftliche Buchgesellschaft).

Schweppe, C. & Horn, V. (2022) „Handlungsfelder und Perspektiven der Sozialen Arbeit mit alten Menschen“, in Bleck, C. & Rießen, A. van (Hg.) *Soziale Arbeit mit alten Menschen: Ein Studienbuch zu Hintergründen, Theorien, Prinzipien und Methoden,* Wiesbaden, Springer Fachmedien Wiesbaden GmbH; Springer VS, S. 27–40.

Settersten, R. A. (2017) „Some Things I Have Learned About Aging by Studying the Life Course“, *Innovation in Aging*, Vol. 1, No. 2, S. 1-7 [Online]. Verfügbar unter DOI: 10.1093/geroni/igx014.

Settersten, R. A. & Godlewski, B. (2016) „Concepts and Theories of Age and Aging“, in Bengtson, V. L. & Settersten, R. A. (eds.) *Handbook of theories of aging,* 3. Aufl., New York, NY, Springer Publishing Company, LLC.

Shaw, C. A. & Gordon, J. K. (2021) „Understanding Elderspeak: An Evolutionary Concept Analysis“, *Innovation in Aging*, Vol. 5, No. 3, S. 1–18.

Simonson, J., Kelle, N., Kausmann, C. & Tesch-Römer, C. (2021) „Freiwilliges Engagement im Zeitvergleich“, in Simonson, J., Kelle, N., Kausmann, C. & Tesch-Römer, C. (Hg.) *Freiwilliges Engagement in Deutschland – Der Deutsche Freiwilligensurvey 2019,* Berlin, S. 51–61.

Sonntag, P. (2017) „Schwerhörige haben es schwer, und wir mit ihnen – wir können es leichter haben!“, in Zippel, C. & Hoff, A. (Hg.) *Älter werden – älter sein: Ein Ratgeber,* Frankfurt am Main, Mabuse, S. 144–155.

Staudinger, U. M. (2015) „Images of Aging: Outside and Inside Perspectives“, in Diehl, M. & Wahl, H.-W. (eds.) *Subjective aging: New developments and future directions,* New York, Springer Publishing Company, S. 187–209.

Stone, M. E., Lin, J., Dannefer, D. & Kelley-Moore, J. A. (2017) „The Continued Eclipse of Heterogeneity in Gerontological Research“, *The Journals of Gerontology: Series B: Psychological Sciences and Social Sciences*, Vol. 72, No. 1, S. 162–167.

Stuart-Hamilton, I. (2012) *Psychology of Ageing: An Introduction*, 5. Aufl., London, Jessica Kingsley Publishers.

Swift, H. J., Abrams, D., Drury, L. & Lamont, R. A. (2019) „Categorization by Age“, in Shackelford, T. K. & Weekes-Shackelford, V. A. (eds.) *Encyclopedia of Evolutionary Psychological Science,* Cham, Springer, S. 1–10.

Tahko, T. E. (2022) „Natural kinds, mind-independence, and unification principles“, *Synthese*, Vol. 200, No. 2, S. 1–23.

Tesch-Römer, C. (2019) „Theorien der sozial- und verhaltenswissenschaftlichen Alternsforschung“, in Hank, K., Schulz-Nieswandt, F., Wagner, M. & Zank, S. (Hg.) *Alternsforschung: Handbuch für Wissenschaft und Praxis,* Baden-Baden, Nomos Verlagsgesellschaft mbH & Co. KG, S. 49–82.

Twigg, J. (2022) „Response 2: Intersectionality and Age“, in Cole, T., Goldman, M. & Medeiros, K. de (eds.) *Critical Humanities and Ageing,* London, Routledge, S. 51–57.

van Dyk, S. (2015) *Soziologie des Alters*, Bielefeld, transcript.

Wahl, H.-W. (2017) *Die neue Psychologie des Alterns: Überraschende Erkenntnisse über unsere längste Lebensphase*, München, Kösel.

Wahl, H.-W. (2023) *Psychologie für die Arbeit mit Menschen höheren Lebensalters*, Weinheim, Beltz Juventa.

Wahl, H.-W. & Heyl, V. (2015) *Gerontologie: Einführung und Geschichte*, 2. Aufl., Stuttgart, Kohlhammer Verlag.

Weiss, D. & Weiss, M. (2022) „Beyond Chronological Age: Alternative Age Constructs and Their Implications at Work“, in Zacher, H. & Rudolph, C. W. (eds.) *Age and work: Advances in theory, methods, and practice,* New York, Routledge, S. 47–62.

Wurm, S. (2020) „Altersbilder und Gesundheit: Grundlagen - Implikationen - Wechselbeziehungen“, in Frewer, A., Klotz, S., Herrler, C. &

Bielefeldt, H. (Hg.) *Gute Behandlung im Alter?: Menschenrechte und Ethik zwischen Ideal und Realität,* Bielefeld, transcript Verlag, S. 25–41.

Young, I. M. (2011 [1990]) *Justice and the politics of difference*, Princeton, N. J., Woodstock, Oxfordshire, Princeton University Press.

Zachar, P. (2002) „The Practical Kinds Model as a Pragmatist Theory of Classification“, *Philosophy, Psychiatry & Psychology*, Vol. 9, No. 3, S. 219–227.

Zachar, P. (2008) „Real Kinds but No True Taxonomy: An Essay in Psychiatric Systematics“, in Kendler, K. S. & Parnas, J. (eds.) *Philosophical issues in psychiatry: Explanation, phenomenology, and nosology,* Baltimore, Johns Hopkins University Press, S. 327–367.

Zachar, P. (2015) „Psychiatric disorders: natural kinds made by the world or practical kinds made by us?“, *World Psychiatry: official journal of the World Psychiatric Association (WPA)*, Vol. 14, No. 3, S. 288–290.

Zachar, P. & Kendler, K. S. (2010) „Philosophical Issues in the Classification of Psychopathology“, in Millon, T., Krueger, R. F. & Simonsen, E. (eds.) *Contemporary directions in psychopathology: Scientific foundations of the DSM-V and ICD-11,* New York, Guilford Press, S. 127–148.

Zglinicki, T. von (2019) „Alter und Altern“, in Brandes, R., Lang, F. & Schmidt, R. F. (Hg.) *Physiologie des Menschen: Mit Pathophysiologie,* 32. Aufl., Berlin, Springer, S. 988–1003.

Anhang
Alltägliche Erfahrungen!

Haben Sie sich persönlich schon einmal als stereotyp wahrgenommen gefühlt? Erinnern Sie das erste Mal?

Laurel Chougourou: Ich werde häufiger als stereotyp bzw. einer bestimmten Gruppe zugehörig wahrgenommen.

Merle Heyrock: Aus der Schulzeit ist mir auch besonders in Erinnerung, dass meine unordentliche Handschrift als nicht mädchenhaft bezeichnet wurde und mir ewig vorgehalten wurde, warum ich kein Interesse an Handarbeiten, Malen und Basteln habe. Außerdem führte mein etwas höheres Körpergewicht dazu, den Stempel „unsportlich" zu bekommen – das habe ich viele Jahre dann auch geglaubt und keinen mehr gemacht!

Annette Schlatholt: Sich in Abständen immer wiederholende Situationen; ich erinnere nicht, wann jeweils zum ersten Mal. *Als blonde Frau:* In meiner Gegenwart werden gerne mit Blicken in meine Richtung Witze über Blondinen gemacht und vielsagend geäußert, dass ich ein Beispiel dafür sei, dass Blondinen doch gar nicht immer unbedingt blöd bzw. begriffsstutzig oder naiv sein müssten. *Als Juristin:* Sobald in einer Runde bekannt wird, dass ich Juristin bin, ernte ich häufig eine distanzierende Resonanz und Stimmung mit vielsagendem fragendem Blick, dann wird häufig in meine Richtung gesprochen, wie Juristen angeblich sind: wohl cool, logisch, ehrgeizig, für alles gewappnet... im Hinblick auf Juristinnen erfahre ich von Männern, „dass mit denen wahrscheinlich nicht gut Kirschen essen sei!" oder von Frauen „wie kann man als Frau nur an so einem Fach Spaß haben?" *Als Single:* häufig Fragezeichen in den Augen, die dann auf Umwegen, indirekt geäußert werden, manchmal auch direkt: kann die dann überhaupt glücklich sein, so ohne Mann und ohne Kinder? Warum hat sie wohl keinen Mann? Wollte sie keine Kinder? Ist sie egoistisch?

Britta Thege: Ich war fünf Jahre alt, als mein Onkel während der Tauffeier meines Bruders zu meinem Vater sagte „Ist doch schön, dass so ein Stammhalter geboren ist". Ich hatte das zwar inhaltlich nicht ganz verstanden, merkte aber sehr genau, dass es mich als Mädchen irgendwie infrage stellte.

Ingelore Welpe: In der Grundschule sagten die Lehrer*innen immer wieder zu meinen Eltern: „An dem Mädchen ist ein Junge verloren gegangen." Ich war zu wild und zu schnell, wollte keine Puppen und nicht handarbeiten. Ein Mädchen wollte ich aber immer sein.

Ins Poesiealbum schrieb mir eine Lehrerin: Sei sittsam, bescheiden und rein, nicht wie die stolze Rose, die immer bewundert will sein.

Mit welchem Stereotyp müssen Sie sich oft auseinandersetzen beruflich und privat?

Laurel Chougourou: Mit Zuschreibungen zu Herkunft (in verschiedenen Bedeutungsebenen) und Geschlecht.

Merle Heyrock: Aktuell ist es häufig die Vereinbarkeit von Kinderwunsch und der Karriere – meist wird angenommen, dass eines früher oder später dem anderen weichen wird.

Annette Schlatholt: Als Juristin wird einem häufig „ungesehen" viel zugetraut, „Vorschusslorbeeren". Es wird zum Teil auch „Unrealistisches" zugetraut. Es würde einem leicht ohne weiteres die Führung für alles Mögliche übertragen und alles, was man sagt wird gerne als Fakt akzeptiert! An Juristen wird gerne die Verantwortung abgegeben, mit allen Vor- und Nachteilen.

Britta Thege: Beruflich: Ich erfülle das Klischee mit IT-Anwendungen jenseits des simplen Standards nicht gut klar zu kommen und muss mir dann immer Hilfe suchen. Ich sehe mich dann selbst ganz stereotyp. Diejenigen, die mir helfen, bleiben immer ganz geduldig. *Privat:* Ähnlich bin ich ganz stereotyp handwerklich relativ unbegabt und auch nicht besonders daran interessiert. Das hat mir schon des Öfteren (freundlichen) Spott insbesondere meiner männlichen Verwandten eingebracht.

Ingelore Welpe: Als ich den Ruf auf eine Professorenstelle bekam, wurde ich in das Kultusministerium einbestellt. Mein Chef sagte: „Das ist kein Beruf für Sie als Frau und Mutter, wir lassen Sie nicht gehen. Es sei denn, ihr Mann verlässt beruflich unsere Stadt. Dann geben wir Sie frei für den Familiennachzug."

Typische Situationen, in denen Sie stereotypes Denken bei anderen erleben?

Laurel Chougourou: In alltäglichen Interaktionen und bei unerwarteten/stressigen Situationen, bei denen Menschen auf Altbewährtes zurückgreifen.

Merle Heyrock: Ich denke im Alltag sind es vor allem Situationen, in der das Gegenüber entweder Macht ausüben möchte oder Unsicherheit überspielen will. Außerdem ist stereotypes Denken meist die schnelle scheinbare Lösung für soziale Interaktionen, wenn z.B. sich jemand nicht umfangreich mit seinem oder ihrem Gegenüber befassen möchte.

Annette Schlatholt: Es wird gerne in Uniformierungen gedacht und vom Äußeren auf das Innere geschlossen; einem Skin-Head wird nicht zugetraut, Rechtsanwalt zu sein und einer Frau im schicken Hosenanzug nicht, Atomkraftgegnerin zu sein.

Britta Thege: Das erlebt oder sieht man eigentlich ständig im Alltag. Ich kann sehr gut einparken, auf engstem Raum. Neulich blieb ein Mann stehen, beobachtete das Einparkmanöver und applaudierte mir dann.

Ingelore Welpe: Sehr häufig, wenn sich Leute über die familiären und beruflichen Rollen von Frauen und Männern streiten und warum Mädchen strenger als Jungen zu erziehen sind. In Buchläden, Schreib- und Spielwarengeschäften werde ich immer, selbst wenn es nur um einen Bleistift geht, gefragt: "Ist es für einen Jungen oder ein Mädchen?“

Sind Ihnen die eigenen Stereotype bewusst? Welche sind es gegenüber welchen Gruppen?

Laurel Chougourou: Ich bin mir einiger Stereotype bewusst, einige entlarven sich aber erst in Situationen, in denen ich es nicht gedacht hätte & erstaunt bin, dass diese Assoziationen sofort anspringen. Ich habe einige Stereotype gegenüber bspw. Politiker*innen & „typisch“ deutsch deklarierten Stereotypen.

Merle Heyrock: Bewusst sind sie mir schon. Zum Beispiel erwische ich mich häufig dabei, im Gespräch mit älteren Menschen bewusst Informationen auszulassen oder weniger komplex zu sprechen, in der Annahme, dass sie mich sonst nicht verstehen.

Annette Schlatholt: Viele meiner stereotypen Gedankengänge sind mir bewusst, z.B. meine Denkschienen bei verschleierten Frauen; bei „aufgebrezelten“, übertrieben geschminkten Frauen; Frauen mit überhohen High-Heels und Botox-Behandlung, bei knapp bekleideten Frauen; stark tätowierten Frauen und Männern; Bodybuilder- Männern und Frauen; bei gelackten Anzugträgern in übertrieben teuren, lauten, tiefer gelegten, PS-starken Autos; bei hochmodisch, makellos gestylten Männern.

Britta Thege: Ja, ein paar sind mir bewusst, sie betreffen wechselnde Gruppen aller Art, je nach Kontext, wo man sich gerade aufhält oder womit man sich beschäftigt, manchmal auch zusammen mit einer Prise schwarzem Humor. Ich würde aber in der Begegnung mit Einzelnen und Kleingruppen sofort versuchen, mein stereotypes Denken so gut es geht auszuschalten und der Person/den Personen zuhören.

Ingelore Welpe: Im Alltagsgeschehen und bei Small Talks nehme ich keine stereotypen Gedanken bei mir und bei anderen wahr, dafür sind alle Leute, denen ich begegne und auch ich selbst zu beschäftigt, Dinge zu erledigen. Wenn es länger um ernsthafte Auseinandersetzungen zu wesentlichen politischen und gesellschaftlichen Themen, wie Migration, Gender, Krieg, Klima oder Religion geht, dann stellen sich doch ambivalente Gefühle und Wahrnehmungen gegenüber Personen ein, bei denen sich keine argumentativen Schnittstellen ergeben oder die nicht dialogisch reden wollen. Dann drängen sich mir unabsichtlich plötzlich irrelevante Merkmale bei der Beurteilung der Gesprächspartner*innen in den Vordergrund.

Kontrollieren Sie Ihre stereotypen Gedanken? Wie? Wie gut gelingt es?

Laurel Chougourou: Ich weiß nicht, in welcher Weise sich Gedanken kontrollieren lassen, aber ich versuche zu hinterfragen, woher die Assoziationen kommen und mir klarzumachen, dass diese nicht der Realität entsprechen müssen. Es gibt häufig mehr als eine Antwort für ein Verhalten & diese Komplexität zu begreifen, versuche ich mir klarzumachen.

Merle Heyrock: Ich glaube, wenn man anfängt, negative Einstellungen oder Annahmen grundsätzlich immer erstmal zu hinterfragen, ist schon viel getan. Dazu hilft es eben, sich damit auseinanderzusetzen, wie bestimmte Konstrukte entstehen und sich der eigenen Position in diesen Konstrukten bewusst zu machen. So werde ich z.B., egal wie sehr ich mich auch bemühe, diese Welt immer durch eine „weiße Brille“ sehen und muss dadurch annehmen, dass ich bestimmte Sachen z.B. vom Rassismus „gelernt“ habe – die kann ich sehr kritisch hinterfragen und auch ablehnen, aber trotzdem kann ich sie ja überhaupt benennen und damit hängen bestimmte Bilder ziemlich hartnäckig fest. Ich glaube, das zu akzeptieren und trotzdem niemals aufhören zu kritisieren, ist ein erfolgreicher Weg mit Stereotypen umzugehen.

Annette Schlatholt: Ich versuche, diese Gedanken zu bemerken und diesen Anfälligkeiten gegen zu steuern; seit einiger Zeit tu ich dies, indem ich versuche, genau mit diesen Menschen ins Gespräch zu kommen und merke dann sehr schnell, was ich im Kopf korrigieren muss! Hinter allem Äußeren versuche ich den Menschen zu sehen und bin manchmal geradezu neugierig, wie ich wohl überrascht werde, als was sich diese Person entpuppen wird.

Allerdings gelingt mir diese Herangehensweise bei weitem nicht immer!

Britta Thege: Wie gesagt, in der persönlichen Begegnung versuche ich Stereotype erstmal einigermaßen ausschalten. Bestätigt sich dann jedoch ein Stereotyp mehr oder weniger ist es wahrscheinlich gleich wieder aktiviert.

Ingelore Welpe: Mit einiger emotionaler Anstrengung versuche ich, solche grenzwertigen Gesprächssituationen, wie eben geschildert, mental zu deeskalieren und damit mein Diskriminierungspotential zu reduzieren.

Was ist Ihrer Erfahrung nach erfolgreich für die Unterdrückung von Stereotypen?

Laurel Chougourou: Ich weiß nicht, ob Stereotype unterdrückt werden können, aber sie können mit Sicherheit verlernt und reflektiert werden. Sie gelernt zu haben, heißt nicht, das Verhalten an sie anpassen zu müssen. Dies kann nur durch eine Bewusstwerdung gelingen.

Merle Heyrock: Man sollte aufhören nach dem Wahrheitsgehalt von stereotypischen Vorstellungen zu fragen. Ich glaube, wenn man Wahrheit sucht, wird man sie auch finden und damit Dinge für bestätigt halten, die es faktisch nicht sind. Es hilft anstatt „Ist das was ich glaube/denke/mir vorstelle wahr?“ besser „Wie kommt das Bild in meinem Kopf zustande?“ zu fragen. Damit läuft man auch nicht Gefahr, durch das ständige Fragen nach der Wahrheit (oder das Widerlegen dieser) den Stereotyp nur weiter zu reproduzieren.

Annette Schlatholt: Sich bewusst zu machen, dass man anfällig ist für stereotypes Verhalten, u.a. weil sich dies im Alltag „ohne viele Worte“ als ganz praktisch erweist und schnell geht!

Stereotypes Verhalten kann unterdrückt werden, indem man gegensteuert und genau mit den Menschen in Kontakt tritt, über die man stereotyp denkt: Über neutrale Themen ins Gespräch kommen: grüßen, lächeln, übers Wetter, über deren Kinder sprechen, nach dem Weg oder etwas anderem fragen oder meinen Hund als Einstiegsthema nutzen; Hilfe anbieten – bereits in derartigen Situationen lernt man viel und merkt, wo man sich in der stereotypen Denkweise korrigieren muss!

Die Gesellschaft kann gegen stereotypes Verhalten Plattformen zur Begegnung aller gesellschaftlicher Gruppen setzen, z.B. Stadt- und Kinderfeste, gemeinsame Aktionen: etwas pflanzen, aufräumen, etwas bauen..., Beteiligung an Bürger-Gremien.

Britta Thege: Man sollte, glaube ich, grundsätzlich bereit und offen dafür sein, jeden Menschen so zu akzeptieren wie sie*/er* ist und keine Vorstellungen und Erwartungen haben, wie jemand sein sollte. Es gibt allerdings eine rote Linie, dort, wo die Grenzen anderer oder sogar Menschenrechte verletzt werden.

Ingelore Welpe: Seit der Arbeit an den Beiträgen zu diesem Buch, glaube ich, dass die Kontrolle von stereotypem Denken sehr viel schwerer ist als die Handlungskontrolle und eine Unterdrückung nur zeitweilig und in entspannten Gefühlslagen und stressfreien Situationen gelingt. Es hilft, die Unterschiedlichkeit von Menschen, Lebensstilen und Haltungen kennen zu lernen und das Besondere daran mit Vorsatz neugierig wohlwollend zu betrachten. Zahlreiche Kontakte und längere Begegnungen weltweit, weg von zuhause mit Menschen anderer Kulturen und Gesellschaftsformen, wie ich sie erlebt habe, sind wahre erfolgreiche Augenöffner und ein guter Schutz vor ungerechtfertigten Diskriminierungen.

Haben Sie eine Vorstellung, wie eine stereotypfreie Gesellschaft aussähe?

Laurel Chougourou: Eine stereotypfreiere Gesellschaft ist eine, in der Menschen bereit sind, sich laufend irritieren zu lassen und diese Irritation als selbstverständlichen Teil zu sehen. Also aus der Irritation eine Offenheit werden zu lassen. Es heißt Vorannahmen und Erfahrungen nicht als allumfassende Wahrheiten zu deklarieren und Menschen nicht in starre Gruppen einzuordnen.

Merle Heyrock: Eine Gesellschaft, in der niemand irgendwelche Vorannahmen über eine andere Person hat, kann ich mir kaum vorstellen. Ich denke, es gehört zu unserer menschlichen Wahrnehmung, unser Gegenüber in unsere Schubladen einzuordnen. Viel wichtiger wäre eine Gesellschaft, in der die Bereitschaft diese Schubladen regelmäßig auszumisten viel größer wäre. Und das eigene Handeln nicht von den Vorannahmen bestimmten zu lassen.

Annette Schlatholt: Sie bestünde aus selbstbewussten, souveränen, in sich ruhenden Menschen, die keine Angst hätten, sich zu verlieren, wenn sie sich auf „Anders-Seiende" einlassen; diese würden ihre Neugier wecken und würden nicht als Bedrohung angesehen.

Eine solche Gesellschaft ist meiner Meinung nach nicht erreichbar, da es wohl zu menschlich ist, dass man nicht immer kontrolliert und unfehlbar handeln kann; stereotypes Handeln schleicht sich immer wieder unreflektiert ein! Es ist ja so praktisch!

Die Kunst besteht darin, immer bereit für Korrekturen zu sein!

Britta Thege: Eine stereotypfreie Gesellschaft ginge vermutlich einher mit einem äußerst angenehmen Lebensgefühl aller Menschen. Die Nichtinfragestellung bzw. vollkommene Anerkennung von Diversität und auch „Anderssein" wäre ein großer Schritt zu umfassender Gerechtigkeit.

Ingelore Welpe: Mir kommt eher eine Utopie als eine konkrete Vorstellung in den Sinn, denn so gänzlich anders als heute müsste zukünftig eine stereotypfreie Gesellschaft denken und handeln. Eine der Voraussetzungen dafür wäre es, dass wir weniger emotional und sehr viel rationaler die sozialen Folgen von Ungleichheit wahrnehmen und die ökonomischen Kosten von Diskriminierung begreifen. In Ressourcen- und Interessenskonflikten sollte Gesellschaft kooperieren statt egoistisch zu konkurrieren. Das ist individuell und kollektiv ein anstrengender Lernprozess. Eine angstfreie und gewaltfreie Kommunikation im konfliktreichen Alltag wäre schon ein wichtiger Schritt in die bessere Richtung.

Die Autor*innen

Florian Bödecker, Prof. Dr., ist Professor für die Soziale Arbeit mit älteren Menschen an der Fachhochschule Kiel. Er beschäftigt sich mit allen Facetten des Älterwerdens, darüber hinaus mit der qualitativen Interviewforschung, dem kritischen Denken und der Einführung in das wissenschaftliche Arbeiten.

Laurel Chougourou, ist Masterstudentin der Sozialwissenschaftlichen Transformationsstudien an der Hochschule Bielefeld und beschäftigt sich im Zuge dessen besonders mit Sozialen Bewegungen und globalen Freiheitskämpfen.

Merle Heyrock, M.A., ist wissenschaftliche Mitarbeiterin am Institut für Interdisziplinäre Genderforschung und Diversity der Fachhochschule Kiel und Lehrbeauftragte am Fachbereich Soziale Arbeit und Gesundheit. Sie promoviert an der Christian-Albrechts-Universität zu Kiel im Fach Pädagogik. Merle Heyrock ist Vorstandsmitglied im Bundesverband für Alphabetisierung und Grundbildung e.V. und engagiert sich als Jury-Mitglied für das Alpha-Siegel des Grund-Bildungs-Zentrums Berlin.

Helga Krüger-Kirn, Prof. Dr. phil., Dipl.-Psych., ist Honorarprofessorin an der Philipps-Universität Marburg, Psychoanalytikerin für Kinder, Jugendliche und Erwachsene, Lehranalytikerin (DGPT) und Dozentin für analytische Paar- und Familientherapie sowie Körper-Psychotherapie. Forschungen und Veröffentlichungen zu Mutterschaft und Mütterlichkeit sowie zu Anti-Feminismus in der Gesellschaft, zuletzt Elternschaft und Gendertrouble, Geschlechterkritische Perspektiven auf den Wandel der Familie.

Ayça Polat, Prof. Dr., ist Professorin für Sozialpädagogik in der Migrationsgesellschaft an der Universität Oldenburg und leitet dort das Center for Migration, Education und Cultural Studies. Sie lehrt und forscht zur Wirkmächtigkeit verschiedener, sich intersektional überlagernder Differenzkategorien und daran anknüpfende Fragen für eine differenzreflexive und diskriminierungskritische soziale und pädagogische Arbeit.

Lotte Rose, Prof. Dr., ist Professorin an der Frankfurt University of Applied Sciences, Fachbereich Soziale Arbeit und Gesundheit und leitet das Gender- und Frauenforschungszentrum der Hessischen Hochschulen (gFFZ).

Annette Schaltholt ist Volljuristin, im Ruhestand, freiberuflich tätig; sie war über 30 Jahre Angestellte, zuletzt Geschäftsführerin in der Interessenvertretung der Selbsthilfe von Menschen mit Behinderung und chronischer Erkrankung und ihrer Angehörigen mit dem Ziel selbstverständlicher gesellschaftlicher Inklusion in Nordrhein-Westfalen.

Marike Schmeck, Dr., ist Sozialwissenschaftlerin und seit 2018 die zentrale Gleichstellungsbeauftragte der Fachhochschule Kiel. Als Dozentin am Fachbereich Soziale Arbeit und Gesundheit unterrichtet sie zu Geschlechterfragen in der Sozialen Arbeit. Ihr Forschungsschwerpunkt konzentriert sich auf ko-produktive Zusammenhänge von Technik und Geschlecht im Kontext von Berufs- und Studienwahlentscheidungen adoleszenter Frauen aus intersektionaler Perspektive. In Kooperation mit dem Institut für Genderforschung und Diversity der Fachhochschule Kiel ist sie an Projekten und am Wissenstransfer zu Themen von Gender und Diversity im Austausch mit internationalen Bildungs- und Forschungsinstitutionen beteiligt.

Britta Thege, apl Prof. Dr., ist wissenschaftliche Geschäftsführerin des Instituts für Interdisziplinäre Genderforschung und Diversity und hat eine außerplanmäßige Professur am Fachbereich Soziale Arbeit & Gesundheit. Ihre Arbeitsschwerpunkte sind Projektentwicklung und Projektmanagement sowie internationale Forschungskooperationen und Wissenstransfer im Themenbereich Gender und Diversity.

Eva Tolasch, Dr. phil., ist Soziologin an der Friedrich-Schiller-Universität Jena, Institut für Soziologie. Ihre Arbeitsgebiete sind Soziologien der Elternschaft (insb. Mutterschaft), Fürsorge/Care, Intersektionalitätsansätze und Ansätze der Geschlechterforschung, Körper- und Wissenssoziologie, qualitative Verfahren der Sozialforschung, Soziologie sozialer Probleme (Dicksein, Ernährung, Gewalt) und Kritische Gesundheitsforschung.

Ingelore Welpe, Prof. Dr. rer. nat., ist Psychologin, Anthropologin und Herausgeberin der Reihe Angewandte Genderforschung/Gender Research

Applied. Sie gründete und führte als geschäftsführende Direktorin das heutige Institut für Interdisziplinäre Genderforschung und Diversity der Fachhochschule Kiel. Internationale Forschungsprojekte und Lehrbereiche sind u.a. Gender in Engineering, Gender in der Wertschöpfungskette Medizin, zu Karrieren, Human Ressourcen und Personalauswahl in Organisationen. Sie berät und trainiert weltweit Führungskräfte und Vorstände internationaler Unternehmen zu interkultureller Kommunikation, Konfliktpotentialen sowie zu Personal- und Potenzial Assessments.

Angewandte Genderforschung. Gender Research Applied

Herausgegeben von Ingelore Welpe

Band 1 Ingelore Welpe / Marike Schmeck: Kompaktwissen Gender in Organisationen. 2005.

Band 2 Ingelore Welpe / Philip Owino (eds.): The Intersection of Human Capital, Gender and HIV/AIDS in the African Context. 2007.

Band 3 Ingelore Welpe / Barbara Reschka / June Larkin (eds.): Gender and Engineering: Strategies and Possibilities. 2007.

Band 4 Ines Wulff: Implementierung von Gender Mainstreaming. Eine qualitative Untersuchung in Einrichtungen des Gesundheitsbereichs. 2008.

Band 5 Ingelore Welpe / Britta Thege: Karriereagenda für Frauen. Wie Geschlecht und Kommunikation über den Karriereerfolg entscheiden. 2011.

Band 6 Ingelore Welpe (Hrsg.): Personalentwicklung 2020. Wie die Megatrends Gender, Diversität und Quotierung die Personalentwicklung transformieren. 2014.

Band 7 Ingelore Welpe / Gaby Lenz (Hrsg.): Akademische Personalentwicklung. Wie der Wissenschaftsbetrieb Potentiale und Kompetenzen des Personals strategisch entwickelt. 2016.

Band 8 Juliane Köchling-Farahwaran: Zur Bedeutung von Heimat für ältere Migrantinnen und Migranten. Eine multidisziplinäre und empirische Studie. 2019.

Band 9 Ingelore Welpe / Britta Thege (Hrsg.): Die stereotype Gesellschaft. Praxen der sozialen Kategorisierung von Menschen. 2023.

www.peterlang.com